现代矿山生产与安全管理

陈国山　主编

北　京

冶　金　工　业　出　版　社

2020

内 容 提 要

本书共分 11 章，主要内容包括矿山地质测量工作与安全管理、水平巷道施工与安全管理、倾斜井巷施工及安全管理、天井硐室的施工与安全管理、竖井施工及延深与安全管理、矿山爆破安全、矿石回采与安全管理、矿山生产水火风气电设备的安全、露天采矿生产与安全管理、矿山地面工程及安全管理、矿山安全生产管理。

本书是为矿山生产的安全员、矿山生产的管理人员、矿山建设的监理人员、国家安监局矿山安全生产监督人员而编写的，也可作为高等院校、高职高专等院校相关专业的教材或参考书。

图书在版编目 (CIP) 数据

现代矿山生产与安全管理/陈国山主编 . —北京：冶金工业
出版社，2011.7 （2020.8 重印）
ISBN 978-7-5024-5576-7

Ⅰ . ①采…　Ⅱ . ①陈…　Ⅲ . ①矿山开采　②矿山安全
Ⅳ . ①TD8　②TD7

中国版本图书馆 CIP 数据核字（2011）第 114709 号

出 版 人　陈玉千
地　　址　北京市东城区嵩祝院北巷 39 号　邮编　100009　电话　(010)64027926
网　　址　www.cnmip.com.cn　电子信箱　yjcbs@cnmip.com.cn
责任编辑　俞跃春　美术编辑　彭子赫　版式设计　孙跃红
责任校对　卿文春　责任印制　李玉山
ISBN 978-7-5024-5576-7
冶金工业出版社出版发行；各地新华书店经销；北京虎彩文化传播有限公司印刷
2011 年 7 月第 1 版，2020 年 8 月第 2 次印刷
787mm×1092mm　1/16；15.5 印张；370 千字；235 页
66.00 元
冶金工业出版社　投稿电话　(010)64027932　投稿信箱　tougao@cnmip.com.cn
冶金工业出版社营销中心　电话　(010)64044283　传真　(010)64027893
冶金工业出版社天猫旗舰店　yjgycbs.tmall.com
（本书如有印装质量问题，本社营销中心负责退换）

前　言

安全是涉及人命关天的大事，人的生命是无价的，安全就是无价的。安全恩泽人民大众，安全就是为广大劳动者谋福祉，因为安全关乎生命安全、身体健康、心情愉悦、家庭幸福。安全就是效益，发生安全事故会造成人员伤亡、财产损失，给人造成极大的精神伤害和经济负担，背离了企业为社会创造经济效益和社会效益的责任，所以说，安全就是效益。发生安全事故会造成工作环境破坏、生产停止、劳动者的心灵受到创伤，恢复工作条件和环境，抹平心灵创伤都需要时间，重新树立人们劳动的积极性更需要时间，因此说安全就是效率。

随着采矿生产技术的成熟，矿山企业生产活动的重点由技术向管理转变，由于矿山企业工作环境的特殊性，安全工作就显得更加重要。

本书是作者继《采矿技术》（冶金工业出版社，2011 年 2 月）出版后，又编写的现代矿山生产系列科技书之一，以后将相继出版《现代矿山与环境保护》、《现代矿山生产与安全监督》。

在本书的编写过程中，我们略去了矿山生产的基本技术和基本理论，将重点放在矿山生产过程中各环节安全管理上，矿山建设各井巷工程的验收、监理上，矿山井巷工程施工及生产过程中的安全工作及安全管理上，矿山生产各种危险源的控制、安全处理、预防上，国家安全生产的安全监督上。

本书由吉林电子信息职业技术学院陈国山教授担任主编，参加编写的还有刘兴科、于春梅、王洪胜、王红亮、包丽娜、王铁富。

编　者
2011 年 4 月 8 日

目　　录

1 矿山地质测量工作与安全管理

1.1 矿山地质工作与安全管理

1.1.1 矿山地质工作的任务

1.1.1.1 生产勘探工作

生产勘探就是在原地质勘探的基础上，对近期开采范围内的地质构造、矿体的形态、产状、厚度、矿石的品种、品位、有益及有害组分、矿体水文地质等地质情况进行生产勘探。查清地质勘探阶段未探清或新发现的边部、深部的矿体地质情况，增加可采储量，进一步进行生产勘探，提高开采范围内矿产的储量级别。

1.1.1.2 地质编录工作

地质编录工作就是及时对露天采矿的工作面，地下采矿的坑探工程（探槽、浅井、石门、穿脉、沿脉、竖井、斜井、老硐），钻探工程（岩心），地下采场，进行地质素描及记录原始地质资料。

1.1.1.3 绘制生产图件

绘制生产图件就是绘制生产所需的各种地质资料，供开拓工程设计及施工，采矿工程布置及施工，提升运输工程布置，矿山生产计划编制使用。

1.1.1.4 原矿矿量管理

原矿矿量管理工作就是根据不同矿床地质条件进行化学分析采样、加工、化验、矿岩鉴定工作，进行矿体圈定所需技术经济指标选取及计算工作，根据储量的类型圈定矿体、计算储量、掌握矿产资源保有量的动态变化，对三级矿量进行动态管理，定期分析矿量储量状况，按要求编制储量平衡表。

1.1.1.5 原矿质量管理

原矿质量管理就是为了合理利用宝贵的矿产资源，减少损失贫化，提高矿产综合利用程度，满足选矿、冶炼对矿石质量的要求，编制完善的矿石质量计划，进行矿石质量预测，加强采矿的损失贫化管理，搞好矿石质量均衡工作，加强生产现场的质量检查与监督，保证矿山按计划、持续、稳定、均衡地生产。

1.1.1.6 矿山环境地质

矿山环境地质工作就是做好环境的保护，减少地质危害，解决井巷施工、采场回采、矿柱安全、边坡稳定的地质工作，开展地质灾害（矿区崩落、滑坡、泥石流、边坡滑移、采场塌落）预测与预报，进一步做好水文地质工作、水土污染预防工作，加大矿山热害、岩爆、空气污染、水灾、火灾预防工作。

1.1.1.7 矿产资源监督

矿山资源监督就是在矿山生产过程中的各个环节对矿石储量和质量进行监督，对工程地质、水文地质、矿产资源的开采、综合利用进行监督检查，促进矿山资源的合理开发利用，积极开展矿产资源及伴生资源的综合利用研究，总结、探寻矿床的赋存变化规律，探求隐伏矿体，尽可能延长矿山的服务年限，编写闭坑报告，依据规定合理注销储量。

1.1.2 矿山地质工作与安全生产的关系

1.1.2.1 矿山水文地质与防水安全

研究地下水的起因分布、埋藏、物理化学性质、运动规律、与岩石的关系的科学称为水文地质学。

地下的矿坑水能降低井下巷道、采场的顶板、两帮及底板的稳定性，会增加巷道支护工作量和难度，露天开采的地下水会破坏边坡的稳定性，造成边坡坍塌和滑坡，井下生产突遇大量涌水时，会造成井下采场、巷道被淹没、造成人员伤亡和设备损失，地下水与矿床地质构造有直接关系，流沙层、疏松碎屑岩层会积存大量地下水，会造成流沙冲溃。岩层裂隙是地下水集中的地方，也是地下涌水的主要通道，断层与溶洞、溶洞与溶洞可以彼此相连，形成地下河，易造成灾难性突水事故。

为了防治矿井透水，预防矿井水灾发生，必须查明矿井水源及其分布，做好矿山水文地质观测工作，在查明地下水源方面应该弄清以下情况：

（1）冲积层和含水层的组成和厚度，各分层的含水及透水性能。

（2）断层的位置、错动距离、延伸长度，破碎带的宽度、含水、导水的性质。

（3）隔水层的岩性、厚度和分布，断裂构造对隔水层的破坏情况以及距开采层的距离。

（4）老空区的开采时间、深度、范围、积水区域和分布状况。

（5）矿床开采后顶板受破坏引起地表塌陷的范围，塌陷带、沉降带的高度以及涌水量的变化情况。

在水文观测方面应该掌握如下情况：

（1）收集地面气象、降水量和河流水文资料，查明地表水体的分布范围和水量。

（2）通过对探水钻孔或水文观测孔中的水压、水位和水质变化的观测、水质分析，查明矿井水的来源，弄清矿井水与地下水和地表水的补给关系。

通常遇到下列情况时都必须进行超前探水：

1）掘进工作面邻近老窑、老采空区、暗河、流沙层、淹没井等部位时。

2）巷道接近富水断层时。

3）巷道接近或需要穿过强含水层（带）时。

4）巷道接近孤立或悬挂的地下水体预测区时。

5）掘进工作面上出现有发雾、冒"汗"、滴水、淋水、喷水、水响等明显出水征兆时。

6）巷道接近尚未固结的尾砂充填采空区、未封或封闭不良的导水钻孔时。

1.1.2.2 矿山地质构造与采矿施工安全

地质构造是指地质体（岩层、岩体、矿体等）存在的空间形式、状态及相互关系，是地质作用（地壳运动等）所造成的岩层（或矿体）发生变形、变位等现象，主要包括褶皱、断层、裂隙等。

　　褶曲是褶皱中的一个弯曲，是褶皱的基本单位。褶曲有背斜和向斜两种基本形态。背斜是两翼岩层倾向相背，形态上是岩层向上弯曲的褶曲，其核部岩层较老，两翼岩层较新。向斜是两翼岩层倾向相向，形态上是岩层向下弯曲的褶曲，其核部岩层较新，两翼岩层较老。

　　在背斜核部顶压一般较小，对采掘工程一般有利，但背斜核部的顶部岩石裂隙发育，比较破碎，还可能导致涌水增加，在生产过程中易发生冒顶片帮和透水等事故。在向斜核部，顶压一般较大，也易出现冒顶片帮事故。褶曲可使矿层的产状发生变化，矿体出现倾斜可利用重力运搬，对矿内运输有利。

　　节理就是岩石中的裂隙，断裂面成为节理面。节理面可以是平坦的，也可以是不平坦的，甚至是弯曲的。岩层中节理主要表现为长短不等、疏密不定、或相互平行、或纵横交错的裂隙。节理按形成的力学性质不同可分为张节理和剪节理两类。

　　节理会影响凿岩工作，一般不要沿节理面凿岩，否则容易出现卡针现象，节理也会影响爆破效果，如果沿节理面布置炮孔，会降低炸药能量的作用。

　　在露天开采中节理面对边坡的稳定会有影响，节理面内会充填地下水或地表水，使边坡发生滑动和坍塌。

　　在地下开采中节理面对巷道的稳定性及采矿方法也有影响，节理会造成巷道的不稳定，出现顶板冒落、片帮等现象，要处理好节理面与巷道的关系，加强支护，加强巷道顶板的管理，选择适应的支护方法，保证顶板的安全。节理面还会影响采场顶板的稳定性，在节理发育的矿体，应减少大面积暴露顶板的采矿方法。

　　断层是岩石在构造应力作用下，发生了断裂构造，并有显著的位移出现，严重的形成破碎带。

　　断层增加了矿体勘探的工作量，断层还会影响井巷工程的布置，无论是竖井、斜井，还是平硐、平巷都应避开断层及破碎带，断层和破碎带会使巷道及采场顶板发生片帮冒顶事故，增加了巷道支护工作量，增大了损失率和贫化率，加大了采场的不安全因素。

　　对露天开采而言，断层同节理一样，使边坡的稳定性降低，容易出现滑坡和坍塌。

1.1.2.3　矿山地质条件与采矿环境保护

　　采矿引起的地表环境地质问题有地貌景观破坏、耕地面积减少。无论是露天还是地下采矿，采矿活动对地貌景观的破坏都十分显著。大片的土地被占用，林木被砍伐，植被、土壤被破坏，岩石大面积裸露，水土大量流失，河流改道。随着尾矿库面积的不断扩大和尾矿堆的逐渐干涸，土地沙漠化程度也不断增加。地下或露天采矿的废石、矸石和尾矿堆长期弃置，出现尾矿坝溃坝、崩塌、滑坡和泥石流等，引起风化、自燃、产生大量有害气体（H_2S、SO_2、CO_2）及粉尘，污染空气。大气降水渗入废石堆，溶解某些有害化学物质，然后排入地表水体和渗入土壤地下水中，使水体受到污染，地下水矿化、硬度增加，土壤盐分升高，导致盐碱化，致使农作物生长发育严重受阻，矿区部分土地弃耕。

　　随着露天开采深度的增加，边坡的规模也不断扩大，既严重破坏了地应力的自然平衡，又导致了人工边坡的变形、破坏和滑移。其破坏形式主要是崩塌和滑坡。

　　地下开采引起的环境地质问题主要是采空区塌陷和地热危害。地下矿体大面积采空后由于其上部岩层失去支撑，平衡被破坏，因而产生弯曲、塌落，以致发展到地表下沉变形和塌陷。由于人为采矿活动，产生一系列的裂隙或薄弱带，为各种充水水流进入矿井提供了重要的途径和通道。会导致矿井突然涌水，造成井下水灾。随着深度增加，地热导致矿山井下环境温度升高，使井下劳动条件恶化。

矿山开采还会诱发地震，危害更大，根据其成因，可分为诱发构造型地震、诱发塌陷型地震。

1.2 矿山测量工作与安全管理

1.2.1 矿山测量工作的任务

1.2.1.1 地表地形地质图的绘制

矿区地形地质图，是详细表示矿区地形、地层、岩体、构造、矿体、矿化带等基本地质特征及相互关系的图件。目的在于为详细研究矿体赋存地段的地质构造特点和控制矿化的地质因素，查明矿面及深部勘探工程提供地质依据；也是进行矿床正确评价、储量计算和编制矿床开采设计的重要依据。它是勘探矿区最基本的图件之一，也是编制其他地质图件的基础。

同时，地表地形地质图也是矿床开采过程中必不可少、重要的地质图件，与开拓工程布置、采矿方法选择、地面总图布置起到重要的影响。

1.2.1.2 地质勘探工作测量

地质勘探工作是为了详细查明地下资源，并确定矿物的正确位置、形状及储量。地质勘探工程测量的任务是及时为地质勘探提供可靠的测绘资料，配合地质勘探作业以保证任务的完成。地质勘探工程测量的主要工作是：

(1) 提供地质勘探工程设计和研究地质构造的基础资料。

(2) 根据地质工程的设计在实地给出工程施工的位置和方向。

(3) 测定竣工后工程点的平面坐标和高程。

(4) 提供编写地质报告和储量计算的有关资料和图件。

地质勘探工程测量的主要内容有地质填图测量、坑探工程测量、钻探工程测量和地质剖面测量。

1.2.1.3 矿井联系 (控制) 测量

将矿区平面坐标、高程系统和框架传递至井下，使井上下能采用统一的坐标和高程系统而进行的测量工作称为矿井联系测量。

联系测量的任务如下：

(1) 井下经纬仪导线起始点的方位角。

(2) 井下经纬仪导线起始点的平面坐标。

(3) 井下水准基点的高程。

井筒控制测量包括近井控制测量、竖井 (斜井) 施工测量、平面联系测量、高程联系测量。

1.2.1.4 井下联系测量

井下测量的目的是确定巷道、硐室及回采工作面的平面位置与高程，为矿山建设与生产提供数据与图纸资料。井下控制测量包括井下平面控制测量和井下高程控制测量。

井下巷道平面控制测量是依据矿井联系测量确定的井底车场的起始边的方位角和起始

点的坐标，在巷道内向井田边界布设经纬仪导线。

为了检查和标定巷道的坡度，确定巷道及矿体在竖直面上的投影位置，以及绘制各种竖直面投影图与纵剖面图，必须进行巷道高程测量。巷道高程测量通常分为井下水准测量和井下三角高程测量。当巷道的坡度小于8°时，用水准测量；坡度大于8°时，用三角高程测量。

1.2.1.5 巷道施工测量

在井巷开拓和采矿工程设计时，对巷道的起点、终点、方向、坡度、断面规格等几何要素，都有明确的规定和要求。巷道施工时的测量工作，就是根据设计要求，将其标定在实地上，包括巷道中线的测量、曲线巷道中线的测量、巷道腰线的测量、硐岔腰线的测量、斜井连接腰线的测量、井巷施工验收测量，其中最主要的测量工作就是给出巷道的中线和腰线。

1.2.1.6 贯通测量

巷道贯通往往是一条巷道在不同的地点以两个或两个以上的工作面按设计分段掘进，而后彼此相通。如果两个工作面掘进方向相对，称相向贯通；如果两个工作面掘进方向相同，称同向贯通；如果从巷道的一端向另一端指定处掘进，称单向贯通。

贯通测量包括水平巷道贯通测量、倾斜巷道贯通测量、垂直竖井（天井）贯通测量。

1.2.1.7 露天采矿测量

露天矿山测量的内容有：建立矿山测量控制网，测绘矿区范围内的大比例尺地形图及采剥工程平面图，进行各种碎部测量，对建筑物、土方工程、爆破工程、公路、铁路和堑沟等进行测设，验收和测量剥离量和采矿量，计算统计矿石损失率和贫化率，以及观测边坡移动等。

露天矿山测量是在地面进行的，因此露天矿测量所用的仪器、方法与地形测量基本相同。但露天矿生产有其特点，故给露天矿测量工作带来某些特点。这些特点是：

（1）地形测量是以地形点和地物点为主要测量对象。这些点在一定时期内其位置是不变的；而露天矿测量是以各种工程为主要测量对象，这些对象的位置是经常变化的。

（2）地形测量和露天矿测量虽然都是在露天条件下进行作业，但是在露天矿由于采剥工程的不断进展，大部分的地物、地貌会经常的变化，设在台阶上的测量控制点经常被破坏。为了测出各种碎部以及施工放样，便需要不断地补充工作控制点。所以要求测设方法能适应这一特点。

（3）地形测量的精度主要是以制图精度为依据，故测绘不同比例尺的图纸其精度要求也不同；而露天矿测量的精度是以能满足不同工程的要求为主，所以测量的精度是根据所解决的生产问题来确定的。

1.2.2 矿山测量工作与安全生产的关系

1.2.2.1 测量与日常安全生产的关系

矿山测量是矿山建设和生产过程中不可缺少的一项重要的基础性技术工作，在勘探、设计、建设、生产各个阶段直到矿井报废都要进行矿山测量工作。其测量成果是进行合理设计、安全生产的重要基础。矿山测量在均衡生产方面起保证作用，在充分开采地下资源和采掘工程质量方面起监督作用，在安全生产方面起指导作用，充分利用测绘的各种矿图，发挥较全面地熟悉采掘工程的特点，及时正确的指导巷道施工，避开危险区。同时准确地预测岩层与地表移动的范围，以避免建筑物的破坏和人身安全事故的发生。

测量工作是采矿的"眼睛"，加强矿山测量工作，保证正确的施工路线，从而改善工作面的通风状况，避免出现中毒、窒息等事故，推进矿井的安全生产。矿山测量人员准确、及时地预测和准确地揭露有水或危险区，对矿山的安全生产具有重要的保证作用。

矿山测量可以为合理留设保安矿柱提供科学依据，通过观测，掌握岩层、地表移动规律，为准确确定矿柱的规格、参数提供第一手资料。

搞好矿山测量工作，及时、准确地掌握水源的地点和空间位置，做好井下透水的预测预报工作从而指导安全生产。与地质人员紧密配合，研究由于开采引起的水文地质的变化情况，共同确定探放水钻孔的方位、角度、数目、钻进深度等，保证完成排水任务。

通过矿山测量工作，注意观测顶帮板的移动情况，研究掌握顶帮板活动规律，从而有针对性地采取相应措施，为选择合理的采矿方法及顶帮板管理方法提供准确依据。

准确无误的测量工作，能够有效地保证巷道掘进的方向和位置，避免与老空区发生通透事故，保证正常生产的安全，规避老空区对生产区的危害，如有毒有害气体侵入、透水、空气冲击波等。

1.2.2.2　测量与矿山事故救援的关系

矿山测量工作人员最熟悉井下与地表的位置关系，熟悉井下各种井巷错综复杂的对应关系，一旦发生事故，能为矿山救护提供有效的救护路线。指导由地面向井下开采水平的某一指定地点打钻孔，为输送电缆、灭火及防水，以及向事故地点输送食物等提供正确的测量数据。

2 水平巷道施工与安全管理

矿山生产的水平巷道根据有无轨道分为两部分，有轨道的运输巷道有阶段运输巷（沿脉运输巷、穿脉运输巷）、平硐、石门、井底车场，无轨道的水平巷道有拉底巷道、电耙巷、进路、分段巷道、分层巷道、回风巷道等。下面以行人运输巷道为主介绍巷道的验收与安全生产。

2.1 水平巷道施工的验收

2.1.1 验收准备工作

2.1.1.1 水平巷道验收的内容

巷道竣工后，应检查下列内容：

（1）标高、坡度、方向、起点、终点和连接点的坐标位置。

（2）中线和腰线及其偏差。

（3）永久支护规格质量。

（4）水沟的坡度、断面和水流畅通情况。

2.1.1.2 工程验收准备资料

工程竣工验收时，应提供下列资料：

（1）实测平面图，纵、横断面图，井上下对照图。

（2）井下导线点、水准点图及有关测量记录成果表。

（3）地质素描图、柱状图和矿层断面图。

（4）主要岩石和矿石标本、水文记录和水样、气样、矿石化验记录。

（5）隐蔽工程验收记录、材料和试块试验报告。

2.1.2 水平巷道验收标准

2.1.2.1 巷道轨道铺设的验收

主要运输巷道轨道的敷设，必须符合下列要求：

（1）轨道铺设：

1）轨距不得小于设计规定 3mm，不得大于设计规定 5mm；轨道中心线与设计的偏差不得超过 50mm；双轨轨道的中心距离不得小于设计规定，不得大于设计规定 20mm。

2）轨道的坡度应符合设计规定，其局部允许偏差应为 ±1‰。

3）轨道的接头应平整，其高低及内侧偏差均不应超过 2mm，螺栓、夹板必须齐全。在直线上，两侧钢轨的接头应对齐；在弯道上，两侧钢轨的接头必须错开，其错开长度宜为钢轨长度的 1/3～1/4。

4）钢轨接头的间隙，在直线部分不得超过 5mm，曲线部分不得超过 8mm。当采用焊接时，焊缝不得有裂纹。

5）直线段两轨轨面的水平偏差，不应大于5mm。

6）弯道曲轨应符合曲线弯度，外轨超高，内轨加宽，双轨中心距加宽，均应符合规定数值。其允许偏差：外轨超高应为 +5mm，−2mm；内轨加宽应为 +5mm，−2mm；双轨中心距加宽应为 ±20mm。两轨之间应设拉杆固定。

7）架线电机车的轨道回流线，应符合设计规定。

（2）巷道道岔：

1）铺设的道岔应符合设计要求，并与线路的轨型一致。道岔基本轨起点与设计位置的允许偏差应为 ±300mm。

2）岔尖必须紧贴每块滑板，岔尖趾部必须紧靠基本轨，其间隙不得超过2mm，岔尖不得高出基本轨，但也不得低于基本轨2mm。

3）护轨与主线或支线钢轨的高度应一致，位置应符合设计。转辙器应操作灵活。

（3）道砟和轨枕：

1）轨枕间距的允许偏差，应为 ±100mm，轨道中心线与轨枕的中心线宜一致。

2）曲线轨道的轨枕应与曲线半径方向一致。

3）道砟应采用碎石或卵石，其粒径宜为 20~60mm，不得混有软岩、矿石、木块等。

4）道床应平整，轨枕埋入道砟的深度，应为轨枕厚度的 1/2~2/3，轨枕底面下的道砟厚度，不应小于100mm。

2.1.2.2 巷道设备设施的验收

（1）巷道起点的标高与设计规定相差不应超过100mm。

（2）水沟深度和宽度的允许偏差应为 ±30mm，其上沿的高度允许偏差，应为 ±20mm。水沟的坡度应符合设计要求，其局部允许偏差，应为 ±1‰，并保证水流畅通。水沟盖板应齐全、平整稳固。

（3）架线电机车的导线吊挂高度，不得低于设计规定，亦不得超过设计规定60mm，并应符合下列数值：导线距巷道顶或棚梁之间不得小于200mm，距金属管线之间不得小于300mm。

（4）架线电机车的导线左右偏移：板式或环式集电弓，不应大于设计规定20mm；滑轮或滑块集电弓，不应大于设计规定10mm。

（5）巷道底板应平整，局部凸凹深度不应超过设计规定100mm。巷道坡度必须符合设计规定，其局部允许偏差应为 ±1‰。

（6）砌碹巷道的净宽：从中线至任何一帮的距离，主要运输巷道不得小于设计规定，其他巷道不得小于设计规定30mm，均不应大于设计规定50mm。巷道净高：腰线上下均不得小于设计规定30mm，也不应大于设计规定50mm。

拱、墙、基础的砌体厚度，局部不得小于设计规定30mm。

（7）砌石碹巷道的表面不平整度：每平方米面积内，料石砌体不应超过25mm；毛石砌体不应超过40mm；混凝土砌块不应超过15mm；浇灌混凝土不应超过10mm。

各种砌体的外观，不得出现曲折和倾斜现象。各种砌体的灰缝，应灰浆饱满，无重缝。

2.1.2.3　巷道规格的验收

A　有支护（支架支护）巷道规格

支架巷道的规格质量，应符合下列要求：

（1）巷道净宽、净高应符合砌碹巷道净宽、净高规定。

（2）支架立柱斜度的允许偏差应为 ±2°。

（3）支架梁应水平，两端高差不应超过 40mm。

（4）两支架的间距允许偏差，应为 ±100mm。

（5）支架应垂直于底板，前倾后仰不应超过 40mm，倾斜巷道支架迎山角允许偏差应为 ±1°。

（6）支架梁应垂直于巷道中心线，梁端的扭矩不应超过 100mm，曲线巷道支架的方向应与曲线半径一致。

（7）梁与立柱的结合面应严密。

（8）背板的长度，宜大于支架间距 300mm，背板应排列整齐，背板与岩帮间应充填严实。

B　无支架支护巷道规格

裸体巷道和喷射混凝土巷道的规格质量，应符合下列要求：

（1）巷道净宽。从中线至任何一帮最凸出处的距离，主要运输巷道不得小于设计规定，其他巷道不得小于设计规定 50mm，均不应大于设计规定 150mm。

巷道净高：腰线上下均不得小于设计规定 30mm，也不应大于设计规定 150mm。

（2）喷射混凝土厚度，应达到设计要求。局部的厚度不得小于设计规定的 90%。

（3）锚杆端部及钢筋网，不得露出喷层表面。

（4）裸体巷道的壁面，应符合光爆质量要求。巷道轮廓线，应均匀留下 60% 以上的眼痕；岩面上不应有明显的炮震裂缝。

2.2　水平巷道施工的安全管理

2.2.1　水平巷道掘进工作的安全

（1）水平巷道施工过程中掘进工作面与永久支护间的距离，应根据围岩情况和使用机械作业条件确定，但不应大于 40m；当无永久工程可利用时，可在人行道一侧、围岩条件好的位置，设置施工用的临时硐室，硐室的间距一般为 100m；单轨巷道施工无永久车场可利用时，宜每隔 150m 设一个调车场。

（2）水平巷道掘进穿过采空区、发火区、溶洞、断层、含水层、破碎带等地区，应预先制定施工安全技术措施。

（3）水平巷道施工过程中测量工作必须符合测量要求：

1）井底车场巷道的测量放线，应对设计图纸进行方位和高程闭合计算。

2）巷道的施工必须标设中线及腰线，中线和腰线点每组不宜少于 3 个，组间的距离宜大于 30m。

3）指向仪的设置位置和光束的方向，应根据经纬仪和水准仪标定的中线和腰线点确定，指向仪的设置应安全可靠，仪器与掘进工作面的距离不宜小于 70m。

4）用经纬仪标设直线巷道方向时，宜每隔30m设中线一组，每组不应少于3条，其间距不宜小于2m。

5）用水准仪标设巷道坡度时，宜每隔20m设置三对腰线点，其间距不宜小于2m。

6）巷道沿倾斜矿层顶板或底板的施工，倾斜巷道可只挂中线，水平巷道可只设腰线。

7）巷道掘进每隔100m应对中线和腰线进行一次校核。

（4）水平巷道掘进宜采用光面爆破，有条件矿山应该采用机械化方式施工。

（5）采用钻爆法开凿对穿、斜交、立交巷道时，必须有准确的实测图。当两个互相贯通的工作面之间的距离只剩下15m时，只允许从一个工作面掘进贯通，并在双方通向工作面的安全地点设立爆破警戒线。

（6）当掘进工作面遇有溶洞、水量大的含水层，与河流、湖泊、水库、蓄水池、含水层等相通的断层，被淹井巷、老空或老窑，水文地质复杂的地段，接近隔离矿柱，必须先探水后掘进。当掘进工作面发现有异状流水、异味气体、巷道壁渗水、发生雾气、水响、顶板淋水加大、底板涌水增加时，应停止作业，找出原因，进行处理。

（7）水平巷道施工探水的规定：

1）探放水钻孔的位置、方向、数目、每次钻进的深度、超前距离等，应根据水压大小、岩层或矿层硬度、厚度和节理发育程度，具体确定，一般钻孔的数量，不得少于4个，中心钻孔的方向，应与巷道中心线平行，其余钻孔应与巷道中心线成30°～40°夹角。钻孔的深度在坚硬岩层，不得小于10m；在松软岩层，不得小于20m。

2）探放采空区的积水时，必须加强对有害和易燃气体的检查和防护，防止有害气体进入火区或其他作业地点。

3）预计水压较大的地区，在正式探水钻进前，必须先安装好孔口管、三通、阀门、水压表等。钻孔内的水压过大时，尚应采用反压和防喷装置钻进，并采取防止孔口管和岩壁、矿石壁突然鼓出的措施。

4）放水过程中应经常测定水压，对放水情况和放水量作出记录，必须考虑邻近施工巷道的作业安全，并应预先布置避灾路线。

5）钻孔钻进过程中应根据水质、气体化验结果进行综合分析，预计透水时间，并加强防护工作。

（8）行人的水平运输巷道应设人行道，其有效净高应不小于1.9m，有效宽度人力运输的巷道，不小于0.7m；机车运输的巷道，不小于0.8m；调车场及人员乘车场，两侧均不小于1.0m；井底车场矿车摘挂钩处，应设两条人行道，每条净宽不小于1.0m；带式输送机运输的巷道，不小于1.0m。

（9）设有架线、管路、电缆等的巷道，拉线钩、挂钩、托梁等，应在支护施工的同时安设好或预留孔洞。预埋螺栓的外露螺纹，应采取保护措施，所有外露的金属构件应进行防腐处理。

（10）水平巷道掘进中的顶板管理：

1）平巷施工过程中，要设专人管理顶帮岩石，防止片帮冒顶伤人。

2）钻孔前要检查并处理顶帮的浮石，在不太稳固岩石中巷道停工时，临时支护应架至工作面，以确保复工时顶板不致发生冒落。

3）在不稳固岩层中施工，进行永久支护前应根据现场需要，及时做好临时支护，确保作业人员人身安全。

4）爆破后，应对巷道周边岩石进行详细检查，浮石撬净后方可开始作业。

（11）水平巷道掘进中爆破安全管理：

1）平巷爆破时，应先通知在附近工作面作业人员，待全部撤离至安全区后，才能进行爆破，并要在所有的路口设岗，以加强警戒。

2）在处理瞎炮时，应在爆破20min后再允许人员进入现场处理。处理时应将药卷轻轻掏出，或在距瞎炮300m处另打炮孔爆破，引爆瞎炮，严禁套老孔施工。

3）加强爆破器材管理，禁止使用失效及不符合有关要求或国家标准的爆破器材。

（12）水平巷道通风防尘管理。掘进爆破后，通风时间不得小于15min，待工作面炮烟排净后，作业人员方可进入工作面作业，作业前必须洒水降尘。独头巷道掘进应采用混合式局部通风，即用两台局扇通风，一台压风，一台排风。风筒要按设计规定安装到位，对损坏者要及时更换。

（13）水平巷道掘进供电管理：

1）建立危险源点分级管理制度，危险源点处必须悬挂安全警示牌。

2）保护电源与供电线路要确保工作正常。

3）严禁携带照明电进行装药爆破。

2.2.2 水平巷道支护工作的安全

（1）喷射混凝土支护应符合下列规定：

1）喷射混凝土的原材料应选用普通硅酸盐水泥，其标号不得低于325号。受潮和过期结块的水泥严禁使用；应采用坚硬干净的中砂或粗砂，细度模数宜大于2.5，含水率不宜大于7%；应采用坚硬耐久的卵石或碎石，其粒径不宜大于15mm；不得使用含有酸、碱或油的水。

2）混合料的配比应准确。称量的允许偏差：水泥和速凝剂应为±2%，砂、石应为±3%。

3）混合料应采用机械搅拌。强制式搅拌机的搅拌时间不宜少于1min，自落式搅拌机的搅拌时间不宜少于2min，人工的搅拌必须搅拌均匀。

4）混合料应随拌随用，不掺速凝剂时存放时间不应超过2h，掺速凝剂时存放时间不应超过20min，在运输过程中应严防雨淋、滴水及大块石头等杂物混入，装入喷射机前应过筛。

5）喷射前应清洗岩面。喷射作业中应严格控制水灰比：喷砂浆应为0.45~0.55，喷混凝土应为0.4~0.45。混凝土的表面应平整、湿润光泽、无干斑或滑移流淌现象，发现混凝土的表面干燥松散、下坠、滑移或裂纹时，应及时清除补喷。终凝2h后应喷水养护。

6）速凝剂的掺量应通过试验确定。混凝土的初凝时间不应大于5min，终凝时间不应大于10min。

7）当混凝土采取分层喷射时，第一层喷射厚度：墙50~100mm，拱30~60mm；下一层的喷射应在前一层混凝土终凝后进行，当间隔时间超过2h，应先喷水湿润混凝土的表面。

8）喷射前应埋设控制喷厚的标志。

9）喷射作业区的环境温度、混合料及水的温度均不得低于 5℃，喷后 7d 内不得受冻。

10）喷射混凝土的回弹率，边墙不应大于 15%，拱部不应大于 25%。

（2）锚杆支护，应符合下列规定：

1）根据设计要求并结合现场情况，定出锚杆的孔位。

2）锚杆的孔深和孔径应与锚杆类型、长度、直径相匹配，在作业规程中明确规定。

3）孔内的积水及岩粉应吹洗干净。

4）锚杆的杆体使用前应平直、除锈、除油。

5）锚杆尾端的托板应紧贴壁面，未接触部位必须楔紧，锚杆体露出岩面的长度不应大于喷混凝土的厚度。

6）锚杆必须做抗拔力试验，其检验评定方法按附录五的有关规定执行。

（3）钢筋网喷射混凝土支护，应符合下列规定：

1）钢筋使用前应清除污锈。

2）钢筋网与岩面的间隙不应小于 30mm，钢筋保护层的厚度不应小于 20mm。

3）钢筋网应与锚杆或其他锚定装置联结牢固。

4）当采用双层钢筋网时，第二层钢筋网应在第一层钢筋网被混凝土覆盖后铺设。

（4）钢纤维喷射混凝土支护，应符合下列规定：

1）钢纤维的长度宜一致，并不得含有其他杂物。

2）钢纤维不得有明显的锈蚀和油渍。

3）混凝土粗骨料的粒径不宜大于 10mm。

4）钢纤维掺量为混合料重量的 3%~6%，应搅拌均匀，不得成团。

（5）钢架喷射混凝土，应符合下列规定：

1）钢架立柱埋入底板的深度，应符合设计要求，不得置于浮砟上。

2）钢架与壁面之间必须楔紧，相邻钢架之间应联结牢靠。

3）应先喷钢架与壁面之间的混凝土，后喷钢架之间的混凝土。

4）刚性钢架应喷射混凝土覆盖，可缩性钢架应待受压稳定后，方可喷射混凝土。

（6）架设永久支架时，应符合下列规定：

1）支架应按中线和腰线架设。

2）支架的顶部及两帮应背紧、背牢，不得使用风化、自燃的岩石或矿石作充填物。

3）平巷的支架应有上撑，倾斜巷道的支架应有上、下撑和拉杆，并应有 3°~5° 的迎山角。

4）金属支架应加设拉杆，支架立柱的底部要有坚硬垫板。

5）支架的立柱应立于巷道底板以下 50~150mm 的实底上，有水沟的巷道，水沟一侧的立柱底部应低于水沟底板 50~150mm。

（7）砌筑墙、拱，应符合下列规定：

1）砌筑石碹墙基础，应清理浮砟直至实底，基础槽内不得有流水或有危害砌筑质量的积水。

2）支模前应对中、腰线进行检查，严格按中、腰线进行支模。当采用砌块砌墙时，应挂边线；两边线之间的距离不宜大于 5m，并予固定。

　　3）墙模板应安设牢固，板面应平整。

　　4）石碹胎的架设应与巷道中心线垂直。

　　5）石碹胎两边拱的基点应在同一水平上。石碹胎架设的坡度应与巷道坡度一致。

　　6）石碹胎的间距，宜为 1~1.5m。拱模板的强度，应能满足荷载要求。

　　7）石碹胎的架设，必须牢固，石碹胎的下弦不得用作工作台。

　　8）石碹胎、模板重复使用时，应进行检查和整修。

　　9）在倾斜巷道中架设石碹胎，应有 2°~3°的迎山角。石碹胎之间应设支撑和拉条。

　　10）砌拱时，应同时由两侧起拱线向中心对砌。当采用砌块砌拱时，最后封顶的砌块应位于正中，砌块间应灰浆饱满。

　　11）砌体与岩帮之间的空间应充填严实。当拱部砌体与岩帮之间的空间不超过 0.5m 时，可采用矸石充填；等于或小于 2.0m 时，应砌 0.5m 厚的缓冲层；大于 2m 时，应砌 0.8m 厚的缓冲层。其余空间部分可用矸石、木垛或其他材料充填。

　　12）巷道模板和石碹胎的拆模期，应根据混凝土、砂浆强度和围岩压力大小确定。浇灌混凝土的拆模期不宜少于 5d，砌块的拆模期不宜少于 2d。

　　（8）有底鼓的巷道，应采取砌筑底拱，底部打锚杆、喷射混凝土或设置底梁等措施，并应符合下列规定：

　　1）边墙或支架的立柱，必须坐落在底拱或底梁上。

　　2）砌筑底拱或锚喷之前，应将浮矸清理干净，直至实底，坑内的积水应排除干净。

　　3）底鼓的地段宜先砌筑底拱，当施工条件不允许时，可先砌墙及拱，砌墙时，应在墙基部留出不小于 100mm 的倒台阶和接茬钢筋。

　　4）砌筑底拱或锚喷后，应经过适当的养护，方可铺轨。

2.2.3　水平巷道运输的安全

　　（1）人车的安全使用：

　　1）平巷长度超过 1500m 时，应设专用人车运送人员。专用人车每班发车前，应有专人检查车辆结构、连接装置、轮轴和车闸，确认合格方可运送人员。

　　2）人员上下车的地点，应有良好的照明和发车电铃；人员上下车时，其他车辆不应进入乘车线。

　　3）架线式电机车的滑触线应设分段开关，人员上下车时，应切断电源。

　　4）列车行驶速度应不超过 3m/s。

　　5）不应同时运送爆炸性、易燃性和腐蚀性物品或附挂处理事故以外的材料车。

　　6）乘车人员应服从司机指挥；携带的工具和零件，不应露出车外；列车行驶时和停稳前，不应上下车或将头部和身体探出车外；列车行驶时应挂好安全门链。

　　7）不应超员乘车，不应扒车、跳车和坐在车辆连接处或机车头部平台上。

　　8）在运输巷道内，人员应沿人行道行走。双轨巷道有列车错车时，人员不应在两轨道之间停留。在调车场内，人员不应横跨列车。

　　（2）巷道运输对矿车轨道的要求：

　　1）矿车应采用不能自行脱钩的连接装置。不能自动摘挂钩的车辆，其两端的碰头或缓冲器的伸出长度，应不小于 100mm。

2）永久性轨道应及时敷设。永久性轨道路基应铺以碎石或砾石道砟，轨枕下面的道砟厚度应不小于 90mm，轨枕埋入道砟的深度应不小于轨枕厚度的 2/3。

3）轨道的曲线半径，行驶速度 1.5m/s 以下时，不小于车辆最大轴距的 7 倍；行驶速度大于 1.5m/s 时，不小于车辆最大轴距的 10 倍；轨道转弯角度大于 90°时，不小于车辆最大轴距的 10 倍；对于带转向架的大型车辆（如梭车、底卸式矿车等），应不小于车辆技术文件的要求。

4）曲线段轨道应加宽、外轨应超高，具体数值应符合运输技术条件的要求。直线段轨道的轨距误差应不超过 +5mm 和 −2mm，平面误差应不大于 5mm，钢轨接头间隙宜不大于 5mm。

5）维修线路时，应在工作地点前后不少于 80m 处设置临时信号，维修结束应予撤除。

（3）人力推行矿车的规定：

1）人力推车，推车人员应携带矿灯；在照明不良的区段，不应人力推车；巷道坡度大于 10°的，不应采用人力推车。

2）每人只允许推一辆车。

3）同方向行驶的车辆，轨道坡度不大于 5°的，车辆间距不小于 10m，坡度大于 5°的，不小于 30m。

4）在能够自动滑行的线路上运行，应有可靠的制动装置；行车速度应不超过 3m/s；推车人员不应骑跨车辆滑行或放飞车。

5）矿车通过道岔、巷道口、风门、弯道和坡度较大的区段，以及出现两车相遇、前面有人或障碍物、脱轨、停车等情况时，推车人应及时发出警号。

6）停放在能自动滑行的坡道上的车辆，应用制动装置或木楔可靠地稳住。

7）推车人要注意前方道路和行人，与车或人相遇时，要减速行走，看好前方道路再行车，或等行人通过后再推车前进。

8）推车人员应在巷道中间行走，不要靠着侧帮行走，同方向行车，两车间距不得小于 5m。

（4）使用电机车运输的规定：

1）有爆炸性气体的回风巷道，不应使用架线式电机车；高硫和有自燃发火危险的矿井，应使用防爆型蓄电池电机车。

2）每班应检查电机车的闸、灯、警铃、连接器和过电流保护装置，任何一项不正常，均不应使用。

3）电机车司机不应擅离工作岗位；司机离开机车时，应切断电动机电源，拉下控制器把手，取下车钥匙，扳紧车闸将机车刹住。

4）司机不应将头或身体探出车外。

5）列车制动距离：运送人员应不超过 20m，运送物料应不超过 40m；14t 以上的大型机车（或双机）牵引运输，应根据运输条件予以确定，但应不超过 80m。

6）采用电机车运输的主要运输道上，非机动车辆应经调度人员同意方可行驶。

7）单机牵引列车正常行车时，机车应在列车的前端牵引（调车或处理事故时除外）。

8）双机牵引列车允许 1 台机车在前端牵引，1 台机车在后端推动。

9）列车通过风门、巷道口、弯道、道岔和坡度较大的区段，以及前方有车辆或视线有障碍时，应减速并发出警告信号；在列车运行前方，任何人发现有碍列车行进的情况时，应以矿灯、声响或其他方式向司机发出紧急停车信号；司机发现运行前方有异常情况或信号时，应立即停车检查，排除故障。

10）电机车停稳之前，不应摘挂钩；不应无连接装置顶车和长距离顶车倒退行驶；若需短距离倒行，应减速慢行，且有专人在倒行前方观察监护。

（5）水平巷道运输对架线的要求：

1）架线式电机车运输的滑触线悬挂高度（由轨面算起），主要运输巷道：线路电压低于 500V 时，不低于 1.8m；线路电压高于 500V 时，不低于 2.0m；井下调车场、架线式电机车道与人行道交叉点：线路电压低于 500V 时，不低于 2.0m；线路电压高于 500V 时，不低于 2.2m；井底车场（至运送人员车站），不低于 2.2m。

2）电机车运输的滑触线架设，滑触线悬挂点的间距，在直线段内应不超过 5m；在曲线段内应不超过 3m；滑触线线夹两侧的横拉线，应用瓷瓶绝缘；线夹与瓷瓶的距离不超过 0.2m；线夹与巷道顶板或支架横梁间的距离，不小于 0.2m；滑触线与管线外缘的距离不小于 0.2m；滑触线与金属管线交叉处，应用绝缘物隔开。

3）电机车运输的滑触线应设分段开关，分段距离应不超过 500m。每一条支线也应设分段开关。上下班时间，距井筒 50m 以内的滑触线应切断电源。架线式电机车运输工作中断时间超过一个班时，非工作地区内的电机车线路电源应切断。修整电机车线路，应先切断电源，并将线路接地，接地点应设在工作地段的可见部位。

（6）带式输送机运输的规定：

1）带式输送机运输物料的最大坡度，向上（块矿）应不大于 15°，向下应不大于 12°；带式输送机最高点与顶板的距离，应不小于 0.6m；物料的最大外形尺寸应不大于 350mm。

2）人员不得搭乘非载人带式输送机；不应用带式输送机运送过长的材料和设备。

3）输送带的最小宽度，应不小于物料最大尺寸的 2 倍加 200mm；带式输送机胶带的安全系数，按静荷载计算应不小于 8，按启动和制动时的动荷载计算应不小于 3；钢绳芯带式输送机的静荷载安全系数应不小于 5 ~ 8；钢绳芯带式输送机的滚筒直径，应不小于钢绳芯直径的 150 倍，不小于钢丝直径的 1000 倍，且最小直径应不小于 400mm。

4）装料点和卸料点，应设空仓、满仓等保护装置，并有声光信号及与输送机连锁；带式输送机应设有防胶带撕裂、断带、跑偏等保护装置，并有可靠的制动、胶带清扫以及防止过速、过载、打滑、大块冲击等保护装置；线路上应有信号、电气联锁和停车装置；上行的带式输送机，应设防逆转装置。

5）在倾斜巷道中采用带式输送机运输，输送机的一侧应平行敷设一条检修道。

（7）井下使用无轨运输设备的要求：

1）内燃设备，应使用低污染的柴油发动机，每台设备应有废气净化装置，净化后的废气中有害物质的浓度应符合 GBZ1、GBZ2 的有关规定；

2）运输设备应定期进行维护保养；

3）采用汽车运输时，汽车顶部至巷道顶板的距离应不小于 0.6m；

4）每台设备必须配备灭火装置。

2.2.4　水平巷道施工工作

2.2.4.1　凿岩工岗位安全操作规程

A　浅孔凿岩工安全操作规程

（1）工作以前必须做好安全确认，处理一切不安全因素，达到无隐患再作业。检查有无炮烟和浮石，做好通风，撬好顶帮浮石，防止炮烟中毒和浮石落下伤人。有支护的地方要检查支护有无变化，发现变化及时采取措施维护和处理，保证作业环境安全稳固。对现场作业环境的各种电器设施要首先进行安全确认，防止漏电伤人。

（2）上风水绳前要用风水吹一下再上，必须上牢，防止松扣伤人。

（3）开机前先开水后开风，停机时先闭风后闭水，开机时机前面禁止站人，禁止打干孔和打残孔。

（4）打完孔后，应用吹风管吹干净每个炮孔，吹孔时要背过面部，防止水砂伤人。

（5）浅孔凿岩。慢开机，先开半风，然后慢慢增大，不得突然全开防断杆伤人。打水平孔两脚前后叉开，集中精力，随时注意观察机器和顶帮岩石的变化。天井打孔前，应检查工作台板是否牢固，如不符合安全要求时停机处理安全后再作业。

（6）中深孔凿岩。经常检查支架、横杆是否牢固，如软松应及时拧紧加固，以防倒落伤人。开孔时由低速逐渐增高，自动推进器不得过猛过急，遇有节理发达的岩层要减速。对弯曲或水孔不通的钎杆，有裂纹或磨损严重的套管不得使用。夹钎时严禁猛打钎杆，防止断钎伤人。

B　台车凿岩工安全操作规程

a　准备工作

（1）操作凿岩台车人员，必须经过培训合格后，方可操作。

（2）操作前必须处理好浮石，检查台车上电气、机械、油泵等是否完整好使。

（3）凿岩前必须将台车固定牢固，防止移动伤人。

（4）检查好各输油管、风绳、水绳等及其连接处是否跑冒滴漏，如有问题须处理后开车。

（5）凿岩前应空运转检查油压表、风压表及按钮是否灵活好使。

（6）凿岩台车必须配有足够的低压照明。

b　技术操作

（1）大臂升降和左右移动，必须缓慢，在其下面和侧旁不准站人。

（2）打眼时要固定好开眼器。

（3）在作业过程中需要检查电气、机械、风动等部件时，必须停电、停风。

（4）凿岩结束后，收拾好工具，切断电源，把台车送到安全地点。

（5）台车在行走时，要注意巷道两帮，要缓慢行驶，以防触碰设备、人员等。

（6）禁止打残孔和带盲炮作业。

（7）禁止在换向器的齿轮尚未停止转动时强行挂挡。

（8）禁止非工作人员到台车周围活动和触摸操纵台车。

2.2.4.2　爆破工岗位操作规程

爆破工的岗位操作规程内容有爆破器材的领退、运输，爆破的准备工作、爆破警戒工作、装药工作、点火起爆工作等内容。

2.2.4.3　撬砟工安全操作规程

（1）撬砟应选用有经验的老工人担任，不能少于两人。一人撬砟，一人照明、监护，必须熟悉和掌握岩石性质、构造及变化规律。

（2）撬砟时，应选好安全位置和躲避时的退路，不许在浮石下面作业，不得有障碍物，随时注意周围浮石的变化，以防落石伤人。

（3）撬砟时由安全出口或安全区域开始，用敲帮问顶方法检查，前进式方法处理浮石，边撬边前进。

（4）采场撬砟时，首先应把通往采场的安全出口浮石清理干净，然后对作业区域进行全面检查，撬净浮石后方准其他人员作业。

（5）凡撬不下来的浮石，应通知现场作业人员注意，根据浮石情况用爆破方法处理或打顶子支护处理。

（6）撬不下来的浮石，又无法用其他方法处理时，应设标记，通知附近作业人员和禁止人员在附近作业和通行。

（7）发现有大量冒顶预兆时，应立即退出现场，并报告有关部门，采取可靠措施后再作业。

（8）撬砟时，禁止人员从前通过。

（9）在人道井、溜井或附近顶帮处理浮石时，应采取可靠的安全措施。

（10）撬砟工作不许交给没有经验的人，要把本班情况向下班详细交代。

2.2.4.4　机械装岩工安全操作规程

A　准备工作

（1）开车前必须在无电的情况下对装岩机的各个部位进行全面细致的检查，确认无问题后再开车；先试空装 2～3 次，方可正式装岩。

（2）装岩前对距工作面 15m 以内的巷道喷雾洒水，坚持湿式装岩。要安挂好照明。对工作区内的顶、帮要做到班前、班中、班后三次检查，用撬棍处理了浮石和消除隐患后方可作业。

B　操作工作

（1）开动装岩机，必须前方无人，司机应站在机身侧面中间，装岩机与矿车不挂接装岩时，矿车要用木楔或石块掩住，扬铲时要注意他人安全。

（2）装岩机要做到提铲、倒铲稳，扬铲准。装岩时前进和提铲时要相结合，扬铲和后退相结合，落铲和前进相结合。

（3）扬铲时应及时松开扬铲按钮，回铲借助弹簧反冲力及铲斗自重回铲，同时短促按动扬铲按钮，不能采用加快前进速度铲装矿、岩石。

（4）装岩时先装中间后装两侧，随着装岩工作的推进，及时清扫巷道两侧的矿（岩），防止失脚滑入机轮下压伤。

（5）超过 400mm 的大块，必须用大锤砸碎，严禁用铲斗撞击破碎大块。

（6）可用装岩机将活轨推进插入矿岩堆中，但切勿用力过猛而发生事故。

（7）在装载巷道两侧矿、岩，装岩机受到阻力不能前进时，不准强制前进，以免发生掉道事故。装岩机掉道后，要用复轨器将装岩机复原到轨道上，不宜使用短铁道或枕木。

（8）装岩机行驶时，要防止压坏电缆线，压坏了要处理完好后，才可继续使用。

（9）装载时发现异常，应立即停机，切断电源后方可修理。

（10）装载时发现残炸药应立即停止装载，将其拾出放到安全地方后恢复装载。残炸药只准交给有爆破权的人处理，严禁自行处理和私藏。

（11）装载完毕应将装岩机退出工作面，停放在安全、无滴水的地方，并用风水冲洗干净和切断电源。

2.2.4.5　运输工安全操作规程

A　装车与倒矿（废）石

（1）装车前要喷雾洒水洗刷距工作面15m以内的顶帮壁及"货"堆要浇透水，严禁干式作业。同时要处理好浮石。

（2）装车前要把矿车掩住，砟堆面坡度应始终保持在40°，防止滚石伤人。

（3）向矿车中装"货"时，要准稳，严防伤人。

（4）在水平巷道装车时，不仅要装净掌头"货"，而且还要清理掌头外部巷道中的残"货"，距掌头15m以外的巷道必须挖出水沟。

（5）内有残炸药的大块，不准用大锤破碎。用大锤打大块时，要防止大锤脱把和碎石崩起伤人。

B　矿车运行与扣车

（1）推车时注意来往行人。车过弯道、巷道交叉口、斜坡和过风门时，车速要慢，并要发出信号。运输巷道无照明时，车前要挂电石灯照明。

（2）注意前边运行的矿车，同方向运行两车厢距30m以上；反方向运行，空车给重车让路，单车给列车让路。

（3）每人只准推一个矿车，推车时不准撒手，不准蹬车。矿车掉道时要发出信号，抬车时要看清周围情况，防止伤人。

（4）矿车未停稳时，不准做扣车作业，扣车不得用力过猛，防止矿车和人员翻入溜矿井中。车厢复位后，要检查厢挡是否处在正常位置。

（5）车厢中有残砟应随时清扫，发现不完好的矿车要及时汇报给有关人员进行修理。

（6）矿车离开扣车地点时，必须将铁道上的残渣清扫干净。

2.2.4.6　支护工安全操作规程

在不稳固的岩层中掘进井巷，必须进行支护，在松软或流沙性岩层中掘进，永久性支护至掘进工作面之间，应架设临时支护或特殊支护。

需要支护的井巷、采场，支护与工作面间的距离，应在施工设计中规定，中途停止掘进时，支护必须及时跟至工作面。

（1）架设木支架时，应遵守下列规定：

不得使用腐朽、蛀孔、软杂木、劈裂的坑木。永久支架应进行防腐处理，支架架设后，应用木楔在接榫附近将梁、柱等顶、帮之间楔紧。顶与两帮的空隙必须塞紧，梁、柱接榫处须用扒钉固定，斜井支架应加下撑与拉杆。坡度大于30°的斜井的永久支架，棚间应设顶柱，柱窝不准打在脱帮的松石上。

（2）掘进放炮前，靠近工作面的支架，应用扒钉、拉条、撑木等加固。

（3）发现棚腿歪斜、压裂，顶梁折断及坑木腐烂等，应及时更换修复。

（4）所有木料要检查是否符合要求，禁止使用尺寸不足、强度不够和腐烂的木料做支柱材料。

（5）搬运大木头时动作要协调，注意电机车架线、风水管路、电缆等以防伤人。

（6）使用斧子和大锤时，应注意周围人员的安全，工具不得随便乱扔。高空作业必须系安全带。

（7）竖井、天井、斜井、溜井、充填井作业时，上下材料、工具时须绑扎牢固，不得乱扔。作业前应采取安全措施，以防人员坠落和物料掉下伤人。

（8）打撑子时，柱窝要选在坚硬的岩石上，并保证一定深度，以保证支护牢靠。

（9）处理冒顶或因特殊情况未架、没处理完，应仔细向下班交代。

（10）天井支护在距顶板1.8～2m处要设牢固的板台。掘进超过8m时，应设隔板和安全棚，安全棚距顶板不超过6m，并须架设好安全插板、过门撑子、板子，防止人员作业时坠落。

（11）采矿打顶子必须穿鞋戴帽，架设棚子时横梁与岩石、顶板之间间隙必须填实。

（12）维修斜井和平巷，必须遵守下列规定：

1）平巷修理或扩大断面，应首先加固工作地点附近的支架，然后拆除工作地点的支架，并做好临时支护工作的准备。

2）每次拆除的支架数应根据具体情况确定，密集支架一次拆除的棚子不得超过两架。

3）撤换顶板松软地点的支架，或在巷道交叉处、严重冒顶区进行维修，必须在支架之间用拉杆支撑或架设临时支架。

4）清理浮石时，工人必须在安全地点操纵工具；维修斜井、平巷时，应停止车辆运行，并设警戒和明显标志。

5）撤换独头巷道支架时，里边不准有人。

2.2.4.7　道管工安全操作规程

（1）作业前必须检查处理一切不安全因素，确认安全后再作业。

（2）搬运、铺设、安装、维修道管时，切勿触及机车架线，并应注意来往车辆、行人和周围人员的安全。

（3）风水管路的架设应于井巷一侧。水平巷道管子与电缆平行铺设时，管子应在下部，与电缆相互距离不小于0.3m。竖井架设风水管路时，一定距离使用托管，并全部使用对盘接头，管夹必须固定好。天井安装风水管路时，禁止人员上下，作业前必须清除井框毛石，上下工具管子材料时，必须联系好，工作台板必须牢固。

（4）安装风水管路必须牢固，以免振动脱落伤人。

（5）接换风水管路必须先停风水，然后进行。接管时严禁面对管口，防止风水击伤，接好后先用风水吹出管内杂物，再接上风水阀门。

（6）保证工作质量，风水管不漏风水，不脱扣、不落架、不放炮，发现有损坏情况应及时处理。

（7）割、焊管道时，须严格遵守焊工安全技术操作规程。

（8）经常检查轨道和岔道，发现变形、损坏、道夹板和螺钉松动时，及时维修调整，除掘进时的临时活道外，所有道岔必须安装扳道器。

（9）永久性铁道应随巷道掘进及时敷设，临时性铁道的长度不得超过15m。永久性铁道路基应铺以碎石或砾石道砟，轨枕下面的道砟厚度应不小于90mm，轨枕埋入道砟深度应不小于轨枕厚度的2/3。

（10）倾角大于10°的斜井，应设置轨道防滑装置，轨枕下面的道砟厚度不得小于50mm。

（11）铁道的曲线半径，应符合下列规定：

行驶速度小于1.5m/s时，不得小于列车最大轴距的7倍；行驶速度大于1.5m/s时，不得小于最大轴距的10倍；铁道弯道转角大于90°时，不得小于最大轴距的10倍。

（12）铁道曲线段轨道加宽和外轨超高，应符合运输技术条件的要求。坑内铁道的轨距误差不得超过+5mm和-2mm，平面误差不得大于5mm，钢轨接头间隙不得大于5mm。

（13）维修线路时，应在工作地点前后不少于80mm处设置临时信号，维修结束应予撤除。

2.3　水平巷道的运输工作

2.3.1　矿石废石的运输过程

金属矿地下开采过程中，要将矿石、废石从回采的矿块运输到主井的井底车场，然后采用罐笼或箕斗提升到地表。

（1）生产过程的第一步为交接班，对当班中出现的问题要向下班交代提醒，主要为设备（矿车、电机车）的完好程度，道路畅通情况，途中照明情况，架线输电情况，漏斗放矿通畅情况，并做好交接班记录。

（2）在与井底车场倒车工做好必要的联系后，挂好矿车和电机车，从井底车场开往装矿点。

（3）在放矿工的配合下装好矿石或废石。

（4）检查设备。货载安全可靠后运往井底车场。

（5）如果是罐笼提升，电机车牵引矿车进入井底车场的调车场，在倒车工的配合下，完成电机车的调车和矿车的蹬钩工作，准备将矿车装入罐笼提升到地表。

（6）如果是箕斗提升，箕斗提升一般采用底卸式矿车或曲轨侧卸式矿车，电机车牵引矿车到达溜井卸矿口时减速慢行，同卸矿工（二破）做好联系，确认卸矿设备正常时，通过卸矿口将矿石卸入溜井或矿仓。

2.3.2　放矿及装矿工作

（1）放矿工和电机车司机要严格遵守人员入井的有关规定。

（2）上班途中不准扒乘电机车和乘坐矿车。

（3）严禁电机车和矿车未停稳，运行时摘挂车。

（4）搞好井下放矿点周围的卫生，及时清理撒矿，保持水沟和道路的畅通。

（5）放矿开始前，要检查放矿设备及辅助工具是否完好，工作是否正常，是否存在不安全因素，确认一切正常后，方可进行放矿工作。

（6）放矿过程中，放矿人员须站在放矿斗的两侧，不准站在放矿斗的正面，也不要从放矿口的正面通过，其他人员远离放矿口。

（7）放矿要结束时，控制好漏斗的放矿量，既要放满，提高满斗系数，也不要放过量，造成大量撒矿，影响道路畅通。

（8）放矿结束后，要认真负责清理撒落在地上的矿石，防止车辆通过时引起掉道，及堵塞水沟。

（9）工作过程中注意通电设备的安全，特别是放矿机械的按钮，要及时检查它是否漏电、断电，绝对禁止在手湿或戴手套的情况下按动按钮，也不允许使用其他工具直接按动按钮。

（10）放矿口如果在川脉内，一般巷道顶板、放矿口周围安全程度稍低，放矿前要加强对顶板的管理，放矿过程中要注意周围的不安全因素。

（11）放矿口周围必须具备良好的照明条件，在没有井下照明的情况下，不能靠自身携带的矿灯照明放矿。

（12）架线输电线落架或掉挂不允许私自处理，应通知井下电工处理，电机车架线弓子出现问题时要及时修理，严禁采用手持"电鞭子"取电驱动电机车。

（13）列车经过道岔时，要提前扳好道岔，禁止靠机车或矿车车轮冲开岔道。

（14）放矿过程中在串换放矿地点行走过程中，禁止登车和扒车。在摘挂拉链的时候，不准站在运输道路的里侧，防止其他运输车辆撞伤，摘挂拉链时要注意安全，防止被车挤伤和撞坏手。

（15）运行过程中，一旦发生掉道现象，处理掉道的时候，要做好安全监护，要采取正确的方法：用木杠或引车器将矿车或电机车恢复正常，严禁破坏性作业，拉坏轨道或车辆。

2.3.3　途中运输工作

（1）电机车司机必须熟悉机车构造，性能及操作方法。经过严格的培训，经考核合格后持证上岗，方可操作。

（2）电机车司机要坚守岗位，经常检查轨道、架线和机车运行情况，运行过程中注意监听机电和轨道的声音，出现异常情况，及时停车处理。

（3）电机车司机如必须离开工作岗位，司机离开机车时，必须切断电动机电源，拉下控制器把手，扳紧车闸将机车闸住，不得关闭车灯，以防出现撞车事故。

（4）电机车司机必须时刻保证电机车运行的安全，有权拒绝其他人员乘车、扒车、开车。有权拒绝超载运行，严禁电机车、矿车乘人、扒车，严禁用电机车运送爆破材料（炸药、雷管、导爆管）和木料材料。电机车司机有权拒绝以上材料的运输。

（5）电机车在行车过程中要严格使用各种通信（口哨、喊话、鸣信号）手段，在发车、遇到行人、障碍、弯道、巷道口、风门、放矿口时要减速慢行并发出信号。

（6）在行车过程中，遇到车辆、行人经过道岔，进出调车场要正确指挥，相互联系，严防撞车事故的发生。

（7）电机车司机和放矿工要密切配合，相互协调，听从指挥将列车调入放矿区域，通过道岔时要提前扳好，严禁在运行过程中摘挂矿车。

（8）电机车司机开车前要检查机车的刹车、照明、警铃、连接器和过电保护装置，一切完好才能开车，任何项目有问题均不准开车。

（9）列车运行进入井底车场的调车场后，当向井口顶车时，必须注意井口周围的停车、阻车情况，与井口倒车工联系好后，方能慢慢顶车，以免发生撞车、掉井等事故。

（10）电机车牵引矿车正常运行时，机车须在前头牵引矿车前进，以利安全瞭望，行车过程中司机严禁将头及身体任何部分探出车外，列车通过风门要发出声音信号，提醒行人注意。

（11）电机车司机要注意停车位置的环境情况，严禁在陡坡、道岔、巷道口、急弯等地方停车。

（12）严禁电机车司机在车下操作，跟随机车前进，行车途中严禁打倒车。

（13）如果发生电机车、矿车掉道现象，要用正确的方式恢复，严禁使用铁道和枕木。

（14）作业结束要将电机车停车在规定地点，严禁乱停乱放，停好车后要切断电源，拉住车闸并搞好车辆卫生，方准离开。

2.3.4　矿车卸矿工作

根据主井矿石的提升方式不同，矿车的卸矿地点和采用的矿车卸矿方式也不同，罐笼井提升，矿车提升到地表后，如果地表采用轨道运输，矿车需运到选厂的破碎矿仓卸矿，地表如果用汽车运输，矿车在井口卸矿倒装；箕斗井提升，矿石在井下卸入溜井，虽然卸矿地点不同，但卸矿方式均有人力翻转车厢卸矿、翻车机卸矿、底卸式矿车卸矿、曲轨侧卸式矿车卸矿。

（1）卸矿地点一般设有格筛，格筛上的大块需经二次破碎，二次破碎方式有人工破碎和冲击钻机破碎。

（2）工作前要检查设备（翻车机、卸矿装置、冲击破碎装置）运转情况，各部分有无故障，做到面对面交班，做好交接班记录，交代设备运转情况。

（3）设备运转前，应空载试工作一至两次，一切正常开始工作。

（4）运矿列车到来时，做好安全指挥工作。

（5）翻车机卸矿应注意矿车是否超高，矿车与翻车机要对正，双方紧密配合，信号准确无误，进车开始卸矿工作。

（6）列车在运行、卸矿过程中严禁穿越列车，随时注意设备运行声音。

（7）二次破碎大块时，一定要配戴安全带。

（8）矿车卸矿，二次破碎时，禁止其他人员滞留周围，避免飞石伤人。

（9）卸矿硐室要有足够的照明，要及时清理撒矿，搞好周围的卫生，保证设备的正常运行和运转。

（10）工作过程中，严禁脱岗，出现停电现象时，要关闭电源，做好安全警戒。

2.3.5 水平巷道运输注意事项

（1）电机车和矿车严禁运人，任何部位严禁扒人、乘人，严禁同时运输易燃物和爆炸物。

（2）运送雷管、炸药等起爆器材时要按爆破器材运输的规定装车、运输和装卸。

（3）放矿过程中严禁放空溜井或漏斗，造成闸门的损坏和"跑溜子"现象，影响正常生产。

（4）放矿开始前要等矿车停稳，检查车门是否挂牢。并固定好矿车，方能开始放矿，避免放矿过程中矿车移动，造成撒矿、挤伤等事故。

（5）矿车使用一段时间后，矿车内壁黏着大量粉矿，要定时用水冲洗，增大运输生产能力。

（6）放矿口堵塞时，应停机处理，并有专人监护，严禁人员进入斗内处理堵塞，处理过程中，处理人员严禁站在放矿口正面。

（7）采用爆破方式处理堵塞时，崩斗人员必须拥有爆破证，必须采用炮杆或竹竿作业，导火索的长度不低于0.5m。炸药包一定要捆绑牢固，事先通知附近人员撤离，方可进行爆破。

（8）无论采用何种方式处理堵塞问题，严禁单人作业，必须有人员监护。

（9）爆破后剩余的爆破器材，必须按规定存放，严禁乱扔乱放。

（10）电机车正常运行，非特殊情况，严禁使用"反电"制动。电机车正常运行时，禁止打倒车。高速运行时，严禁使用电制动，避免产生高压，发生危险。

（11）遇到停电事故，电机车司机应放下导电弓子。将电机车控制手柄放回空挡，扳紧车闸，打开车灯。

2.3.6 材料设备的运输

（1）井下材料设备的运输，运输工作流动性大，作业范围广，工作中要佩戴好劳动保护和必要的防护用品，严禁单人作业。

（2）严禁用电机车运送各种材料及爆破器材，运送体积比较大、长度较长的材料时，要特别注意不要碰坏巷道周围的管线及仪器。

（3）运送炸药等爆破器材时，装、卸、摆放要符合爆破器材运输的要求，运量要符合规定，爆破工要携带爆破证。

（4）运送易燃易爆有毒的物品时，装卸时要轻装轻放，大不压小，重不压轻，堆放平稳，符合码放要求，严禁吸烟。

（5）爆破器材领、运、放的一般规定：

1）领用炸药必须持领料单、领料兜和爆破证，要携带电池灯或手电筒，不许携带电石灯。

2）炸药、雷管应分别放在两个兜内或箱内，禁止混放，禁止装在衣兜内。

3）领完爆破器材应直接到达爆破地点，不许在人群聚集的地点停留，不许与其他人同乘一辆车或罐笼，禁止乱堆乱放。

4）一次同时运搬爆破器材不许超过炸药10kg，火雷管10发，非电雷管20发。

5）一次单独运搬炸药不许超过 20kg。

6）一次单独运搬成箱炸药，背运一箱，担运两箱。

（6）材料设备在运输途中一定要捆扎牢固，避免超高超宽，严禁人员站立，坐靠在材料设备中间或上面，严禁在行走中上下。

（7）装卸材料设备时车要停稳，挤牢，材料的堆放要整齐牢靠，避免滑落、滚动伤人，影响其他工作。

（8）装卸大体材料和设备时，要有专业人员指挥，协调一致，相互关照，口号、步调相同，使用的绳索等工具安全可靠，严防挤压、材料弹起伤人。严禁碰触巷道内的架线，通信设备，通风设备，风水管路等。

（9）使用起重设备时，首先要检查设备的完好可靠程度，要有专人指挥，避免超重。

（10）运输材料设备时，要首先检查运输工具的完好可靠，不准超负荷载货。

（11）升降、运输较大型设备时，提前做好运输计划，报请主管领导批准，全矿协调一致，做好各项准备工作，运输过程中各有关人员均应到现场协调指挥。

3 倾斜井巷施工及安全管理

在矿山倾斜的井巷有轨道运输的斜井、无轨道运输的斜坡道、开采缓倾斜矿体时的上山及电耙道、开采缓倾斜矿体时的通风巷道等。在此主要以有轨道运输的斜井为主介绍其施工验收及安全生产。

3.1 斜井的施工、验收、安全生产

斜井的施工及验收同水平巷道基本一致，相关内容参考第 2 章，但是由于巷道发生了倾斜，也必然带来了某些特殊性。

3.1.1 斜井井筒施工

（1）倾斜巷的施工，应设置防止跑车、坠物的安全装置和人行台阶。倾角大于 20°时，应增设扶手，除锚喷支护外，不宜采用掘进、支护平行作业。倾斜巷道永久轨道应在交付使用前，一次铺设。

（2）倾斜巷道的施工，采用耙斗装岩机装载时，必须固定牢靠，当巷道倾角大于 25°时，除卡轨器外，尚应增设防滑装置。

（3）上山掘进时，耙斗装岩机除了采用下山的固定方法外，尚应在装岩机的后立柱上，增设 2 根斜撑。当上山倾角大于 20°时，提升导向轮应单独固定。

（4）采用支架支撑的倾斜巷道的规格质量，倾斜巷道支架间的横撑和拉条应齐全、牢固。

（5）行人兼运输的斜井应设人行道。人行道的有效宽度，不小于 1.0m；有效净高，不小于 1.9m；斜井坡度为 10°~15°时，设人行踏步；15°~35°时，设踏步及扶手；大于 35°时，设梯子；有轨运输的斜井，车道与人行道之间宜设坚固的隔离设施；未设隔离设施的，提升时不应有人员通行。

（6）无轨运输的斜坡道，应设人行道或躲避硐室。行人的无轨运输水平巷道应设人行道。人行道的有效净高应不小于 1.9m，有效宽度不小于 1.2m。躲避硐室的间距在曲线段不超过 15m，在直线段不超过 30m。躲避硐室的高度不小于 1.9m，深度和宽度均不小于 1.0m。躲避硐室应有明显的标志，并保持干净、无障碍物。

（7）斜井施工时用装岩机、耙斗装岩机、铲运机、装运机或人工出碴之前，应检查和处理工作面顶、帮的浮石。在斜井中移动耙斗装岩机时，下方不应有人。

（8）斜井施工时井口应设与卷扬机联动的阻车器；井颈及掘进工作面上方应分别设保险杠，并有专人（信号工）看管，工作面上方的保险杠应随工作面的推进而经常移动。

（9）斜井内人行道一侧，每隔 30~50m 设一躲避硐室；为加强联系，斜井井下应设电话和声光兼备的提升信号装置。

（10）由下向上掘进 30°以上的斜巷时，必须将溜矿（岩）道与人行道隔开。在有轨

运输的斜井（巷）中施工，为了防止轨道下滑，可在井筒底板每隔 30～50m 设一混凝土防滑底架，将钢轨固定其上。

（11）在倾斜巷道中采用带式输送机运输，输送机的一侧应平行敷设一条检修道，需要利用检修道作辅助提升时，带式输送机最突出部分与提升容器的间距应不小于 300mm，且辅助提升速度不应超过 1.5m/s。

（12）在斜坡道使用无轨运输设备，斜坡道长度每隔 300～400m，应设坡度不大于 3%、长度不小于 20m 并能满足错车要求的缓坡段；主要斜坡道应有良好的混凝土、沥青或级配均匀的碎石路面；不应熄火下滑；在斜坡上停车时，应采取可靠的挡车措施；每台设备应配备灭火装置。

3.1.2　斜井地面井口表土的施工

（1）斜井表土的施工方法应根据表土性质选择，稳定表土层，应采用全断面掘进法（掘进工作面与永久支护间的距离不宜大于 5m）或导硐法施工（导硐的长度不宜大于 4m，导硐的断面不宜过大）；不稳定表土层，应采用降低水位法或超前支架法施工。当表土层含水较大时，宜采用沉井、冻结、帷幕等特殊方法施工。

（2）斜井不宜在雨季破土开工。

（3）斜井的井口部分，采用明槽开挖时，明槽的深度，应使巷道掘进断面顶部与耕作层或堆积层底的距离不小于 2m。明槽的边坡允许值应按国家现行标准《土方和爆破工程施工及验收规范》的有关规定执行。当土质坚硬或采用挖土、砌墙平行作业时，宜将直墙部分垂直下挖，但超过墙高部分应按上述边坡规定执行。

（4）斜井从明槽部分进入硐身 5～10m 后，应立即进行永久支护。明槽部分应砌石碹，石碹的外部应设防水层或夯填三合土，回填土应分层夯实。

（5）斜井通过含水层的地段，应采用混凝土砌石碹、浇灌混凝土时应采取防水措施。对有明显的淋水，或大于 0.5m³/h 的集中出水点，应进行注浆处理。

3.1.3　斜井提升的安全

（1）提升人员上、下的斜井，垂直深度超过 50m 的，应设专用人车运送人员。斜井用矿车组提升时，不应人货混合串车提升。专用人车应有顶棚，并装有可靠的断绳保险器。列车每节车厢的断绳保险器应相互联结，并能在断绳时起作用。断绳保险器应既能自动，也能手动。

（2）运送人员的列车，应有随车安全员。随车安全员应坐在装有断绳保险器操纵杆的第一节车厢内。运送人员的专用列车的各节车厢之间，除连接装置外，还应附挂保险链。连接装置和保险链，应经常检查，定期更换。

（3）采用专用人车运送人员的斜井，应装设符合规定的声、光信号装置，每节车厢均能在行车途中向提升司机发出紧急停车信号；多水平运送时，各水平发出的信号应有区别，以便提升司机辨认；所有收发信号的地点，均应悬挂明显的信号牌。

（4）斜井提升，应有专人负责管理。乘车人员应听从随车安全员指挥，按指定地点上下车，上车后应关好车门，挂好车链。斜井运输时，不应蹬钩；人员不应在运输道上行走。

（5）倾角大于10°的斜井，应设置轨道防滑装置，轨枕下面的道砟厚度应不小于50mm。

（6）提升矿车的斜井，应设常闭式防跑车装置，并经常保持完好。井内应设两道挡车器，即在井筒中上部设置一道固定式挡车器，在工作面上方20～40m处设置一道可移动式挡车器。井内挡车器常用钢丝绳挡车器、型钢挡车器和钢丝绳挡车帘等。

（7）斜井上部和中间车场，应设阻车器或挡车栏。阻车器或挡车栏在车辆通过时打开，车辆通过后关闭。斜井下部车场应设躲避硐室。

（8）斜井运输的最高速度，运输人员或用矿车运输物料，斜井长度不大于300m时，3.5m/s；斜井长度大于300m时，5m/s；用箕斗运输物料，斜井长度不大于300m时，5m/s；斜井长度大于300m时，7m/s；斜井运输人员的加速度或减速度，应不超过0.5m/s^2。

（9）斜井提升安全系数的规定：

1）专为升降人员或升降人员和物料的提升装置的连接装置和其他有关部分，以及运送人员车辆的每一个连接器、钩环和保险链的安全系数，均不得小于13。

2）专为升降物料的提升装置的连接装置和其他有关部分的安全系数，不得小于10。

3）矿车与矿车的连接钩环、插销的安全系数，均不得小于6。

4）在倾斜巷道的上端必须有可靠的过卷装置，过卷距离应根据巷道的倾角、设计载荷、最大提升速度或实际制动力计算确定，并应有1.5倍的备用系数。

（10）斜井、斜坡道使用无轨运输设备斜坡道长度每隔300～400m应设坡度不大于3%的缓坡段。严禁在斜坡道下滑；在斜坡道上停车时，应用三角木块挡车。

3.2 斜井的提升工作

3.2.1 主斜井提升工作

（1）经常检查箕斗、钩头、钢丝绳、配重车等提升装置是否完好，信号装量、电话等是否正常。检查吊桥工具、阻车器等设备是否好使灵活。

（2）井筒内有人作业时，未经联系不准动车。如必须动车，要通知作业人员进躲避硐室，方可运行。

（3）严格执行行车不行人的制度，严禁在运行的箕斗上和平衡锤上坐人。

（4）信号发送中精力要集中，观察要仔细，打点要清晰，坚守岗位。

（5）做好现场卫生、交接班和作业记录。

（6）接班后检查好电机车、运输线路、扳道器、照明等设备及安全装置是否正常好使，发现问题及时处理或报告。

（7）工作中要精神集中，矿车停稳后方可摘挂钩，并确认挂车牢固的情况下，方可提至斜井主运道，并注意车组的运行情况。在任何情况下，不得在斜井主运道上摘挂钩。

（8）遇到矿车掉道或需人力推车时，应遵守搬运工的安全技术操作规程。

（9）严禁井口打闹、喧哗、睡觉、无关人员进入警戒区，无关人员禁止动用井口信号。在矿车上下运行时严禁井口处站人，发车后将阻车器关闭好。

（10）挂车时将挂钩检查好，确认无误，方可打点发车。

3.2.2 斜井升降人员工作

斜井升降人员工作由斜井跟车工负责:

(1) 跟车工必须熟悉人车的自动装置、开动装置、缓冲装置的构造,认真宣传监督执行斜井人车乘车制度。

(2) 每班运送人员前,跟车工必须先试放一次空车,查明巷道有无危险后方可运送人员。

(3) 每班运送人员前,跟车工必须检查人车的连接装置(三链环、插销、开口销等),制动装置,开动装置灵活可靠后方可运送人。

(4) 运行前跟车工必须同人车维修工做一次手动落闸试验,确认可靠方可运送人。

(5) 升降人员时跟车工要详细检查绳头链、插销、钢丝绳,确认无异常情况后方可升降,把人车慢慢调到井口车场。

(6) 跟车工要严格执行斜井人车管理制度,按规定人数指挥乘车,严禁超员或蹭车,维持上下人员的秩序。

(7) 乘坐在列车行驶的第一节车厢的跟车工必须乘坐在人车安设手闸的第一排座位上,同时注意监视运行的前方,观察轨道和巷道的情况。

(8) 在斜井使用人车时,必须装设人车专用信号。

(9) 人车跟车工由外运班长担任和有经验的信号工担任。

(10) 斜井人车的信号装置除跟车工外其他人员严禁操作,接近停车位置时要鸣笛。

(11) 乘车人员必须严格遵守下列规定:

1) 服从跟车工的指挥,携带的工具和零件不得露出车外。

2) 人车行驶时和停稳前,禁止将头部和身体探出车外,禁止上下车。

3) 禁止超员乘车。

4) 除人抢救伤员和处理事故的车辆外,禁止搭挂其他车辆。

(12) 在开车前,人车管理人员及跟车工要检查好防护链是否挂好,乘车人员是否把身体或携带工具露出车外,确认无问题后方可鸣笛发车。

(13) 跟车工和人车管理人员有权按照乘车制度监督乘车人员。

(14) 确认有下列情况之一者,即可停车或采取紧急刹车:

1) 路轨上有障碍物,人车通过时会引起掉道。

2) 下放的速度超过正常提升速度时,发出信号不见效时,可采取紧急制动刹车。

3) 人车运行时,危及安全的情况突然发生,来不及打点停车时可扳动闸扒刹车。

3.2.3 斜井箕斗装卸矿工作

(1) 熟悉和掌握卸矿装置各部结构,操作时精力集中,准确无误。

(2) 卸矿前必须看清箕斗位置是否合适,然后操纵气缸按钮。

(3) 卸矿完毕后,观察箕斗是否返回原位,确认无问题后,方可发出开机信号。

(4) 经常检查箕斗卸矿曲轨,滚轮有无卡撞现象,如发现问题应及时通知维修人员处理。

(5) 油雾器、汽动装置及时加油。

(6) 严格掌握计量漏斗的装矿量,控制箕斗的正常装载系数,保证提升效率和运行安全。

　　（7）做好工作场所的工业卫生和文明生产。

　　（8）严格执行行车不行人的制度，严禁在运行的箕斗上和平衡锤上坐人。

　　（9）信号发送中精力要集中，观察要仔细，打点要清晰，坚守岗位。

　　（10）做好现场卫生、交接班和作业记录。

3.2.4　斜井钢丝绳安全检查

　　（1）钢丝绳安全系数：

　　1）新绳。钢丝绳安全系数副井不得低于9，主井不得低于6.5。

　　2）使用中钢丝绳。经定期试验，安全系数低于下列数值时必须更换，专门提升人员时小于7，提升降物料时小于6。

　　（2）钢丝绳的日检与更换：

　　1）钢丝绳要每日进行检查，日检查由工区井口蹬钩工、信号工负责，每日检查后将结果详细写入记录，发现异常及时逐级上报。

　　2）钢丝绳的日检包含钢丝绳与钩头的联结装置，从钩头到20m内为日检的重点项目内容。

　　3）钢丝绳在下列情况之一的必须予以重灌钩头或更换新绳：

　　①提升钢丝绳在一个捻距内断丝5%。

　　②提升钢丝绳直径比开始悬挂时缩小了10%。

　　③一个捻距内比悬挂时延长了0.5%或外层钢丝直径减少10%。

　　④钢丝绳受到损伤或钢丝绳延长0.5%或直径缩小了10%。

　　（3）钢丝绳的试验：

　　1）所有提升钢丝绳使用前都必须经过试验，如停用或库存1年以上再使用时要重新试验。

　　2）新钢丝绳使用前的试验，如果其中拉断钢丝与钢丝总数之比，提人员、物料（副斜井）钢丝绳达6%，升降物料（主斜井）达到10%时都不得使用。

　　3）使用中的钢丝绳作定期试验时，如果经拉断弯曲试验不合格钢丝数达钢丝总数25%必须更换。

　　4）使用过提升钢丝绳，如经过试验证明还能符合提升物料用的钢丝绳各项规定时，可作为平衡钢丝绳使用。

　　5）升降人员和物料用钢丝绳，副斜井自悬挂时起6个月试验一次，以后每3个月试验一次。

　　6）主斜井钢丝绳自悬挂时第一次试验间隔时间为1年，以后每3个月试验一次。

　　7）做钢丝绳试验时截取1.5m长作为试样，使用过的要在近钩头端取样，试验要按规程进行。

3.2.5　斜井防跑车

3.2.5.1　跑车事故的原因

斜井串车提升由于换钩频繁，钢丝绳容易磨损和断裂等因素，常常发生跑车事故，造成设备损坏和人员伤亡，影响生产。根据引起事故的不同原因，大致可分为以下几种：

（1）挂钩工疏忽而未挂钩就将空车下推引起的跑车。

（2）挂钩工操作不当而引起跑车事故。如在车辆未全部提上来就提前摘钩，结果后面未上来的车辆容易倒滑下斜坡而发生跑车。

（3）断绳引起跑车。

（4）车辆运行中由于挂钩插销跳出而发生跑车。这种事故往往在轨道质量不好，车辆运行时跳动，加上插销不合规格或未全部插进的情况下发生。

（5）连接装置断裂引起跑车。如三链环不符合要求，矿车底盘槽钢断裂等情况。

（6）提升机制动器失灵引起飞车，是一种带绳的跑车。

3.2.5.2 防止跑车事故的措施

防止跑车事故的措施：一是防止发生跑车；二是一旦发生跑车时要避免事故扩大，尤其是避免人员伤害。主要措施有：

（1）严格执行井筒行车不行人，行人不行车制度，严禁蹬钩。

（2）应设常闭式防跑车装置，并经常保持完好。上部和中间车场，须设阻车器挡车栏，在车辆通过时打开，通过后关闭。下部及中间车场须设躲避碉。

（3）在条件允许的情况下井口尽量使用甩车场，以避免平车场容易跑车的缺点。

（4）把钩工要经过培训、考试合格后才能上岗。要严格按操作规程进行操作，每次开车前必须检查牵引车数、钩头及各车的连接和装载等情况，确认无误后，方可发出开车信号。

（5）钢丝绳与矿车的连接和矿车之间的连接都要使用不能自行脱落的连接装置。常用的有保险插销、自锁插销及带锁口圈的矿车连接器等。井筒倾角超过12°时，还应装保险绳。

（6）轨道要符合质量标准，并要及时清理，以防矿车掉道或运行时跳动。

（7）要加强矿车的检查和维修。发现底盘有开焊和裂纹的矿车，要停止使用。三链环与插销等连接装置要符合要求，不合格的不得使用。

（8）提升机制动装置要可靠，防止飞车。

3.2.5.3 斜井防跑车装置

斜井防跑车装置是斜井发生跑车后能将跑下的车辆阻止，从而避免事故扩大，造成严重后果的装置。使用较多的防跑车装置有：

（1）自动抓捕装置。这种装置是利用发生跑车时，矿车速度较正常速度快的特征使抓捕机构动作而抓住矿车的，其形式有底部爪钩式、旁侧式和顶部撞杆式等多种。

（2）电动式自动挡车门。这种装置利用跑车后，矿车在轨道上的位置与深度指示器上所反映位置不一致的特征来实现防跑车。它主要由电动挡车门和电控系统两部分组成。

（3）闭锁式防跑车装置。这种装置是在正常下放时靠把钩工的操作使矿车不与装置的冲击杆碰撞，而在发生跑车时靠矿车的冲击能量使装置的挡车门落下挡住下跑的矿车，从而实现防止跑车事故的。

3.2.6 斜井提升注意事项

（1）任何人不得在卷扬到井口之间停留和打闹。

（2）人行道应经常检查，保持梯子完好，要经常清扫杂物、刨冰、保持地表和井口干净，井筒要有良好的照明。

（3）要经常检查井筒内顶板及两帮的支护情况，发现问题要及时处理。

（4）要定期检查修理电器设施和机械部分。如信号装置、卷扬机、矿车、阻车器、钩头、安全链等部分。

（5）卷扬工要经常检查卷扬的各个系统的运行情况，有问题要及时汇报，要经常给托绳天轮注油，保持轮和轴的润滑。

（6）井口蹬钩工、信号工要经常检查钢丝绳磨损情况，有问题要及时汇报。

（7）井筒、地表的地轮和轨道要经常检查，保证矿车人车的正常运行。

（8）矿车在提升过程中不许乘人及偷爬矿车。

（9）斜井运送人员时，一定要严格遵守斜井乘车制度。

（10）运送材料（钢材、木材、设备）时，一定要用材料车，不得使用矿车。

（11）运送爆破器材时，不得把炸药与雷管混装放在同一车上，要分车装或分次运送。

（12）提升运输过程中，矿车的矿石不得超载，防止滚石伤人。

（13）斜井井口处要设立阻车器，不得在阻车器下面停留。矿车在斜井轨道上，不准摘钩。

（14）斜井每隔一定距离打一个躲避硐，一定距离设立防跑车装置。

（15）卷扬工、信号工、蹬钩工要坚守工作岗位，精力集中，必须互相配合，严格遵守安全操作规程和各项规章制度。

4 天井硐室的施工与安全管理

在矿山生产过程中天井（溜井）是常见的倾角较大的急倾斜或垂直的井巷，类似巷道还有充填井、探矿井，硐室有水泵房、变电所、破碎硐室、装矿硐室、计量硐室、机修硐室、炸药库、矿仓、碹岔、马头门、提升卷扬机房等。

4.1 天井硐室工程的验收

4.1.1 验收需要准备的资料

（1）实测平面位置图。

（2）硐室实测平面图，主要部位剖面图。

（3）主要天（溜）井实测井筒纵、横剖面图。

（4）主要硐室、天（溜）井实测地质柱状图。

（5）实测设备基础图。

（6）隐蔽工程验收记录、材料和试块试验报告。

4.1.2 天井硐室验收的要求

（1）天井、溜井的规格：

1）无提升设备的天井及溜井：从井筒中心线至任何一帮的距离，不支护的天井、溜井，不得小于设计规定100mm，也不得大于设计规定200mm；支护的天井、溜井，不得小于设计规定50mm，也不应大于设计规定100mm。

2）有提升设备的天井，应符合竖井的规定。

（2）机电硐室的中心线偏差，不得超过设计规定20mm，底板标高的偏差，不得高于或低于设计规定50mm。

（3）硐室净宽，从中心线至任何一帮的距离，机电硐室不得小于设计规定，其他硐室不得小于设计规定20mm。砌石碹硐室不应大于设计规定50mm，锚喷硐室不得大于设计规定100mm。硐室净高，砌石碹硐室不应大于设计规定50mm，锚喷硐室不应大于设计规定150mm，均不得小于设计规定30mm。

（4）机电硐室中的设备基础，纵横轴线位置的偏差不得超过设计规定20mm，基础面标高不得高于设计规定。基础的埋入部分不得浅于设计规定。锚杆基础，找平层厚度不应小于100mm。

（5）主硐室中安装联动设备的附属硐室位置应准确，实际中心线与设计中心线偏差不应超过20mm，底板标高与主硐室底板标高的偏差不得超过设计规定20mm，断面和体积不应小于设计规定。

（6）硐室的起重梁或起重环的高度和位置偏差，不应超过设计规定50mm。

（7）安装桥式起重机的硐室，其行车梁及立柱的允许偏差，应按表4-1规定执行。

表4-1 行车梁及立柱的允许偏差

项 目			允许偏差/mm
柱	中心线对硐室中心线的位移		8
	截面尺寸		≤5 +8 -5
	垂直度	柱	>8
		高	10
	上表面标高		±10
梁	中心线对硐室中心线的位移		8
	截面尺寸		+8 -5
	上表面标高（包括作行车梁用的墙）		±10

（8）防水闸门、排泥仓密闭门硐室的抗压强度应符合：

1）试验水压应逐渐升离，注意观察硐室、闸门及邻近巷道的漏水、渗水情况，并做出记录；

2）水压升至设计规定，保持24h，其漏水量不得大于 $1m^3/h$。

4.2 天井硐室的施工

4.2.1 天井施工的要求

4.2.1.1 采用普通法施工天井应符合

（1）架设的工作台，应牢固可靠；及时设置安全可靠的支护棚，并使其至工作面的距离不大于6m。

（2）掘进高度超过7m时，应有装备完好的梯子间和溜渣间等设施，梯子间和溜渣间用隔板隔开；上部有护棚的梯子可视作梯子间。

（3）天井、溜井应尽快与其上部平巷贯通，贯通前宜不开或少开其他工程；需要增开其他工程时，应加强局部通风措施。

（4）天井掘进到距上部巷道约7m时，测量人员应给出贯通位置，并在上部巷道设置警戒标志和围栏。

（5）溜渣间应保留不少于一茬炮爆下的矿岩量，不应放空。

4.2.1.2 采用吊罐法掘进天井应符合

（1）上罐前，检查吊罐各部件的连接装置、保护盖板、钢丝绳、风水管接头，以及声光信号系统和通讯设施等是否完善、牢固，如有损坏或故障，经处理后方准作业。

（2）吊罐提升用的钢丝绳的安全系数不小于13，任何一个捻距内的断丝数不超过钢丝总数的5%，磨损不超过原直径的10%。

（3）吊罐应装设由罐内人员控制的升、降、停的信号操纵装置。

（4）信号通讯、电源控制线路，不应和吊罐钢丝绳共设在一个吊罐孔内。

（5）升降吊罐时，应认真处理卡帮和浮石；作业人员应系好安全带，并站在保护盖板内，头部不应接触罐盖和罐壁；升降完毕，立即切断吊罐稳车电源，绑紧制动装置。

（6）不应从吊罐上往下投掷工具或材料。

（7）天井中心孔偏斜率应不大于0.5%。

（8）吊罐绞车应锁在短轨上，并与巷道钢轨断开。

（9）检修吊罐应在安全地点进行。

（10）天井与上部巷道贯通时，应加强上部巷道的通风和警戒。

4.2.1.3　采用爬罐法掘进天井应符合

（1）爬罐运行时，人员应站在罐内，遇卡帮或浮石，应停罐处理。

（2）爬罐行至导轨顶端时，应使保护伞接近工作面，工作台接近导轨顶端。

（3）正常情况下，不应利用自重下降。

（4）运送导轨应用装配销固定；安装导轨时，应站在保护伞下将浮石处理干净，再将导轨固定牢靠。

（5）及时擦净制动闸上的油污。

4.2.2　硐室施工的要求

（1）卸载硐室根据围岩有全断面施工法、分层施工法、导硐施工法，分层施工法根据硐室的高度及地槽的深度，宜将硐室及地槽分为 3～4 个分层，每个分层施工时，应采用锚喷作临时支护，宜从下向上连续施工。导硐施工法导硐断面，不宜大于 $10m^2$，导硐掘进和硐室刷大，宜采用锚喷或金属支架作临时支护，宜先完成硐室的永久支护，再施工地槽，地槽宜分段施工。

（2）矿仓施工，矿仓有倾斜矿仓和垂直矿仓：

1）倾斜矿仓可以采用全断面施工法、上向导硐施工、下向导硐施工。全断面施工法，矿仓上、下口宜小断面掘进，后刷大。下向导硐施工法，涌水量大时，应用钻孔泄水；上向导硐施工法，导硐与卸载硐室贯通后，应由上向下刷大，由下向上砌筑；铺设钢轨、铸铁块或铸石块作仓底、侧壁耐磨层时，其接头位置应错开，固定牢靠，层面必须平整。

2）垂直矿仓可以采用反井法和钻井法施工。反井与卸载硐室贯通后，应先刷仓顶，完成仓顶永久支护后，由上往下一次刷大到底，再砌筑仓壁，或分段刷砌；钻井法，应先施工仓顶部分，待仓顶永久支护完成后，在仓中心安设反井钻机，钻井直径不宜小于 1000mm，再由上往下全段或分段刷砌，刷大时所有炮孔的间距，不得超过 500mm；仓顶掘进及仓体刷大时，宜采用锚喷作临时支护。

（3）马头门和箕斗装载硐室施工。马头门、箕斗装载硐室与井筒连接处，应砌筑成整体；马头门、箕斗装载硐室可以与井筒同时掘砌的施工法，也可以采用分层的施工法或者分层导硐施工法；当井壁有淋水时，应在马头门、装载硐室上部做截水槽或搭设防水棚。

（4）提升机硐室、破碎机硐室及其他大型硐室的施工，可以采用导硐法施工，宜先拱后墙，后清除岩柱，再掘砌设备基础；岩石稳定时，宜采用锚杆基础，锚杆埋设后应进行拉拔试验，试验拉力不得小于设计规定的 1.5 倍；起重梁或起重环应采用预埋法施工；采用边墙或由墙上伸出牛腿做行车梁时，梁面必须平整，并预留固定行车道的螺栓孔。行车梁以上的巷道部分，其高和宽应大于设计 30～50mm。

（5）防水闸门、排泥仓密闭门硐室的施工：

1）硐室必须设置在节理、裂隙不发育的坚硬稳定的岩层中，当巷道掘至硐室位置时，应对围岩条件作出鉴定。该地段不具备设置防水闸门的岩层条件，应通知设计单位，共同另选适宜地点。

2）硐室周围基槽的施工，应采用浅炮孔少装药，每次宜起爆 2～3 个炮孔。当施工中基槽的岩石被破坏，应重新核算强度，当强度小于原基槽强度时，应另刷基槽或采用大直径锚杆补强，锚杆埋入孔内的深度不宜小于 500mm，锚杆尾端露出孔外 200～300mm。

3）硐室应全部掘完，方可浇筑混凝土，不得分段施工。浇筑混凝土应连续进行，并应与相连接的内、外巷道接合严密。门框应在浇筑混凝土前找平找正，固定牢靠。

4）待混凝土凝固后，按设计要求进行壁后注浆，其最终压力应大于设计水压的 1.5 倍。

5）防水闸门、排泥仓密闭门建成后，应按设计要求及以上规定进行试压。

（6）交岔点碹岔施工。施工方法有全断面施工法、分部施工法、导硐施工法。

1）采用分部或导硐施工法施工的平（斜）面交岔点，应先将变断面巷道支护至距牛鼻子 2m 左右停下，再将与交岔口相邻的主巷及分巷各支护 2～4m，最后刷大交岔口与前后巷道支护连成一体。

2）立面交岔点施工，当采用先墙后拱施工法时，应将下方巷道掘过牛鼻子 4～6m，并将此段巷道及牛鼻子进行支护；当采用先拱后墙施工法时，应将上方巷道掘过牛鼻子 4～6m，并将此段巷道拱部进行支护，边墙应随掘随支护。

3）立面交岔点在永久支护的同时，应将各梁窝准确留出。

4）平、斜面交岔点采用支架支护时，应先将主巷掘过分巷 3～5m，后在开口处架设好抬棚，再进行分巷掘进。

5）牛鼻子部位的炮孔布置，应采用密集炮孔，炮孔的间距不宜超过 300mm，并应隔孔装药，小药量爆破。

（7）中央水泵房、变电所和水仓的施工：

1）水泵房施工时，吸水小井与水泵房连接部分的支护应一次完成。

2）水仓增加临时斜巷施工时，斜巷的位置应避开水泵房和变电所，当水仓竣工后，应封闭。

3）内外水仓必须保持各自独立，当在其间增加临时通道时，水仓竣工前应封堵，不得漏水。

4）潜下式水泵房，应设置在稳定、无裂隙和不透水的岩层中，吸水口与水仓的连接处必须密封。

4.2.3 天井施工安全

4.2.3.1 普通法、吊罐法和爬罐法施工的安全要求

普通法、吊罐法和爬罐法掘进天、溜井时，作业人员要进入井内，应注意以下事项：

（1）每次爆破后，必须加强局部通风，半小时后方可允许人员进入井内。

（2）首先要检、撬浮石，而且要保证两人作业，一人照明，一人检撬。

（3）井壁破碎或不稳固时，应支横撑柱或安装锚杆维护。

（4）凿岩平台要安装稳固，出渣间和人行间的隔板要严密结实，防止渣石掉入人行间。每隔 6～8m 设一平台，内设人行梯子。

（5）用吊罐法施工时，严防发生"翻罐"和"蹾罐"事故；凿岩时吊罐要架牢，防止摆动。爬罐法施工时，导轨要固定牢靠，并防止爆破崩坏或崩松导轨，而发生吊罐事故。

（6）必须设立信号联络装置。可采用电铃、灯光和电话或复式信号系统，保持罐内人员与绞车司机之间的联系，确保罐笼提升、下降时的安全。

（7）应选用安全系数 $k \geqslant 13$ 的粗钢丝绳、提升能力大的慢速绞车，电动机要有过电流保护装置。

4.2.3.2   钻井法施工的安全要求

（1）采用"上扩法"时，岩渣可以自重下落，操作人员应采取防护措施以避免落石伤人事故的发生。

（2）采用"下扩法"时，岩渣由导孔排出，下面操作地点粉尘大，坠石容易伤人。要加强通风和降尘措施，并采取防止落石伤人的安全措施。

（3）设专人负责定期对钻井设备进行检查和维护工作，确保设备在运转时的正常进行。

4.2.3.3   深孔爆破成井法施工的安全要求

（1）中心孔一定要按设计施工，确保一次成井。

（2）作业人员不准站在中心孔下方，防止中心孔内掉石伤人事故的发生。

（3）盲天井施工时，为保证一次爆破达到设计高度，一般掏槽孔要超深 $1.5 \sim 2m$，辅助孔超深 $1.0 \sim 1.5m$，周边孔超深 $0.5 \sim 1.0m$；并且要防止发生炮孔挤死或堵塞。

5 竖井施工及延深与安全管理

5.1 竖井的验收

5.1.1 竖井施工的验收

5.1.1.1 井筒施工验收内容

（1）井筒中心坐标、井口标高、井筒的深度以及与井筒连接的各水平或倾斜的巷道口的标高和方位。

（2）井壁的质量和井筒的总漏水量，一昼夜应测漏水量 3 次以上，取其平均值。

（3）井筒的断面和井壁的垂直程度。

（4）隐蔽工程记录、材料和试块的试验报告。

5.1.1.2 井筒验收需提供的资料

（1）实测井筒的平面布置图，应标明井筒的中心坐标、井口标高，与十字线方位，与设计图有偏差时应注明造成的原因。

（2）实测井筒的纵、横断面图（每隔 5 ~ 10 m 测一个横断面，全井筒沿十字线方向测两个纵断面）。

（3）井筒的实际水文资料及地质柱状图。

（4）测量记录。

（5）设计变更文件、隐蔽工程验收记录、工程材料和试块试验报告等。

（6）重大质量事故的处理记录。

5.1.1.3 井筒规格的验收

（1）井筒中心坐标、井口标高，必须符合设计要求，允许误差见表 5 - 1。

表 5 - 1 标定井筒中心和十字中心线的精度要求

条　　件	实测位置与设计位置的允许误差			两十字中心线的垂直程度误差 /(″)
	井筒中心平面位置 /m	井口高程 /m	主中心线方位角 /(′)	
井巷工程与地面建筑未施工前	0.50	0.05	3	±30
井巷工程与地面建筑已施工时	0.10	0.03	1.5	±30

（2）与井筒相连的各运输水平巷道和主要硐室的标高，应符合设计规定，其允许偏差应为 ±100mm。

（3）井筒的最终深度，应符合设计规定。

（4）井筒内半径当采用混凝土或砌块支护时，有提升装备的应为 +50mm，无提升装备的应为 ±50mm；当采用锚喷支护时，有提升装备的应为 +150mm，无提升装备的应为 ±150mm。

5.1.1.4　混凝土支护井壁质量验收

（1）井壁厚度应符合设计规定，局部厚度的偏差不得小于设计厚度50mm，其周长不应超过井筒周长的1/10，纵向高度不应超过1.5m。

（2）井壁的每平方米面积内表面不平整度，料石砌体不得大于25mm，混凝土砌块不得大于15mm，浇筑混凝土不得大于10mm，接茬部位不得大于30m。

（3）井壁表面不得有露筋、裂缝和蜂窝。

（4）每层砌体的水平偏差，混凝土块不应大于20mm，料石不应大于50mm。

（5）砌体竖向无重缝，压茬长度不应少于砌体长度的1/4。

（6）灰缝应饱满、无重缝。灰缝厚度，混凝土块、细料石应等于或小于15mm；粗料石不应大于20mm。

5.1.1.5　其他注意内容

（1）井筒建成后的总漏水量，不得大于$6m^3/h$，井壁不得有$0.5m^3/h$以上的集中漏水孔。

（2）施工期间，在井壁内埋设的卡子、梁、导水管、注浆管等设施的外露部分应切除；废弃的孔口、梁窝等，应以不低于永久井壁设计强度的材料封堵。

（3）井筒施工中所开凿的各种临时硐室，需废弃的，应封堵。

5.1.2　井筒设备安装验收

竖井设备安装结束后应按设计检查罐道梁、罐道的位置、垂直度及管路系统等设施的质量，并绘制纵、横断面图。

5.1.2.1　工程验收应提供的资料

（1）设计施工图和安装后的实测竣工图。

（2）主要原材料出厂合格证或材料试验报告。

（3）隐蔽工程验收记录包括梁埋入井壁的深度，梁窝内垫用的材料，填堵梁窝的混凝土强度等试验记录，井壁上管卡子的埋深与填堵材料，当采用树脂锚杆固定罐道梁及管梁时，应提供锚杆直径，埋入深度及锚固力的试验记录。

（4）第一层罐道梁的验收记录。

5.1.2.2　井筒内梁的安装要求

（1）罐道梁纵向中心线和缺口板中心，对井筒平面十字中心线位置的允许偏差：

1）装设钢轨罐道、组合罐道的梁应为±1mm。

2）装设木罐道的梁应为±1.5mm。

3）其他钢梁应为±3mm。

（2）同一提升容器两侧的罐道梁缺口板中心，在平面位置上的间距允许偏差：

1）装设钢轨罐道、组合罐道的梁，应为±2mm。

2）装设木罐道的梁，应为±3mm。

（3）每根梁的上平面应保持水平，其允许偏差：

1）安装罐道的梁，不应超过梁长的1/1000。

2）不安装罐道的梁，不应超过梁长的3/1000。

（4）罐道梁的层间距允许偏差：

1）装设钢轨罐道、组合罐道的梁，应为±10mm。

2）装设木罐道的梁，应为±12mm。

3）每节钢轨罐道、组合罐道长度内的累计允许偏差，应为±30mm。

4）每节木罐道长度内的累计允许偏差，应为±24mm。

（5）梁埋入井壁内的深度不应小于设计值70mm。

5.1.2.3 采用树脂锚杆固定托架要求

（1）托架的水平度允许偏差：

1）托架的支撑面，不应超过3/1000。

2）同一根梁的两端托架的水平支撑面，应位于同一平面，其偏差不应大于5mm。

（2）托架的层间距允许偏差：

1）装设钢罐道的托架，应为±7mm。

2）装设木罐道的托架，应为±12mm。

3）每节钢罐道长度内，托架的层间距累计允许偏差，应为±15mm。

4）每节木罐道长度内，托架的层间距累计允许偏差，应为±20mm。

（3）直接固定罐道的托架立面，以及固定罐道的螺丝孔中心线与井筒十字中心线的允许偏差：

1）装设钢罐道的托架，应为±2mm。

2）装设木罐道的托架，应为±3mm。

（4）直接固定罐道的托架立面应垂直，不垂直度不得大于2‰。

5.1.2.4 罐道的安装要求

（1）罐道应保持垂直，在沿井筒全深任一平面上的位置与设计的允许偏差：

1）钢罐道应为±5mm。

2）组合罐道应为±7mm。

3）木罐道应为±8mm。

（2）同一提升容器两罐道在井筒全深任一处的间距允许偏差：

1）钢轨罐道应为±5mm。

2）组合罐道应为±7mm。

3）木罐道应为±8mm。

（3）在井筒全深任一处同一提升容器的两罐道平面中心线，应在一直线上，其允许偏差：

1）钢轨罐道应为4mm。

2）组合罐道应为6mm。

3）木罐道应为6mm。

（4）两节罐道接头处的间隙：

1）钢轨罐道2～4mm。

2）组合罐道2～4mm。

3）木罐道不应大于5mm。

（5）两节钢罐道的接头应位于罐道梁中心线上，其偏差不应超过50mm。

（6）罐道卡子与钢轨底板的斜面接触应严密，卡子前爪与钢轨腰板的间隙，和卡子内面与钢轨底板外侧的间隙，应为 10 ~ 20mm。

5.1.2.5 井筒的管路安装要求

（1）管路垂直度沿井筒全深任一平面上与设计位置的偏差，不应超过 50mm，并应分别进行下列试验，无漏风、漏水为合格。

（2）排水管路应进行排水试验。

（3）洒水、消防管路应进行灌水试验。

（4）充填、泥浆和水采井的高压管路，应按设计规定进行加压试验。

（5）压风管路应按额定压力进行风压试验。

5.2 竖井施工安全

5.2.1 竖井出口安全

每个矿井至少应有两个独立的直达地面的安全出口，安全出口的间距应不小于 30m。大型矿井，矿床地质条件复杂，走向长度一翼超过 1000m 的，应在矿体端部的下盘增设安全出口。

每个生产水平（中段），均应至少有两个便于行人的安全出口，并应同通往地面的安全出口相通。井巷的分道口应有路标，注明其所在地点及通往地面出口的方向。所有井下作业人员，均应熟悉安全出口。

装有两部在动力上互不依赖的罐笼设备且提升机均为双回路供电的竖井，可作为安全出口而不必设梯子间。其他竖井作为安全出口时，应有装备完好的梯子间。井下存在跑矿危险的作业点，应设置确保人员安全撤离的通道。

梯子的倾角，不大于 80°；上下相邻两个梯子平台的垂直距离，不大于 8m；上下相邻平台的梯子孔错开布置，平台梯子孔的长和宽，分别不小于 0.7m 和 0.6m；梯子上端高出平台 1m，下端距井壁不小于 0.6m；梯子宽度不小于 0.4m，梯蹬间距不大于 0.3m；梯子间与提升间应完全隔开。

5.2.2 竖井施工安全

5.2.2.1 竖井表土层掘进

井内应设梯子，不应用简易提升设施升降人员；在含水表土层施工时，应及时架设、加固井圈，加固密集背板并采取降低水位措施，防止井壁砂土流失导致空帮；在流砂、淤泥、砂砾等不稳固的含水层中施工时，应有专门的安全技术措施。

5.2.2.2 竖井施工井口安全设施

竖井施工应采取防止物件下坠的措施。井口应设置临时封口盘，封口盘上设井盖门。井盖门两端应安装栅栏。封口盘和井盖门的结构应坚固严密。卸渣设施应严密，不允许向井下漏渣、漏水。井内作业人员携带的工具、材料，应拴绑牢固或置于工具袋内。不应向（或在）井筒内投掷物料或工具。井口悬挂吊盘应平稳牢固，吊盘周边至少应均匀布置 4 个悬挂点。井筒深度超过 100m 时，悬挂吊盘用的钢丝绳不应兼作导向绳使用。

5.2.2.3 竖井施工井内安全设施

竖井施工应采用双层吊盘作业。升降吊盘之前，应严格检查绞车、悬吊钢丝绳及信号装置，同时撤出吊盘下的所有作业人员。移动吊盘，应有专人指挥，移动完毕应加以固定，将吊盘与井壁之间的空隙盖严，并经检查确认可靠，方准作业。

凿井用的钢丝绳和连接装置的安全系数，应符合下列规定：悬挂吊盘、水泵、排水管用的钢丝绳，不小于6；悬挂风筒、压缩空气管、混凝土浇筑管、电缆及拉紧装置用的钢丝绳，不小于5；悬挂吊盘、安全梯、水泵、抓岩机的连接装置（钩、环、链、螺栓等），不小于10；悬挂风管、水管、风筒、注浆管的连接装置，不小于8；吊桶提梁和连接装置的安全系数不小于13。

5.2.2.4 竖井施工人员安全

作业人员工作时应佩戴安全带，安全带的一端应正确拴在牢固的构件上，包括拆除保护岩柱或保护台；在井筒内或井架上安装、维修或拆除设备；在井筒内处理悬吊设备、管、缆，或在吊盘上进行作业；乘坐吊桶；爆破后到井圈上清理浮石；井筒施工时的吊泵作业；在暂告结束的中段井口进行支护、锁口作业。

5.2.2.5 用吊桶提升安全规定

关闭井盖门之前，不应装卸吊桶或往钩头上系扎工具或材料；吊桶上方应设坚固的保护伞；井盖门应有自动启闭装置，以便吊桶通过时能及时打开和关闭；井架上应有防止吊桶过卷的装置，悬挂吊桶的钢丝绳应设稳绳装置。

吊桶内的岩渣，应低于桶口边缘0.1m，装入桶内的长物件应牢固绑在吊桶梁上；吊桶上的关键部件，每班应检查一次；吊桶运行通道的井筒周围，不应有未固定的悬吊物件；吊桶应沿导向钢丝绳升降。

竖井开凿初期无导向绳时，或吊盘下面无导向绳部分，其升降距离不应超过40m；乘坐吊桶人数应不超过规定人数，乘桶人员应面向桶外，不应坐在或站在吊桶边缘；装有物料的吊桶，不应乘人；不应用自动翻转式或底开式吊桶升降人员（抢救伤员时例外）；吊桶提升人员到井口时，待出车平台的井盖门关闭、吊桶停稳后，人员方可进出吊桶；井口、吊盘和井底工作面之间，应设置良好的联系信号。

吊桶上面要有保护伞，乘吊桶人员必须佩戴保险带，不准坐在吊桶边缘；装有沙料的吊桶不得乘人，没有特殊安全装置的自动翻转式或底开式吊桶，不准升降人员。

吊桶升降人员的最高速度：有导向绳时，应不超过罐笼提升最高速度的1/3；无导向绳时，应不超过1m/s。吊桶升降物料的最高速度：有导向绳时，应不超过罐笼提升最高速度的2/3；无导向绳时，应不超过2m/s。

5.2.2.6 用抓岩机出渣的规定

作业前详细检查抓岩机各部件和悬吊的钢丝绳；爆破后，工作面应经过通风、洒水、处理浮石、清扫井圈和处理盲炮，才准进行抓岩作业；不应抓取超过抓岩机能力的大块岩石；抓岩机卸岩时，人员不得站在吊桶附近；不应用手从抓岩机叶片下取岩块；升降抓岩机，应有专人指挥；抓岩机临时停用时，应用绞车提升到安全高度，井底有人作业时，不应只用气缸上举抓岩机。

5.2.2.7 竖井施工安全备份

竖井施工时应设悬挂式金属安全梯，安全梯的电动绞车能力应不小于5t，并应设有手动绞车，以备断电时提升井下人员。若采用具备电动和手动两种性能的安全绞车悬吊安全梯，则不必设手动绞车。

5.2.2.8　竖井施工通信

井筒内每个作业地点，均应设有独立的声、光信号系统和通讯装置通达井口。掘进与砌壁平行作业时，从吊盘和掘进工作面发出的信号，应有明显区别，并指定专人负责。应设井口信号工，整个信号系统，应由井口信号工与卷扬机房和井筒工作面联系。

5.2.3　竖井延深

井筒延深有自上向下的施工方式，当延深水平有巷道可以利用，且岩层稳定时，也可以采用自下向上的施工方式。

5.2.3.1　竖井延深的保护措施

井筒延深时必须设置与上部生产水平隔开的保护设施，保护设施采用人工保护盘，也可采用保护岩柱。但在松软岩层或遇水膨胀的岩层中，不宜采用保护岩柱。

（1）人工保护盘的设置：

1）保护盘的结构及其强度，应能承受坠落物的冲击力，并有严密的封水和导水设施。

2）钢梁插入井壁的深度不得小于 250mm，并应用混凝土灌筑严实。

3）水平保护盘采用 2 层以上的钢梁时，各层间应交错布置，缓冲层厚度不宜小于 1m。

4）楔形保护盘，其漏斗夹角宜为 18°～25°，漏斗中应采用弹性物作缓冲层。

5）斜保护盘盘面的倾角不宜小于 50°。

（2）保护岩柱的设置：

1）岩柱的厚度，应根据围岩性质确定，并不宜小于井筒外径。

2）岩柱的下方应设护顶盘，并应背严背牢。

保护设施，必须在封口盘以下的井筒装备和井底操车设备安装完毕后方可拆除。拆除时，上部生产水平的提升必须停止，并应在生产水平设置临时防护设施。拆除人工保护盘，应自上向下进行。拆除保护岩柱宜采用自下向上掘反井与井窝贯通，再自上向下刷大，矸石宜充填不用的临时巷道或硐室。

5.2.3.2　竖井自上向下延深井筒

A　利用辅助水平向下延深

当条件允许时，亦可利用原生产井筒内的延深间或可能腾出的空间进行延深。利用辅助水平自上向下井筒全断面延深，施工工艺与开凿新井基本相同，所差别的是为了不影响矿井的正常生产，在原生产水平之下需布置一个延深辅助水平，以便开凿为延深服务的各种巷道、硐室和安装有关施工设备。所掘砌的巷道和硐室，包括辅助提升井（如连接生产水平和辅助水平的下山或小竖井）及其绞车房、上部和下部车场、延深凿井绞车房、各种稳车硐室、风道、料场及其他机电设备硐室。

B　利用延深间或梯子间自上向下延深井筒

此种延深方法的特点，是利用井筒原有的延深间和梯子间，用来布置和吊挂延深施工用设备，从而使井筒延深工作，在不影响矿井正常生产的情况下得以独立地、顺利地进行。

根据延深用的提升机和卸矸台的布置地点的不同可分为，提升机和卸矸台均布置在地面，提升机和卸矸台都布置在井下生产水平。

5.2.3.3 自下向上延深井筒

自下向上延深井筒有自下而上小断面反掘，随后刷大井筒方案，自下向上多中段延深方案。

（1）自下向上延深井筒的规定：

1）反井的断面应根据延深井筒的直径、测量精度、施工方法和地质条件等确定。

2）反井宜位于延深井筒中心，其偏斜率应小于1.0%。

3）当井筒穿过松软不稳定的岩层时，不宜采用自下向上刷大，自上向下支护的施工法。

（2）刷大支护施工方式：

1）永久支护为喷射混凝土井壁时，宜采用短段刷喷，其段高为2.5m。

2）永久支护为砌筑井壁时，宜采用分段刷砌，其段高为20m。

3）反井口应设置防止人员、物件坠入反井的安全设施。

5.2.4 井巷恢复与维护

5.2.4.1 井巷恢复

修复废旧井巷，应首先了解井巷本身的稳定情况及周围构筑物、井巷、采空区等的分布情况，废旧井巷内的空气成分，确认安全后方可施工。修复被水淹没的井巷时，对陆续露出的部分，应及时检查支护，并采取措施防止有害气体和积水突然涌出。

（1）原井巷规格、支护情况，井筒井壁结构、井筒装备。

（2）井巷、井筒穿过的地质资料、积水和有害气体情况。

（3）恢复地段涌水量较大时，宜先排水。

（4）排水前应安设扇风机通风，排出空气中有害气体，应进行空气取样测定，每班测定次数不得少于1次。

（5）排水过程中，应对露出水面的井巷、井壁、巷道口、井筒装备、支护等设施进行检查。

（6）应清理积物，当支护损坏时，应先修理后清理。修复变形、开裂、塌落的井壁，修复破坏的支护、轨道等设施。

5.2.4.2 井巷维护

（1）对所有支护的井巷，均应进行定期检查。井下安全出口和升降人员的井筒，每月至少检查一次；地压较大的井巷和人员活动频繁的采矿巷道，应每班进行检查。检查发现的问题，应及时处理，并做好记录。

（2）维修主要提升井筒、运输大巷和大型硐室，应有经主管矿长批准的安全技术措施。

（3）维修斜井和平巷，应遵守：平巷修理或扩大断面，应首先加固工作地点附近的支架，然后拆除工作地点的支架，并做好临时支护工作的准备；每次拆除的支架数应根据具体情况确定，密集支架的拆除，一次应不超过两架；撤换松软地点的支架，或维修巷道交叉处、严重冒顶片帮区，应在支架之间加拉杆支撑或架设临时支架；清理浮石时，应在安全地点操纵工具；维修斜井时，应停止车辆运行，并设警戒和明显标志；撤换独头巷道支架时，里边不应有人。

（4）维修竖井，应编制施工组织设计，并遵守：应在坚固的平台上作业，平台上应有保护设施和联络信号，工作平台与中段平巷之间应有可靠的通讯联络方式；作业人员应系好安全带；作业前，应将各中段马头门及井框上的浮石清理干净；各中段的马头门应设专人看管。

（5）报废的井巷和硐室的入口，应及时封闭。封闭之前，入口处应设有明显标志，禁止人员入内。报废的竖井、斜井和平巷，地面入口周围还应设有高度不低于 1.5m 的栅栏，并标明原来井巷的名称。

（6）废竖井和倾角 30°以上的废斜井，其支护材料不应回收，如必须回收，应有经主管矿长批准的安全技术措施。倾角 30°以下的废斜井或废平巷的支护材料回收，应由里向外进行。

5.3　竖井生产安全

5.3.1　罐笼安全提升

（1）垂直深度超过 50m 的竖井用作人员出入口时，应采用罐笼或电梯升降人员，竖井升降人员的速度、加速度应符合安全规程的规定，用于升降人员和物料的罐笼，应符合 GB16542 的规定，竖井提升容器和平衡锤应沿罐道运行。

（2）罐笼提升在地面及各中段井口必须装设安全门，以防止人员进入危险区域或者运输设备冲入井筒，发生人员或设备坠井事故。安全门应开启灵活，具有可靠的防护作用，其操作方式有手动、罐笼带动、气动、电动等多种。安全门只允许在上下罐作业时打开，其他时间都处于关闭状态。

（3）为了预防矿车落入井筒，在罐笼提升的井口车场进车侧，必须装设阻车器，并要保持其动作灵活、可靠。阻车器的操作方式有手动、气动、液压以及利用罐笼升降、矿车运行等为动力来进行传动的方式。按其结构有阻车轮、阻车轴等类型，阻车轮类是最常用的。各种阻车器通常均装有弹簧缓冲装置，以吸收矿车的撞击能量。为使矿车不致倾覆或掉道，矿车驶近阻车器的速度不能太快。

井口阻车器要与罐笼停止位置相连锁，罐笼未到达停止位置，阻车器不能打开。

（4）同一层罐笼不应同时升降人员和物料。升降爆破器材时，负责运输的爆破作业人员应通知中段（水平）信号工和提升机司机，并跟罐监护。无隔离设施的混合井，在升降人员的时间内，箕斗提升系统应中止运行。

（5）罐笼的最大载重量和最大载人数量，应在井口公布，不应超载运行。所有升降人员的井口及提升机室，均应悬挂下列布告牌：每班上下井时间表；信号标志；每层罐笼允许乘罐的人数；其他有关升降人员的注意事项。

（6）提升容器的导向槽（器）与罐道之间的间隙，竖井内提升容器之间、提升容器与井壁或罐道梁之间的最小间隙，应该符合《金属非金属矿山安全规程》的规定。

（7）导向槽（器）和罐道，其间磨损达到下列程度，均应予以更换：木罐道的一侧磨损超过 15mm；导向槽的一侧磨损超过 8mm；钢罐道和容器导向槽同一侧总磨损量达到 10mm；钢丝绳罐道表面钢丝在一个捻距内断丝超过 15%；封闭钢丝绳的表面钢丝磨损超过50%；导向器磨损超过8mm；型钢罐道任一侧壁厚磨损超过原厚度的50%。

（8）天轮到提升机卷筒的钢丝绳最大偏角，应不超过1°30′。

（9）竖井罐笼提升系统的各中段马头门，应根据需要使用摇台。除井口和井底允许设置托台外，特殊情况下也允许在中段马头门设置自动托台。摇台、托台应与提升机闭锁。采用钢丝绳罐道的罐笼提升系统，中间各中段应设稳罐装置。单绳罐笼提升系统，两根主提升钢丝绳应采用不旋转钢丝绳。

（10）竖井提升系统应设过卷保护装置，过卷高度应符合下列规定：提升速度低于3m/s时，不小于4m；提升速度为3～6m/s时，不小于6m；提升速度高于6m/s、低于或等于10m/s时，不小于最高提升速度下运行1s的提升高度；提升速度高于10m/s时，不小于10m；凿井期间用吊桶提升时，不小于4m。

（11）提升系统的各部分，包括提升容器、连接装置、防坠器、罐耳、罐道、阻车器、罐座、摇台（或托台）、装卸矿设施、天轮和钢丝绳，以及提升机的各部分，包括卷筒、制动装置、深度指示器、防过卷装置、限速器、调绳装置、传动装置、电动机和控制设备以及各种保护装置和闭锁装置等，每天应由专职人员检查一次，每月应由矿机电部门组织有关人员检查一次；发现问题应立即处理，并将检查结果和处理情况记录存档。

（12）钢筋混凝土井架、钢井架和多绳提升机井塔，每年应检查一次；木质井架，每半年应检查一次。检查结果应写成书面报告，发现问题应及时解决。

（13）人员站在空提升容器的顶盖上检修、检查井筒时，应有下列安全防护措施：应在保护伞下作业；应佩戴安全带，安全带应牢固地绑在提升钢丝绳上；检查井筒时，升降速度应不超过0.3m/s；容器上应设专用信号联系装置；井口及各中段马头门，应设专人警戒，不应下坠任何物品。

（14）井口和井下各中段马头门车场，均应设信号装置。各中段发出的信号应有区别。乘罐人员应在距井筒5m以外候罐，应严格遵守乘罐制度，听从信号工指挥。提升机司机应弄清信号用途，方可开车。

（15）罐笼提升系统，应设有能从各中段发给井口总信号工转达提升机司机的信号装置。井口信号与提升机的启动，应有闭锁关系，并应在井口与提升机司机之间设辅助信号装置及电话或话筒。箕斗提升系统，应设有能从各装矿点发给提升机司机的信号装置及电话或话筒。装矿点信号与提升机的启动，应有闭锁关系。竖井提升信号系统，应设有下列信号：工作执行信号；提升中段（或装矿点）指示信号；提升种类信号；检修信号；事故信号；无联系电话时，应设联系询问信号。竖井罐笼提升信号系统，应符合GB16541的规定。

（16）事故紧急停车和用箕斗提升矿石或废石，井下各中段可直接向提升机司机发出信号。用罐笼提升矿石或废石，应经井口总信号工同意，井下各中段方可直接向提升机司机发出信号。

5.3.2 钢丝绳罐道及摩擦提升安全

（1）钢丝绳罐道，应优先选用密封式钢丝绳。每根罐道绳的最小刚性系数应不小于500N/m。各罐道绳张紧力应相差5%～10%，内侧张紧力大，外侧张紧力小。井底应设罐道钢丝绳的定位装置。拉紧重锤的最低位置到井底水窝最高水面的距离，应不小于

1.5m。

(2) 井底应有清理井底粉矿及泥浆的专用斜井、联络道或其他形式的清理设施。采用多绳摩擦提升机时，粉矿仓应设在尾绳之下，粉矿仓顶面距离尾绳最低位置应不小于5m。穿过粉矿仓底的罐道钢丝绳，应用隔离套筒予以保护。从井底车场轨面至井底固定托罐梁面的垂高应不小于过卷高度，在此范围内不应有积水。

(3) 罐道钢丝绳应有 20～30m 备用长度；罐道的固定装置和拉紧装置应定期检查，及时窜动和转动罐道钢丝绳。

(4) 采用扭转钢丝绳做多绳摩擦提升机的首绳时，应按左右捻相间的顺序悬挂，悬挂前，钢丝绳应除油。腐蚀性严重的矿井，钢丝绳除油后应涂增摩脂。若用扭转钢丝绳作尾绳，提升容器底部应设尾绳旋转装置，挂绳前，尾绳应破劲。井筒内最低装矿点的下面，应设尾绳隔离装置。

(5) 运转中的多绳摩擦提升机，应每周检查一次首绳的张力，若各绳张力反弹波时间差超过 10%，应进行调绳。对主导轮和导向轮的摩擦衬垫，应视其磨损情况及时车削绳槽。绳槽直径差应不大于 0.8mm。衬垫磨损达 2/3，应及时更换。

(6) 提升井架（塔）内应设置过卷挡梁和楔形罐道。楔形罐道的楔形部分的斜度为1%，其长度（包括较宽部分的直线段）应不小于过卷高度的 2/3，楔形罐道顶部需设封头挡梁。多绳摩擦提升时，井底楔形罐道的安装位置，应使下行容器比上提容器提前接触楔形罐道，提前距离应不小于 1m。单绳缠绕式提升时，井底应设简易缓冲式防过卷装置，有条件的可设楔形罐道。

5.3.3　提升钢丝绳的安全

(1) 除用于倾角 30°以下的斜井提升物料的钢丝绳外，其他提升钢丝绳和平衡钢丝绳，使用前均应进行检验。经过检验的钢丝绳，储存期应不超过 6 个月。

(2) 提升钢丝绳的检验周期，升降人员或升降人员和物料用的钢丝绳，自悬挂时起，每隔 6 个月检验一次；有腐蚀气体的矿山，每隔 3 个月检验一次；升降物料用的钢丝绳，自悬挂时起，第一次检验的间隔时间为 1 年，以后每隔 6 个月检验一次；悬挂吊盘用的钢丝绳，自悬挂时起，每隔 1 年检验一次。

(3) 新钢丝绳悬挂前，应对每根钢丝做拉断、弯曲和扭转 3 种试验，并以公称直径为准对试验结果进行计算和判定：不合格钢丝的断面积与钢丝总断面积之比达到 6%，不应应用于升降人员；达到 10%，不应应用于升降物料；以合格钢丝拉断力总和为准算出的安全系数，如小于本规程 6.3.4.3 的规定时，不应使用该钢丝绳。使用中的钢丝绳，可只做每根钢丝的拉断和弯曲 2 种试验。试验结果，仍以公称直径为准进行计算和判定：不合格钢丝的断面积与钢丝总断面积之比达到 25% 时，应更换；以合格钢丝拉断力总和为准算出的安全系数不符合要求要更换。

(4) 对提升钢丝绳，除每日进行检查外，应每周进行一次详细检查，每月进行一次全面检查；人工检查时的速度应不高于 0.3m/s，采用仪器检查时的速度应符合仪器的要求。对平衡绳（尾绳）和罐道绳，每月进行一次详细检查。所有检查结果，均应记录存档。钢丝绳一个捻距内的断丝断面积与钢丝总断面积之比，达到下列数值时，应更换：提升钢丝绳，5%；平衡钢丝绳、防坠器的制动钢丝绳（包括缓冲绳），10%；罐道钢丝绳，

15%；倾角30°以下的斜井提升钢丝绳，10%。以钢丝绳标称直径为准计算的直径减小量达到下列数值时，应更换：提升钢丝绳或制动钢丝绳，10%；罐道钢丝绳，15%；使用密封钢丝绳外层钢丝厚度磨损量达到50%时，应更换。

（5）提升钢丝绳，悬挂时的安全系数应符合下列规定：

1）单绳缠绕式提升钢丝绳。专做升降人员用的，不小于9；升降人员和物料用的，升降人员时不小于9，升降物料时不小于7.5；专做升降物料用的，不小于6.5。

2）多绳摩擦提升钢丝绳。升降人员用的，不小于8；升降人员和物料用的，升降人员时不小于8，升降物料时不小于7.5；升降物料用的，不小于7；做罐道或防撞绳用的，不小于6。

3）使用中的钢丝绳。定期检验时安全系数为下列数值的，应更换：专做升降人员用的，小于7；升降人员和物料用的，升降人员时小于7，升降物料时小于6；专做升降物料和悬挂吊盘用的，小于5。

（6）钢丝绳在运行中遭受到卡罐或突然停车等猛烈拉力时，应立即停止运转，进行检查，钢丝绳产生严重扭曲或变形，断丝或直径减小量超过规定，受到猛烈拉力的一段的长度伸长0.5%以上，应将受力段切除或更换全绳。在钢丝绳使用期间，断丝数突然增加或伸长突然加快，应立即更换。

（7）多绳摩擦提升机的首绳，使用中有一根不合格的，应全部更换。

（8）提升钢丝绳与提升容器的连接应严格按安全规程要求连接。连接装置的安全系数，应符合下列规定：升降人员或升降人员和物料的连接装置和其他有关部分，不小于13；升降物料的连接装置和其他有关部分，不小于10；无极绳运输的连接装置，不小于8；矿车的连接钩、环和连接杆，不小于6。

5.3.4 提升装置的安全

（1）提升装置的天轮、卷筒、主导轮和导向轮的最小直径与钢丝绳直径之比，提升装置的卷筒、天轮、主导轮、导向轮的最小直径与钢丝绳中最粗钢丝的最大直径之比，各种提升装置的卷筒缠绕钢丝绳的层数，应符合安全规程的规定。

缠绕两层或多层钢丝绳的卷筒，应符合下列规定：卷筒边缘应高出最外一层钢丝绳，其高差不小于钢丝绳直径的2.5倍；卷筒上应装设带螺旋槽的衬垫，卷筒两端应设有过渡块；经常检查钢丝绳由下层转至上层的临界段部分（相当于1/4绳圈长），并统计其断丝数。每季度应将钢丝绳临界段窜动1/4绳圈的位置。

天轮的轮缘应高于绳槽内的钢丝绳，高出部分应大于钢丝绳直径的1.5倍。带衬垫的天轮，衬垫应紧密固定。衬垫磨损深度相当于钢丝绳直径，或沿侧面磨损达到钢丝绳直径的一半时，应立即更换。

（2）在卷筒内紧固钢丝绳，应遵守下列规定：卷筒内应设固定钢丝绳的装置，不应将钢丝绳固定在卷筒轴上；卷筒上的绳眼，不许有锋利的边缘和毛刺，折弯处不应形成锐角，以防止钢丝绳变形；卷筒上保留的钢丝绳，应不少于三圈，以减轻钢丝绳与卷筒连接处的张力。用作定期试验用的补充绳，可保留在卷筒之内或缠绕在卷筒上。双筒提升机调绳，应在无负荷情况下进行。

（3）提升装置的机电控制系统、保护和连锁装置，提升系统运行工作状态，工作制动和安全制动系统，安全制动、紧急制动系统应符合安全规程的规定。

（4）多绳摩擦提升系统，两提升容器的中心距小于主导轮直径时，应装设导向轮；主导轮上钢丝绳围包角应不大于200°。多绳摩擦提升系统，静防滑安全系数应大于1.75；动防滑安全系数，应大于1.25；重载侧和空载侧的静张力比，应小于1.5。多绳摩擦提升机采用弹簧支撑的减速器时，各支承弹簧应受力均匀；弹簧的疲劳和永久变形每年应至少检查一次，其中有一根不合格，均应按性能要求予以更换。

（5）新安装或大修后的防坠器、断绳保险器，应进行脱钩试验，合格后方可使用。在用竖井罐笼的防坠器，每半年应进行一次清洗和不脱钩试验，每年进行一次脱钩试验。在用斜井人车的断绳保险器，每日进行一次手动落闸试验，每月进行一次静止松绳落闸试验，每年进行一次重载全速脱钩试验。防坠器或断绳保险器的各个连接和传动部件，应经常处于灵活状态。

（6）提升设备应装设速度指示器或自动速度记录仪；整个提升装置应由有资质的检测检验机构按规定的检测周期进行检测，并做好记录。提升装置应备有完整的技术资料。

5.4　竖井提升工作

5.4.1　罐笼井提升

5.4.1.1　矿石、废石的提升

罐笼井既可以用作主井提升矿石，也可以作为副井提升废石、升降人员、运送材料和设备。

A　提升前的准备工作

（1）根据井下生产安全规定，井下井上的作业地点必须有两个以上的作业人员，必须指定其中一人负责安全。

（2）入井人员必须按规定佩戴齐全的劳动保护用品。

（3）做好交换班工作，交接双方就设备运行情况，工作进展情况，人员，材料运送情况做好交接，做好记录，并双方签字。

（4）作业前应认真检查罐笼安全卡、安全门、阻车器，摇台等装置是否灵活，工作正常，如发现问题应立即进行修理，不能带病工作，同时禁止罐笼升降人员、运送材料和设备。

（5）作业前应认真检查风门，信号（打点器），信号指示灯，电话等通讯装置是否工作正常，否则要及时修理。

（6）提升矿石、废石前要对罐笼进行一次空罐试车，一切工作正常后再开始工作。

（7）工作前信号工与倒车工要取得联系，双方准备就绪，一切正常无误后，才能开始工作。

B　矿石、废石提升工作步骤

罐笼作为主井提升矿石，还是作为副井提升废石，其工作方式与井底车场的形式有关，井底车场的形式有尽头式和折返式或环形式。尽头式井底车场大多采用人力推进矿石，折返式和环形式多采用推车器推进矿石。

尽头式井底车场的工作步骤：

（1）首先做好前期准备工作，一切无误，人员、通讯、设备工作正常，开始提升工作。

（2）将井底车场的线路扳向空车线一侧，使空车线与罐笼连通。

（3）装有空矿车的罐笼从地表井口下降到提升水平，待罐笼停稳后，两名倒车工站在罐笼两侧，打开井口门和罐笼门，两人要协调一致，用力将空矿车拉出罐笼，并推向调车线。

（4）将井底车场的线路扳向重车线一侧，使重车线与罐笼连通。

（5）将重矿车从调车线推进罐笼，推进罐笼的瞬间，两人用力要协调一致，设置好挡车器，关好罐笼门。

（6）一切正常后，信号工发出提罐信号，一个循环的井底装卸车工作结束。

（7）井口倒车工的工作程序与井底相同，区别是从罐笼内拉出的是重车，推入罐笼的是空车。

折返式和环形式井底车场的工作步骤：

（1）首先做好前期准备工作，检查好通讯设备，推车设备，稳车装置等。

（2）罐笼携带空矿车停稳后，打开罐笼门，放好两侧摇台。

（3）推车机推动重车前进，以规定的速度进入罐笼。将空矿车借助撞击力撞出罐笼，重矿车停留在罐笼内。

（4）空矿车借助初始的速度自溜到储车线后停止。

（5）关好罐笼门，确认提升设备，稳车装置无误后，发出提罐信号。

（6）到达井口后，打开罐笼门，借助空车的速度将重车撞出罐笼。

C 矿石、废石提升工作的一般规定

（1）工作期间要坚守岗位，精神集中，不得脱岗，不得溜号，严格按操作规程的要求工作，严禁在工作中打闹、喧哗，严禁在间隙时睡觉、闲聊。

（2）推车时要精力集中，注意前方行人，避免发生碰撞，时刻注意挡车器、阻车器的工作状态。

（3）矿车在罐笼内升降时，人员应远离井口，以免坠物伤人。

（4）矿车在推进过程中，应使用正确的方式刹车，人员不得站在车上行走。

（5）罐笼未停稳，打开罐门之前，不要打开阻车器和挡车器，不准将矿车推向罐笼，严防矿车坠井以及撞坏罐笼门。

（6）罐笼停在井口时，不准从罐笼内穿行或停留，以免发生危险。

（7）罐笼在运行过程中，绝对禁止同信号工讲话、打闹，也禁止在信号工的周围说笑、打闹，以免影响信号工的注意力，影响正常工作。

（8）矿车在推进的过程中，经过弯道、岔道，接近阻车器时要减速慢行，以免掉道、撞坏阻车器。防止矿车内的矿石振落。

（9）矿车推进罐笼时，矿车内的大块矿石不得突出罐笼之外，以免在提升过程中发生危险。

（10）工作中倒车工和信号工要密切配合，协调一致，提高工作效率。

（11）要经常检查和留意罐笼内的阻车器，井底车场的阻车器是否完好，要经常注意周围场所水、电、气的安全。

D 提升中的注意事项

（1）推车、滑行过程中，要注意手、脚的安全，要防止挤伤和轧伤，车与车之间要保持一定的间距，两人以上工作时，动作要协调一致，以免受伤。

（2）罐笼检修后，间隔一段时间未使用，使用前要认真检查各种装置、各种通讯设备、各种挡车设备是否完好，要做空罐试验，确认无误后，方能进行生产。

（3）信号工的信号发送要清晰、准确，罐笼在运行过程中要注意兼听走动声音和钢丝绳摩擦声音，若听到声音异常，要及时停罐检修。

（4）罐笼提升矿石时，不准人员、矿车、设备混罐升降。

（5）信号工在发出升罐、停罐信号时注意力要特别集中，准确及时发出信号，以免发生蹾罐和冒罐事故。

（6）罐笼停止运行时，应关好罐门、井口门，处理好井口两侧的阻车器和挡车器、井口门，以免矿车滑入井筒内，发生重大事故。

（7）信号工要坚守岗位，严禁非信号工打点，信号室内严禁闲杂人员进入。

E　常见问题以及处理

（1）信号工发出升罐信号后，罐笼未离开井口，为防止罐笼出现异常情况，信号工的手不要离开按钮。

（2）罐笼离开本中段后，要及时关好井口门。

（3）矿车进出罐笼的瞬间，注意力要特别集中，出现异常情况及时处理。

5.4.1.2　材料设备的提升

A　提升材料

（1）升降木料等材料时，按规定要求装好、绑牢、装卸和运输过程中严防坠落伤人。

（2）升降木料、铁轨、坑木、铁管等材料时，特别要检查物料是否突出罐外，以防罐笼在运行过程中发生危险。

（3）升降材料、设备时，信号工要特别注意，在罐笼运行前应先准确给定人或料的指示灯，检查一切无误后，方可发出升降信号。

（4）升降雷管和炸药时，必须用专罐升降，不得与其他人、材料、设备同罐升降，雷管和炸药也要分别升降。

（5）雷管和炸药等爆炸器材，不准存放在井口周围，应及时运往井下炸药库存放。

B　提升设备

（1）井下的生产设备一般有：矿车、电机车、喷浆机、装运机、铲运机、凿岩台车等，对于一些小型设备，可以放入矿车或直接装入罐笼内升降，对于不能装入罐笼内的大型设备，要单独升降。

（2）升降大型设备是矿山生产过程中的重要工作，整个升降过程要制定严密的计划。上报主管领导批准，按计划实施。

（3）升降大型设备时，要根据设备情况和主副井提升井筒直径选择升降井筒。

（4）升降大型设备涉及矿山生产的各个部门，安全部门、生产部门、辅助部门要有专人负责，统一指挥，协调一致。

（5）大型设备本身要做好包装保护，特别是突出部分，要更加注意，吊装装置与设备间的连接要牢固可靠。

（6）升降过程中，要做到慢速启动，匀速升降，慢慢停止。

5.4.1.3 人员的升降

（1）罐笼未停稳时，不准打开罐门，等罐笼完全停稳后，才允许人员上下。

（2）信号工在运送人员时，精力要特别集中，手不能离开按钮，不准与其他人说话，时刻观察注意罐笼运行情况。

（3）严格控制乘罐人数，严禁超载，维护好乘罐秩序，对抢上、抢下、越线的乘罐人员，必须坚决制止。

（4）要注意观察入坑人员的精神状态，发现喝酒等不适应入坑规定的人员，禁止入坑，乘罐人员进入罐笼，待人员全部站稳、扶好、关好罐笼门后，才能发出开罐信号。

（5）要认真检查入坑人员是否配备劳动保护，即是否携带电灯（手电筒、充电灯），是否穿戴口罩、安全帽，严禁劳动保护不全者入坑。

（6）严禁人料混装，乘罐时除小工具随身携带外，不准携带其他材料，爆破工带有爆破器材时，不准与其他人员同乘一罐。

（7）对于升降人员的罐笼，信号工要及时给信号灯指示。

（8）运送病号或发生事故的人员，必须有专人陪同，严禁一人乘坐。

（9）遇到特别情况，要求入井或升井的人员，在可能的情况下要及时给罐。

5.4.1.4 井口卷扬工作

A 卷扬工作的一般规定

（1）卷扬工是一个特殊、重要的岗位，对责任心、技术水平的要求非常高，卷扬工必须经过严格的岗位培训，考试合格后才能上岗操作。

（2）上岗前必须具饱满的精神状态，上岗前绝对禁止喝酒，也不能将不满情绪带到工作中来，更不能带病工作。

（3）卷扬工必须保持至少两名司机同时在岗，操作室严禁无关人员进入，操作时精神要集中，严禁与其他人谈话，操作过程中听清信号，操作准确，随时注意深度指示器和各种仪表的变化。注意兼听设备运行声音，出现异常情况要及时停车处理。

（4）设备间歇时，不能脱离岗位，不能干私活，更不能在操作室内打闹、开玩笑、看书、阅报。

（5）做好交接班工作，交接班要面对面，认真填写交接班记录，详细记录设备运转情况，提升工作进展情况以及注意事项，同时也要做好设备运转记录，记录设备运转状态，外来人员情况，设备保养、维护以及维修情况。

（6）接班后，首先检查设备、仪表工作是否正常，特别是检查钢丝绳是否有损坏、断丝、破损，确认没有问题，具备开车条件方准开车。

（7）工作过程中，对信号工发出的信号要听清、看清的情况下才能启车，在听清没看清或看清没听清的情况下，不准盲目启车，要进行必要的联系，待确认无误后才能启车。

（8）严禁在没有信号工的情况下，私自启车工作，更不准在没有信号工的情况下接送人员。

（9）在上下班高峰时间，除值班司机在岗位操作外，副司机也应在旁监护，不准离开操作台，去完成其他工作。

（10）任何情况，严禁非专业司机执行司机任务，也不允许其他人员操作设备。

（11）设备长时间停歇时，需将控制手柄扳到零位，然后切断电源。

设备运行过程中严禁打开离合器，使设备靠惯性下滑，严禁提升设备超速行驶，以免撞坏限位开关，发生冒罐事故。

B　卷扬工作注意事项

（1）工作时，允许正式司机操作，学徒工要在师傅的指导下操作，不得单独操作，上下人员时不准学徒开车。

（2）调绳工作要在空载下进行，禁止在机器运转时进行。

（3）湿手不得操作电气设备，严禁用湿毛巾擦拭电器按钮，机器运转时禁止触及或清扫运转部位。

（4）禁止带电检查、检修或更换保险丝。

（5）停电期间不得擅自检查、检修或拆卸设备。

（6）卷扬操作工严禁连续工作 8h，在一个班内的两名司机要交替开车，更不许连班。

（7）在运行过程中，要根据提升状态和提升类别调整提升速度，启动要慢，通过中段时要慢，升降人员时要慢，升降人员的加速度或减速度不得超过 0.75m/s，运行时速度不得超过 12m/s，低速检查井筒以及钢丝绳时，其运行速度不得超过 0.3m/s，低速下放大型设备或长材料时，运行速度不得超过 0.5m/s。

（8）严禁信号工自己打开升降自己。

5.4.2　箕斗井提升

5.4.2.1　破碎工作

（1）开车前检查油箱内是否有足够润滑油，油质是否符合要求。

（2）检查各连接部位是否松动。

（3）破碎机必须空载启动。

（4）先将各路冷却水打开，启动油泵，待其工作 3～4min 后，才可启动主电动机。

（5）用钢丝绳将飞轮绕上，并用天车带动一周后，再启动主电动机。

（6）破碎机停车时，一定要先切断给矿机的电动机线路，停止给料，待颚膛中的矿石完全破碎后，再切断主电动机和油泵电动机的线路，关闭各路冷却水。

（7）不允许卸空状态下直接往链板上放矿，应在链板上铺一层保护层，再放矿。

（8）链板上的杂物或矿渣较多时，必须进行清理。

（9）发现链板跑偏，必须进行调整。一切正常后才能生产。

（10）老虎口被大块堵住时，要先处理好给矿机前部浮石，确认安全后，在保证安全的前提下，进行处理。处理过程中要系好安全带，派专人监护。

（11）破碎机禁止带负荷启动，待破碎机运转正常后，才能开启给矿机给矿。

5.4.2.2　给矿工作

（1）操作者应熟悉本机器的结构原理。

（2）每班工作前应操作手动油泵将润滑部位注入适量润滑油脂，检查各连接部位是否松动，经检查正常后方可启动运转。

（3）正确润滑各轴承和减速器，并定期更换新油和进行清洁。

（4）使用中应在链板上始终保持一定厚度的料层（一般不应小于300mm），不允许在卸空状态下直接往链板上放料,当无法避免卸空时,放料前应在链板上铺一层防护层,以防直接冲击链板。

(5) 当物料在料仓中堵塞时(尤其在排料口附近)应在链板上增设防护层后方可进行爆破,严禁在链板上直接进行爆破。

(6) 机器安装后,排料口到链板的距离不应小于 1.5~2 倍的最大块度,拦板安装后应于链板两侧挡缘之间留有不小于 25~30mm,拉紧装置轴心线距链仓后壁为 350~500mm。

(7) 工作中经常注意链板上的物料分布情况,以防长期因负荷不均,降低链环使用寿命。经常检查槽板的紧固螺栓,严防松动时运转。

(8) 经常注意检查链板的工作情况,保持松紧程度适当,必要时可用拉紧装置进行调整,以防链环受力不均。

(9) 当链板在运行过程中发现经常跑偏时,应找出原因,并调整拉紧装置及时排除。

(10) 拉紧装置拉杆,左右箱体中的滑道应保持干净防止锈蚀。运转过程中发生不正常声响和故障应立即停止,认真检查排除。

(11) 使用中除注意日常维护保养外,还应定期检查、检修,并及时更换已磨损零件。

(12) 生产过程中应注意人身和设备的安全。

5.4.2.3 箕斗装卸矿工作

(1) 熟悉和掌握卸矿装置各部结构,操作时精力集中,准确无误。

(2) 卸矿前必须看清箕斗位置是否合适,然后操纵气缸按钮。

(3) 卸矿完毕后,观察箕斗是否返回原位,确认无问题后,方可发出开机信号。

(4) 经常检查箕斗卸矿曲轨,滚轮有无卡撞现象,如发现问题应及时通知维修人员处理。

(5) 油雾器、汽动装置及时加油。

(6) 严格掌握计量漏斗的装矿量,控制箕斗的正常装载系数,保证提升效率和运行安全。

(7) 做好工作场所的工业卫生和文明生产。

(8) 严格执行行车不行人的制度,严禁在运行的箕斗上和平衡锤上坐人。

(9) 信号发送中精力要集中,观察要仔细,打点要清晰,坚守岗位。

(10) 做好现场卫生、交接班和作业记录。

5.4.2.4 粉矿回收工作

(1) 操作前要认真清理,检查工作场地,不得有杂物。检查放矿闸门各部位及操作系统是否完好。

(2) 工作时精力要集中,对闸门各部位及操作系统的任何异常现象,要认真检查处理,之后方可作业。

(3) 发现闸门堵塞时,处理堵塞的任何工具,不得正对身体,严禁身体进入闸门内处理堵塞。

(4) 车辆移动时,注意前进方向是否有行人和障碍物。

(5) 严禁乘坐矿车滑行和放飞车。放矿时,车要停稳,严禁自动滑行。

（6）矿车掉道时，要及时通知前、后车辆停止运行，前后车辆距掉道车不得小于10m。

（7）处理掉道车时，所用工具必须牢靠，确定无误时方可使用。

（8）作业完毕后，工作场地要认真清理，不得有杂物。

5.4.2.5　注意事项

（1）破碎机在空负荷转动时，应该是无杂音的，如有敲击声，则表明不是拉紧装置拉紧程度不够，就是紧固齿板的螺钉松弛，应通知维修人员加以消除。

（2）检查各轴承温度是否正常（一般应为60°以下）各润滑部位是否有润滑油。

（3）运转中发生不正常声响和故障应立即停车，认真检查排除。

（4）运转时，禁止任何修理工作，禁止矫正大块矿石在颚膛中的位置或者从破碎机中取出。

（5）要经常检查紧固件是否松动。

（6）破碎机每周要进行一次加固修理，检查润滑和控制测量仪表的效应，检查和拧紧螺钉，检查皮带和保护装置，检查电动机及启动装置的良好情况。

（7）每周要进行一次清理和擦洗机器的外部。

（8）润滑油的油质、油量、油压必须符合规定，油路必须畅通，各部无渗漏。

（9）更换润滑油时，必须将污油清洗干净。

5.4.2.6　常见故障原因及排除方法

常见故障原因及排除方法，见表5-2。

表5-2　故障原因及排除方法

序　号	故　障	原　因	排除方法
1	有不正常声响	1. 齿板固定不紧 2. 拉紧弹簧压得不紧 3. 其他紧固件没有拧紧	1. 紧固齿板 2. 压紧弹簧 3. 各紧固件复查一遍
2	破碎粒度增大	衬板下部显著磨损	将衬板调换180°或调整排矿口
3	上下机架联结螺钉松弛	振动	紧固联结螺钉
4	弹簧拉杆断裂	1. 弹簧压得过紧 2. 在缩小出料口时忘记放松弹簧	1. 放松弹簧 2. 排矿口每次调整必须调整弹簧装置

6 矿山爆破安全

6.1 爆破常识

6.1.1 爆破工的职业要求

6.1.1.1 从事爆破人员的岗位要求

爆破作业人员，是指从事爆破工作的工程技术人员、爆破员、安全员、保管员和押运员。爆破作业人员应参加培训经考核并取得有关部门颁发的相应类别和作业范围、级别的爆破安全作业证，持证上岗。

爆破员应参加发证机关认可的、开办时间不少于一个月的爆破员培训班、爆破器材保管员、安全员和押运员，应参加发证机关认可的、开办时间不少于半个月的培训班。爆破员、保管员、安全员和押运员的考核由爆破安全技术考核小组领导进行。该小组由所在县（市）公安机关负责人和有经验的爆破工程技术人员组成。

（1）国家对于从事爆破工作的人员做了如下规定：

1）年满 18 周岁，身体健康，无妨碍从事爆破作业的生理缺陷和疾病。

2）工作认真负责，无不良嗜好和劣迹。

3）具有初中以上文化程度。

4）持有相应的安全作业证书。

国家《爆破安全规程》（GB 6722—2003）规定，爆破工作领导人应由从事过 3 年以上爆破工作，无重大责任事故，熟悉爆破事故预防、分析和处理并持有安全作业证的爆破工程技术人员担任，爆破班长应由爆破工程技术人员或有 3 年以上爆破工作经验的爆破员担任。

（2）国家对爆破作业人员安全作业证的管理做了如下规定：

1）爆破员、爆破器材保管员、安全员和押运员的安全技术复审每两年进行一次。

2）复审不合格者，应停止作业，吊销其安全作业证。

3）爆破作业人员工作变动，需进行原证规定范围以外的爆破作业时，必须重新考核登记。

4）爆破作业人员调动到或需到原发证机关管辖以外的地区，仍进行安全作业证中允许进行的爆破作业范围时，应到所在地区的发证机关进行登记。

5）爆破作业人员三次违规或发生严重爆破事故时，应由原发证机关吊销其安全作业证。

（3）爆破员必须熟练掌握下列规定和安全作业技术：

1）爆破安全规程中所从事作业有关的条款和安全操作细则。

2）起爆药包的加工和起爆方法。

3）装药、填塞、网路敷设、警戒、信号、起爆等爆破工艺和操作技术。

4）爆破器材的领取、搬运、外观检查、现场保管与退库的规定。

5）常用爆破器材的性能、使用条件和安全要求。

6）爆破事故的预防和抢救。

7）爆破后的安全检查和盲炮处理。

（4）爆破器材保管员和押运员必须熟练掌握下列主要规定和相关知识：

1）爆破器材库的通讯、照明、温度、湿度、通风、防火、防电和防雷要求。

2）爆破器材的外观检查、储存、保管、统计和发放。

3）爆破器材的报废与销毁方法。

4）意外爆炸事故的抢救技术。

6.1.1.2 从事爆破人员的岗位职责

（1）爆破员的职责是：

1）保管所领取的爆破器材，不得遗失或转交他人，不准擅自销毁和挪作他用。

2）按照爆破指令单和爆破设计规定进行爆破作业。

3）严格遵守爆破安全规程和安全操作细则。

4）爆破后检查工作面，发现盲炮和其他不安全因素应及时上报或处理。

5）爆破结束后，将剩余的爆破器材如数及时交回爆破器材库。

（2）安全员的职责是：

1）负责本单位爆破器材购买、运输、储存和使用过程中的安全管理。

2）督促爆破员、保管员、押运员及其他作业人员按照本规程和安全操作细则的要求进行作业，制止违章指挥和违章作业，纠正错误的操作方法。

3）经常检查爆破工作面，发现隐患应及时上报或处理，工作面瓦斯超限时有权制止爆破作业。

4）经常检查本单位爆破器材仓库安全设施的完好情况及爆破器材安全使用、搬运制度的实施情况。

5）有权制止无爆破员安全作业证的人员进行爆破工作。

6）检查爆破器材的现场使用情况和剩余爆破器材的及时退库情况。

（3）爆破器材保管员的职责是：

1）负责验收、发放、保管和统计爆破器材，并保持完备的记录。

2）对无爆破员安全作业证和领取手续不完备的人员，不得发放爆破器材。

3）及时统计、报告质量有问题及过期变质失效的爆破器材。

4）参加过期、失效、变质爆破器材的销毁工作。

（4）爆破器材押运员的职责是：

1）负责核对所押运的爆破器材的品种和数量。

2）监督运输工具按照规定的时间、路线、速度行驶。

3）确认运输工具及其所装运爆破器材符合标准和环境要求，包括几何尺寸、质量、温度、防振等。

4）负责看管爆破器材，防止爆破器材途中丢失、被盗或发生其他事故。

（5）爆破工作领导人的职责：

1）主持制定爆破工程的全面工作计划，并负责实施。

2）组织爆破业务、爆破安全的培训工作和审查爆破作业人员的资质。

3）监督爆破作业人员执行安全规章制度，组织领导安全检查，确保工程质量和安全。

4）组织领导爆破工作的设计、施工和总结工作。

5）主持制定重大或特殊爆破工程的安全操作细则及相应的管理规章制度。

6）参加爆破事故的调查和处理。

（6）爆破工程技术人员应持有安全作业证。其职责是：

1）负责爆破工程的设计和总结，指导施工、检查质量。

2）制定爆破安全技术措施，检查实施情况。

3）负责制定盲炮处理的技术措施，并指导实施。

4）参加爆破事故的调查和处理。

（7）爆破班长的职责：

1）领导爆破员进行爆破工作。

2）监督爆破员切实遵守爆破安全规程和爆破器材的保管、使用、搬运制度。

3）制止无安全作业证的人员进行爆破作业。

4）检查爆破器材的现场使用情况和剩余爆破器材的及时退库情况。

（8）爆破器材库（炸药库）主任的职责：

1）负责制定仓库管理条例并报上级批准。

2）检查督促爆破器材保管员（发放员）履行工作职责。

3）及时按期清库核账并及时上报质量可疑及过期的爆破器材。

4）参加爆破器材的销毁工作。

5）督促检查库区安全状况、消防设施和防雷装置，发现问题，及时处理。

6.1.1.3 爆破工安全教育与安全管理的重要性

安全生产教育与培训制度，是为了提高职工的安全生产意识，普及安全生产知识、掌握安全操作技术和执行安全生产法规的自觉性，而采取的教育、培训和考核制度。安全生产教育与培训制度，是预防伤亡事故及职业病发生的重要措施，也是企业劳动管理的重要组成部分。

爆破安全教育包含两个方面的主要内容：一是思想道德的教育；二是爆破专业知识和技术的培训。二者缺一不可。

爆破作业是特种行业，它具有较大的危险性。从事爆破的所有人员，包括技术及管理人员和直接操作的作业人员，要提高安全意识，重视安全教育，企业安全教育是安全管理的一项重要工作，其目的是提高职工的安全意识，增强职工的安全操作技能和安全管理水平，最大限度减少人身伤害事故的发生。它真正体现了"以人为本"的安全管理思想，是搞好企业安全管理的有效途径。

A 安全教育的主要内容

a 安全技术知识的教育与培训

生产经营单位应对本单位职工进行安全技术知识的教育和培训。安全技术知识教育，包括一般生产技术知识、一般安全技术知识和检测控制技术知识以及专业安全生产技术知识。

对职工进行教育时，必须把上述知识结合起来掌握，除应了解和掌握一般的通用的安全技术基础知识外，还应掌握与其所在岗位相关的专门安全技术知识，使职工既认识安全第一的重要性，又能运用安全技术知识做好事故预防工作。

b 安全生产规则的教育与培训

生产经营单位一般依法制定了安全规程、制度、工艺规程、安全生产劳动纪律等规章制度，它是企业进行有序、安全生产经营的保障，作为用人单位的职工都应遵守。生产经营单位应对职工进行安全生产规则的教育与培训，使职工自觉遵守安全生产的规章制度，严格按照安全要求、工艺规程进行操作，正确使用机器设备、工具及个人防护用品，严格遵守劳动纪律，不违章作业，并随时制止他人违章作业。

c 安全法制教育

安全法制教育特别是职业卫生法规教育是安全教育的一项重要内容。应使职工对包括安全法规在内的国家的各种法律、法令、条例和规程等有所了解和掌握，特别是从业人员在安全生产中的权利义务和责任，应作为安全法制教育的重点，以树立职工的法制观念，增强安全生产的责任感，这是使安全生产法能够贯彻执行的保障。

d 典型经验和事故教训

应宣传安全生产的典型经验，从生产安全事故中吸取经验教训。坚持事故处理"四不放过"，即事故原因不查清不放过，事故责任者得不到处理不放过，整改措施不落实不放过，教训不吸取不放过。

B 安全教育的形式

a 三级安全教育制度

三级安全教育制度，即指对新招收的职工、新调入职工、来厂实习的学生或其他人员所进行的厂级安全教育、车间安全教育、现场安全教育。

（1）厂级安全教育。应包括安全生产基本知识、安全生产法规教育，生产经营单位安全概况的介绍，主要安全生产规章制度（如安全生产责任制、安全生产奖惩条例，厂区交通运输安全管理制度、防护用品管理制度以及防火制度等等）的教育与培训，还应包括作业场所和工作岗位存在的危险因素，防范措施及事故应急措施、有关事故案例的介绍等。

（2）车间安全教育。应包括车间的概况的介绍，如车间生产的产品、工艺流程及其特点，车间人员结构、安全生产组织状况及活动情况，车间危险区域、有毒有害工种情况，车间劳动保护方面的规章制度和对劳动保护用品的穿戴要求和注意事项，车间事故多发部位、原因、特殊规定和安全要求，介绍车间常见事故和对典型事故案例的剖析，介绍车间安全生产中的好人好事，车间文明生产方面的具体做法和要求，并根据车间的特点介绍安全技术基础知识。还应介绍车间防火知识，组织新从业人员学习安全生产文件和安全操作规程制度。

（3）现场安全教育。应进行具体岗位的安全生产知识教育，如工作场所生产特点、作业环境、危险区域、设备状况、消防设施等，易发事故的危险因素，重点讲解本工种的安全操作规程和岗位责任，如何正确使用爱护劳动保护用品和文明生产的要求，并实行安全操作示范。

b 特种作业人员安全技术培训考核制度

特种作业人员是指从事法律规定的特种职业的作业人员，特种作业人员其作业的场所、操作的设备、操作内容具有较大的危险性，易发生伤亡事故，或者易对操作者本人、他人以及周围设施的安全造成重大危害。由于特种作业人员在生产作业过程中承担的劳动风险较大，因此，对特种作业人员必须进行专门的安全技术知识教育和安全操作技术训练，并经严格的考试，考试合格后方可上岗作业，以保障安全生产。

爆破工作属于特种作业人员，对特种作业人员进行安全技术考核培训，考核合格，持证方可上岗就业。对特种作业人员安全教育培训考核的内容包括三方面。安全技术理论包括安全基础知识和安全技术理论知识；实际操作，包括实际操作要领及实际操作技能；典型事故案例分析等。

c 经常性安全教育培训制度

生产经营单位进行安全生产教育与培训，应保证教育的经常化、普遍化、规范化，制度中应该纳入考核验收和奖惩的内容，把教育工作的好坏、考核成绩的优劣与晋职晋级和奖金结合起来。教育、培训与考核可采取多种形式。

6.1.2 爆炸物品的管理

国家对民用爆炸物品的生产、销售、购买、运输和爆破作业实行许可证制度。未经许可，任何单位或者个人不得生产、销售、购买、运输民用爆炸物品，不得从事爆破作业。严禁转让、出借、转借、抵押、赠送、私藏或者非法持有民用爆炸物品。

任何单位或者个人都有权举报违反民用爆炸物品安全管理规定的行为；接到举报的主管部门、公安机关应当立即查处，并为举报人员保密，对举报有功人员给予奖励。

民用爆炸物品生产、销售、购买、运输和爆破作业单位的主要负责人是本单位民用爆炸物品安全管理责任人，对本单位的民用爆炸物品安全管理工作全面负责。民用爆炸物品从业单位是治安保卫工作的重点单位，应当依法设置治安保卫机构或者配备治安保卫人员，设置技术防范设施，防止民用爆炸物品丢失、被盗、被抢。民用爆炸物品从业单位应当建立安全管理制度、岗位安全责任制度，制订安全防范措施和事故应急预案，设置安全管理机构或者配备专职安全管理人员。

民用爆炸物品从业单位应当加强对本单位从业人员的安全教育、法制教育和岗位技术培训，从业人员经考核合格的，方可上岗作业；对有资格要求的岗位，应当配备具有相应资格的人员。

6.1.2.1 国家对爆炸物品流向的管理

国家建立民用爆炸物品信息管理系统，对民用爆炸物品实行标识管理，监控民用爆炸物品流向。民用爆炸物品生产企业、销售企业和爆破作业单位应当建立民用爆炸物品登记制度，如实将本单位生产、销售、购买、运输、储存、使用民用爆炸物品的品种、数量和流向信息输入计算机系统。

国家鼓励民用爆炸物品从业单位采用提高民用爆炸物品安全性能的新技术，鼓励发展民用爆炸物品生产、配送、爆破作业一体化的经营模式。

6.1.2.2 国家对爆炸物品使用单位规定

申请从事爆破使用爆炸物品的单位，应当具备下列条件：

（1）爆破作业属于合法的生产活动。

（2）有符合国家有关标准和规范的民用爆炸物品专用仓库。

（3）有具备相应资格的安全管理人员、仓库管理人员和具备国家规定执业资格的爆破作业人员。

（4）有健全的安全管理制度、岗位安全责任制度。

（5）有符合国家标准、行业标准的爆破作业专用设备。

（6）法律、行政法规规定的其他条件。

6.1.2.3 申请购买民用爆炸物品的规定

民用爆炸物品使用单位申请购买民用爆炸物品的，应当向所在地县级人民政府公安机关提出购买申请，并提交下列有关材料：

（1）工商营业执照或者事业单位法人证书。

（2）《爆破作业单位许可证》或者其他合法使用的证明。

（3）购买单位的名称、地址、银行账户。

（4）购买的品种、数量和用途说明。

受理申请的公安机关应当自受理申请之日起 5 日内对提交的有关材料进行审查，对符合条件的，核发《民用爆炸物品购买许可证》；对不符合条件的，不予核发《民用爆炸物品购买许可证》，书面向申请人说明理由。

《民用爆炸物品购买许可证》应当载明许可购买的品种、数量、购买单位以及许可的有效期限。购买民用爆炸物品，应当通过银行账户进行交易，不得使用现金或者实物进行交易。

6.1.2.4 民用爆炸物品运输的规定

运输民用爆炸物品，收货单位应当向运达地县级人民政府公安机关提出申请，并提交包括下列内容的材料：

（1）民用爆炸物品生产企业、销售企业、使用单位以及进出口单位分别提供的《民用爆炸物品生产许可证》、《民用爆炸物品销售许可证》、《民用爆炸物品购买许可证》或者进出口批准证明。

（2）运输民用爆炸物品的品种、数量、包装材料和包装方式。

（3）运输民用爆炸物品的特性、出现险情的应急处置方法。

（4）运输时间、起始地点、运输路线、经停地点。

受理申请的公安机关应当自受理申请之日起 3 日内对提交的有关材料进行审查，对符合条件的，核发《民用爆炸物品运输许可证》；对不符合条件的，不予核发《民用爆炸物品运输许可证》，书面向申请人说明理由。

《民用爆炸物品运输许可证》应当载明收货单位、销售企业、承运人，一次性运输有效期限、起始地点、运输路线、经停地点，民用爆炸物品的品种、数量。

运输民用爆炸物品的，应当凭《民用爆炸物品运输许可证》，按照许可的品种、数量运输。运输民用爆炸物品注意事项：

（1）携带《民用爆炸物品运输许可证》。

（2）民用爆炸物品的装载符合国家有关标准和规范，车厢内不得载人。

（3）运输车辆安全技术状况应当符合国家有关安全技术标准的要求，并按照规定悬挂或者安装符合国家标准的易燃易爆危险物品警示标志。

（4）运输民用爆炸物品的车辆应当保持安全车速。

（5）按照规定的路线行驶，途中经停应当有专人看守，并远离建筑设施和人口稠密的地方，不得在许可以外的地点经停。

（6）按照安全操作规程装卸民用爆炸物品，并在装卸现场设置警戒，禁止无关人员进入。

（7）出现危险情况立即采取必要的应急处置措施，并报告当地公安机关。

民用爆炸物品运达目的地，收货单位应当进行验收后在《民用爆炸物品运输许可证》上签注，并在3日内将《民用爆炸物品运输许可证》交回发证机关核销。

禁止携带民用爆炸物品搭乘公共交通工具或者进入公共场所。禁止邮寄民用爆炸物品，禁止在托运的货物、行李、包裹、邮件中夹带民用爆炸物品。

6.1.2.5 民用爆炸物品储存的规定

民用爆炸物品应当储存在专用仓库内，并按照国家规定设置技术防范设施。

（1）建立出入库检查、登记制度，收存和发放民用爆炸物品必须进行登记，做到账目清楚，账物相符。

（2）储存的民用爆炸物品数量不得超过储存设计容量，对性质相抵触的民用爆炸物品必须分库储存，严禁在库房内存放其他物品。

（3）专用仓库应当指定专人管理、看护，严禁无关人员进入仓库区内，严禁在仓库区内吸烟和用火，严禁把其他容易引起燃烧、爆炸的物品带入仓库区内，严禁在库房内住宿和进行其他活动。

（4）民用爆炸物品丢失、被盗、被抢，应当立即报告当地公安机关。

在爆破作业现场临时存放民用爆炸物品的，应当具备临时存放民用爆炸物品的条件，并设专人管理、看护，不得在不具备安全存放条件的场所存放民用爆炸物品。

民用爆炸物品变质和过期失效的，应当及时清理出库，并予以销毁。销毁前应当登记造册，提出销毁实施方案，报省、自治区、直辖市人民政府国防科技工业主管部门、所在地县级人民政府公安机关组织监督销毁。

6.1.3 爆破安全常识

从事爆破作业的单位，应当按照国务院公安部门的规定，向有关人民政府公安机关提出申请，取得《爆破作业单位许可证》；营业性爆破作业单位应持《爆破作业单位许可证》到工商行政管理部门办理工商登记后，方可从事营业性爆破作业活动。爆破作业单位应当按照其资质等级承接爆破作业项目，爆破作业人员应当按照其资格等级从事爆破作业。爆破作业单位跨省、自治区、直辖市行政区域从事爆破作业的，应当事先将爆破作业项目的有关情况向爆破作业所在地县级人民政府公安机关报告。

爆破作业单位应当对本单位的爆破作业人员、安全管理人员、仓库管理人员进行专业技术培训。爆破作业人员应当经设区的市级人民政府公安机关考核合格，取得《爆破作业人员许可证》后，方可从事爆破作业。

无民事行为能力人、限制民事行为能力人或者曾因犯罪受过刑事处罚的人，不得从事民用爆炸物品的购买、运输和爆破作业。

6.1.3.1 爆破工作一般安全常识

A 一般安全要求

（1）爆破作业人员必须树立安全第一、预防为主的思想，认真学习并严格遵守爆破安全规程和措施。

（2）爆破工作要根据批准的设计文件或爆破方案进行，每个爆破工地都要有专人负责放炮指挥和组织安全警戒工作。

（3）从事爆破工作的人员必须受过爆破技术专门训练，熟悉爆破器材的性能、操作方法和安全规定。

（4）爆破作业中必须时刻提高警惕，预防事故发生，发现不安全因素，应及时采取措施处理。

（5）爆破材料必须符合工地使用条件和国家规定的技术标准，每批爆破材料使用前必须进行检查和做有关性能的试验。不合格的爆破材料禁止使用。

（6）在浓雾、闪电、雷雨及6级以上大风天气和黑夜时，不得进行露天爆破作业。

（7）进行爆破时，应同时使用音响及视觉两种信号，并通告使附近有关人员均能准确识别。只有在完成警戒布置并确认安全无误后才可发布起爆信号。在一个地区同时有几个场地进行爆破操作时，应统一行动，并有统一指挥。

（8）爆破后，必须及时检查爆破效果。采用火花起爆时应指定专人计算响炮数量，如点炮与响炮数量不一致时，应在最后一炮响后不少于20min，才允许进入爆破区检查。

采用电力或导爆索起爆时，炮响后即切断电源，待炮烟消散后，方可进入爆破区内检查。

（9）一切爆炸材料，严禁接近烟火。

（10）炮孔爆破后，不论孔底有无残药，不得打残孔。

B 一般安全措施

(1) 爆破人员必须持有经县（市）公安机关考试合格后发给的《爆破员作业证》上岗。

(2) 起爆器材的加工应符合下列规定：

1）起爆器材（如药包等）的加工应在僻静、阴凉、干燥的安全处所进行。

2）火花起爆的导火线长度应根据点炮人员躲避时间而定，但在任何情况下，导火线长度不应短于1.2m，二次爆破不短于0.5m。

3）爆炸物品的领取、加工，使用必须在同一班次内完成。往炮孔装炸药时，无关人员必须离开工作场地；装药只准用木竹制品捣实。严禁边打孔、边装药、边放炮。

4）装有雷管的起爆药包，应小心地放入炮孔或硐室，不得冲击或猛力挤压。禁止从起爆药中拔出或拉动导火索、电雷管脚线及导爆索。

（3）爆破防护应遵守下列规定：

1）爆破必须按爆破设计要求的警戒范围设置防护。防护人员必须按规定执行警戒任务，不得擅离职守。

2）爆破危险区内，所有与爆破无关的人员、设备、工具（不能移动的除外）全部撤到安全处所；处于爆破危险区的铁路，应事先与车站联系，确认无列车通过，并在铁路上下行两端设停车防护信号和防护人员。

3）警戒防护的撤除，应在爆破最后一响20min以后进行。警戒铁路的防护人员，应检查线路，并确认完好后，方可撤回。

4）防护撤除后，应对采区内的建筑物、机电设备认真检查，并做好记录。

（4）爆破起爆应遵守下列规定：

1）爆破作业应在领工员或车间主任统一指挥下进行，指挥人员必须执行预报、警戒、解除3种信号规定。

2）进行爆破时应同时使用听觉和视觉两种信号。只有在完成警戒布置并加以确认后，方可发布爆破信号。

3）火花点炮应事先记清炮位，找好待避地点，检查导火线切口；听到起爆信号后应立即点炮，点炮应按先远后近、先长后短的顺序进行；听到撤离信号时，无论点完与否，均应迅速撤离。最后一炮响20min后，方可进入炮区检查。

山壁点炮，每人每次不得超过两个，平地点炮每人每次不得超过5个。一人点炮，炮位间的距离不得大于5m。

深度超过4m的炮孔用火花起爆时，应装两个起爆雷管，并同时点燃；深度超过10m时，禁止用火花起爆。

4）电力起爆按《爆破安全规程》执行。

6.1.3.2 从事爆破工作单位应具备的条件

（1）爆破作业属于合法的生产活动。

（2）有符合国家有关标准和规范的民用爆炸物品专用仓库。

（3）有具备相应资格的安全管理人员、仓库管理人员和具备国家规定执业资格的爆破作业人员。

（4）有健全的安全管理制度、岗位安全责任制度。

（5）有符合国家标准、行业标准的爆破作业专用设备。

（6）法律、行政法规规定的其他条件。

6.1.3.3 国家对从事爆破工作单位的规定

从事爆破作业的单位，应当按照国务院公安部门的规定，向有关人民政府公安机关提出申请，取得《爆破作业单位许可证》。

营业性爆破作业单位应持《爆破作业单位许可证》到工商行政管理部门办理工商登记后，方可从事营业性爆破作业活动。

爆破作业单位应当按照其资质等级承接爆破作业项目，爆破作业人员应当按照其资格等级从事爆破作业。

爆破作业单位跨省、自治区、直辖市行政区域从事爆破作业的，应当事先将爆破作业项目的有关情况向爆破作业所在地县级人民政府公安机关报告。

爆破作业单位应当对本单位的爆破作业人员、安全管理人员、仓库管理人员进行专业技术培训。爆破作业人员应当经设区的市级人民政府公安机关考核合格，取得《爆破作业人员许可证》后，方可从事爆破作业。

无民事行为能力人、限制民事行为能力人或者曾因犯罪受过刑事处罚的人，不得从事民用爆炸物品的购买、运输和爆破作业。

实施爆破作业，应当遵守国家有关标准和规范，在安全距离以外设置警示标志并安排警戒人员，防止无关人员进入；爆破作业结束后应当及时检查、排除未引爆的民用爆炸物品。

爆破作业单位应当如实记载领取、发放民用爆炸物品的品种、数量、编号以及领取、发放人员姓名。领取民用爆炸物品的数量不得超过当班用量，作业后剩余的民用爆炸物品必须当班清退回库。爆破作业单位应当将领取、发放民用爆炸物品的原始记录保存2年备查。

爆破作业单位不再使用民用爆炸物品时，应当将剩余的民用爆炸物品登记造册，报所在地县级人民政府公安机关组织监督销毁。发现、捡拾无主民用爆炸物品的，应当立即报告当地公安机关。

6.1.3.4 国家对特殊场所进行爆破的规定

国家对在城市、风景名胜区和重要工程设施附近实施爆破作业做了特殊规定，在城市、风景名胜区和重要工程设施附近实施爆破作业的，应当向爆破作业所在地设区的市级人民政府公安机关提出申请，提交《爆破作业单位许可证》和具有相应资质的安全评估企业出具的爆破设计、施工方案评估报告。对符合条件的，由受理申请的公安机关作出批准的决定；对不符合条件的，作出不予批准的决定，并书面向申请人说明理由。

实施上述爆破作业，还应当由具有相应资质的安全监理企业进行监理，由爆破作业所在地县级人民政府公安机关负责组织实施安全警戒。

6.1.4 爆破施工的组织

6.1.4.1 爆破工程分级

2004年国家有关部门公布的《爆破安全规程》中规定，硐室爆破工程、大型深孔爆破工程、拆除爆破工程以及复杂环境岩土爆破工程，应实行分级管理。不同爆破工程的分级列于表6-1，不同级别的爆破要按相应规定进行设计、施工和审批。

表6-1 爆破工程的分级 （t）

级 别	用药量（Q）及环境						
	硐室爆破	露天深孔爆破	地下深孔爆破	水下深孔爆破	复杂环境深孔爆破	拆除爆破	城镇浅孔爆破
A	$1000 \leq Q \leq 3000$			$Q \geq 50$	$Q \geq 50$	$Q \geq 0.5$	
B	$300 \leq Q < 1000$	$Q \geq 200$	$Q \geq 100$	$20 \leq Q < 50$	$15 \leq Q < 50$	$0.2 \leq Q < 0.5$	环境十分复杂
C	$50 \leq Q < 300$	$100 \leq Q < 200$	$50 \leq Q < 100$	$5 \leq Q < 20$	$5 \leq Q < 15$	$Q < 0.2$	环境复杂
D	$0.2 \leq Q < 50$	$50 \leq Q < 100$	$20 \leq Q < 50$	$0.5 \leq Q < 5$	$1 \leq Q < 5$		环境不复杂

根据《爆破安全规程》规定，将爆破作业环境分为下列3种情况：

（1）环境十分复杂是指爆破可能危及国家一、二级文物、极重要设施、极精密贵重仪器及重要建（构）筑物等保护对象的安全。

（2）环境复杂是指爆破可能危及国家三级文物、省级文物、居民楼、办公楼、厂房等保护对象的安全。

（3）环境不复杂爆破只可能危及个别房屋、设施等保护对象的安全。

硐室爆破一般根据一次炸药量确定等级，一次用药量大于3000t的硐室爆破，应由业务主管部门组织专家论证其必要性和可行性，其等级按A级管理。装药量小于200kg的小硐室爆破归入蛇穴爆破，应遵守相应的规定。

拆除爆破工程及复杂环境深孔爆破工程，除按表6-1规定的药量进行分级外，还应按下列环境条件和拆除对象进行级别调整：

（1）有下列几种情况之一者，属于A级：

1）环境十分复杂。

2）拆除的楼房超过10层，厂房高度超过30m，烟囱高度超过80m，塔高度超过50m；一级、二级水利电力枢纽的主体建筑、围堰、堤坝和挡水岩坎。

（2）有下列几种情况之一者，属于B级：

1）环境复杂。

2）拆除的楼房5~10层，厂房高度15~30m，烟囱高度50~80m，塔高度30~50m。

3）三级水利电力枢纽的主体建筑、围堰、堤坝和挡水岩坎。

（3）有下列几种情况之一者，属于C级：

1）环境不复杂。

2）拆除楼房低于5层，厂房高度低于15m，烟囱高度低于50m，塔的高度低于30m。

3）四级、五级水利电力枢纽工程的主体建筑、围堰、堤坝和挡水岩坎。

对爆区周围500m无建筑物和其他保护对象，并且一次爆破用药量不超过200kg的拆除爆破，以及不属于A级、B级、C级、D级的爆破工程，不实行分级管理。

根据爆破工程的复杂程度和爆破作业环境的特殊要求，应由设计、安全评估和审批单位商定，适当提高相应爆破工程的管理级别。

6.1.4.2 爆破设计单位的资质要求

欲从事爆破设计的单位应当经国家授权的机构对其人员和资质进行审查合格后，才可办理企业法人营业执照，从事相关业务。爆破设计企业应按允许的范围、等级从事经营活动，同时从事设计和施工的企业，应取得双重资质。未经批准，任何个人不得承接爆破工程的设计、安全评估、施工和监理工作。

爆破安全规程规定，承担爆破设计的单位应符合下述4项条件：

（1）持有有关部门核发的爆破设计证书。

（2）经工商部门注册的企业（事业）法人单位，其经营范围包括爆破设计。

（3）有符合规定数量、级别、作业范围的持有安全作业证的技术人员。

（4）有固定的设计场所。

爆破设计证书应当标明允许的设计范围及在各范围内承担设计项目的等级（一般岩土爆破，硐室爆破×级，深孔爆破×级，拆除爆破×级，特种爆破等）；同时只限在本单位使用，不允许转借、转让、挂靠、伪造，不允许超越证书许可范围承担业务。

承担不同等级爆破设计的单位，应符合表6-2中相应的条件；承担不属于分级管理的爆破工程设计的单位，应符合表6-2中D级所列条件；承担特种爆破设计的单位，应有两项以上同类设计的成功业绩。

表 6 - 2   承担不同等级爆破工程设计单位的条件

工程等级	设计单位条件	
	人　员	业　绩
A	高级爆破技术人员不少于 2 人，持相应 A 级证者不少于 1 人	相应一项 A 级或两项 B 级成功设计
B	高级爆破技术人员不少于 1 人，持相应 B 级证者不少于 1 人	相应一项 B 级或两项 C 级成功设计
C	中级爆破技术人员不少于 2 人，持相应 C 级证者不少于 1 人	相应一项 C 级或两项 D 级成功设计
D	中级爆破技术人员不少于 1 人，持相应 D 级证者不少于 1 人	相应一项 D 级或两项一般爆破成功设计

6.1.4.3   爆破施工单位的资质要求

《爆破安全规程》中规定，爆破施工企业应取得爆破施工企业资质证书或在其施工资质证书中标有爆破施工内容。该证书应标明允许承接爆破工程的范围和等级。资质未标明者只能从事一般岩土爆破。

建设部颁布的《建筑业企业资质管理规定》（建设部令第 87 号），对爆破与拆除工程专业承包企业资质分为一级、二级、三级；对企业资质标准，除规定了企业近 5 年来相应的施工业绩要求，具备有关部门核发的相应的设计证书和爆炸物品使用许可证外，还对企业管理和专业技术人员、注册资本金、净资产、近 3 年最高年工程结算收入及应具备的施工及检测设备要求做了规定。

从事爆破施工的企业，应设有爆破工作领导人、爆破工程技术人员、爆破段（班）长、安全员、爆破员；应持有由县级以上（含县级，下同）公安机关颁发的《爆炸物品使用许可证》；设立爆破器材库的，还应设有爆破器材库主任、保管员、押运员，并持有县级以上公安机关签发的《爆炸物品贮存许可证》。

承担 A 级、B 级、C 级、D 级爆破工程的施工企业，应符合表 6 - 3 中相应条件；承担特种爆破施工的企业，应有两项以上同类爆破作业的经验。

表 6 - 3   承担 A 级、B 级、C 级、D 级爆破工程施工企业的条件

工程等级	施工企业条件	
	人　员	业　绩
A	高级爆破技术人员不少于 1 人，有相应 A 级证者不少于 1 人	有 B 级以上（含 B 级）相应类别工程施工经验
B	高级爆破技术人员不少于 1 人，有相应 B 级证者不少于 1 人	有 C 级以上（含 C 级）相应类别工程施工经验
C	中级爆破技术人员不少于 1 人，有相应 C 级证者不少于 1 人	有 D 级以上（含 D 级）相应类别工程施工经验
D	中级爆破技术人员不少于 1 人，有相应 D 级证者不少于 1 人	有一般爆破施工经验

A 级、B 级、C 级、D 级爆破工程，应有持同类证书的爆破工程技术人员负责现场工作；一般岩土爆破工程及特种爆破工程也应有爆破工程技术人员在现场指导施工。

按照《爆破安全规程》的规定，施工企业的安全职责有以下 5 点：

（1）管理本企业的爆破作业人员，发现不适合继续从事爆破作业者和因工作调动不再从事爆破作业者，均应收回其安全作业证，交回原发证部门。异地施工应办理有关证件的登记及签证手续。

（2）负责本单位爆破器材购买、运输、储存、使用，并承担安全责任。

（3）编制施工组织设计，制定预防事故的安全措施并组织实施。

（4）处理本企业爆破事故。

（5）爆破施工单位与爆破设计单位联合承担爆破工程时，双方应签订合同，明确责任，并得到业主的认可；其资质条件可以按两个单位的人员、业绩呈报。

6.1.4.4　爆破工程的申报与审批

按照《爆破安全规程》的规定，对 A 级、B 级、C 级、D 级爆破工程设计，应经有关部门审批，未经审批不准开工。设计文件应在设计人员、审核人员和设计单位主管领导签字后，才能上报主管部门；设计审查部门（或审批人）应在规定时限内完成审批，并将审批意见以书面形式通知报批单位。爆破拆除建（构）筑物，一般需经产权单位的上级部门同意，必要时还应报请政府主管部门批准。

行政和政府主管部门审定时，应考虑的主要问题是：

（1）拆除物有无继续使用和保留的价值。

（2）拆除物与城市建设规划的关系。

（3）采用爆破方法拆除对相邻建筑物、城市交通和市政设施相关联的安全问题。

矿山常规爆破审批不按等级管理，一般岩土爆破和矿山常规爆破设计书或爆破说明书由单位领导人批准。

按照《爆破安全规程》的规定，对 A 级、B 级、C 级和对安全影响较大的 D 级爆破工程，都应进行安全评估。未经安全评估的爆破设计，任何单位不准审批或实施。

合格的爆破设计方案应符合以下 3 项条件：

（1）设计单位的资质符合规定。

（2）承担设计和安全评估的主要爆破工程技术人员的资质及数量符合规定。

（3）设计方案通过安全评估或设计审查认为爆破设计在技术上可行、安全上可靠。

使用爆破器材的单位，必须经上级主管部门审查同意，并应持有说明使用爆破器材的地点、品名、数量、用途、四邻距离的文件和安全操作规程，向所在地县、市公安部门申请领取《爆炸物品使用许可证》，才准使用。

在进行大型爆破作业或在城镇与其他居民聚居的地方、风景名胜区和重要工程设施附近进行控制爆破作业时，施工单位必须事先将爆破作业方案报县、市以上主管部门批准，并征得所在地县、市公安部门同意，才准进行爆破作业。

6.1.4.5　爆破工程安全监理

爆破安全监理工作经过科技人员多年的理论探索与工程实践，首次被纳入新的《爆破安全规程》中，这是将爆破工程项目管理与建设工程项目管理模式接轨的标志。这对保障爆破安全、保证爆破工程质量和提升爆破工程管理水平有着重要的意义。

《爆破安全规程》规定：各类 A 级爆破、B 级硐室爆破以及有关部门认定的重要或重点爆破工程应由工程监理单位实施爆破安全监理，承担爆破安全监理的人员应持有相应安全作业证。

爆破工程安全监理，应编制爆破工程安全监理方案，并按爆破工程进度和实施要求编制爆破工程安全监理细则，按照细则进行爆破工程安全监理；在爆破工程的各主要阶段竣工完成后，签署爆破工程安全监理意见。

爆破安全监理的内容应包括以下 4 点：

（1）检查施工单位申报爆破作业的程序，对不符合批准程序的爆破工程，有权停止其爆破作业，并向业主和有关部门报告。

（2）监督施工企业按设计施工，审验从事爆破作业人员的资格，制止无证人员从事爆破作业，发现不适合继续从事爆破作业的，督促施工单位收回其安全作业证。

（3）监督施工单位不得使用过期、变质或未经批准在工程中应用的爆破器材；监督检查爆破器材的使用、领取和清退制度。

（4）监督、检查施工单位执行本规程的情况，发现违章指挥和违章作业，有权停止其爆破作业，并向业主和有关部门报告。

6.2 矿山爆破安全工作

6.2.1 安全爆破技术

6.2.1.1 爆破安全一般规定

（1）矿山爆破使用的爆破器材（起爆器材、传爆器材、炸药）必须是国家批准的正规厂家生产，从事爆破作业的人员必须取得与职责对应的资格证书，爆破设计、施工、监督、场所符合《爆破安全规程》（GB 6722—2003）规定。

（2）地下爆破作业场所不符合要求的不应进行爆破作业。岩体有冒顶或边坡滑落危险的；地下爆破作业区的炮烟浓度超过规定的；爆破会造成巷道涌水，硐室、炮孔温度异常的；作业通道不安全或堵塞的；支护规格与支护说明书的规定不符或工作面支护损坏的；光线不足、无照明或照明不符合规定的。

（3）露天爆破遇到特殊恶劣气候应停止爆破作业，所有人员应立即撤到安全地点：热带风暴或台风即将来临时；雷电、暴雨雪来临时；大雾天气，能见度不超过 100m 时；风力超过六级，浪高大于 0.8m 时，水位暴涨暴落时。

（4）采用电爆网路时，应对高压电、射频电等进行调查，对杂散电进行测试；发现存在危险，应立即采取预防或排除措施。

（5）在残孔附近钻孔时应避免凿穿残留炮孔，在任何情况下不应打钻残孔。

（6）爆破人员不应穿戴产生静电的衣物，在实施爆破作业前，应对所使用的爆破器材进行规定项目的检查。

（7）高温高硫矿井爆破、钾矿井下爆破、放射性矿井爆破、矿山爆破要按爆破安全规程的规定操作。

6.2.1.2 爆破器材的规定

爆破器材的加工严格按规定执行：

（1）起爆器材加工，应在专用的房间或指定的安全地点进行，不应在爆破器材存放间、住宅和爆破作业地点加工。

（2）加工起爆管和信号管，应在带有安全防护罩，铺有软垫并带有凸缘的工作台上操作。每个工作台上存放的雷管不得超过100发，且应放在带盖的木盒里，操作者手中只准拿一发雷管。

（3）切割导火索或导爆管应使用锋利刀具在木板上进行。每盘导火索或每卷导爆管，两端均应切除不小于5cm。

（4）雷管内有杂物时，不应用工具掏或用嘴吹，应用手指轻轻地弹出杂物；杂物弹不出的雷管不应使用。

（5）将导火索和导爆管插入雷管时，不应旋转摩擦。金属壳雷管应采用安全紧口钳紧口，纸壳雷管应采用胶布捆扎牢固或附加金属箍圈后用安全紧口钳紧口。

（6）加工好的起爆管与信号管应分开存放，信号管应制作标记。

（7）加工起爆药包和起爆药柱，应在指定的安全地点进行，加工数量不应超过当班爆破作业用量。

6.2.1.3　爆破网路的规定

A　电力起爆网路的规定

（1）同一起爆网路，应使用同厂、同批、同型号的电雷管；电雷管的电阻值差不得大于产品说明书的规定。

（2）电爆网路不应使用裸露导线，不得利用铁轨、钢管、钢丝作爆破线路，爆破网路应与大地绝缘，电爆网路与电源之间宜设置中间开关。

（3）起爆电源功率应能保证全部电雷管准爆；流经每个雷管的电流应满足：一般爆破，交流电不小于2.5A，直流电不小于2A；硐室爆破，交流电不小于4A，直流电不小于2.5A。

（4）电爆网路的导通和电阻值检查，应使用专用导通器和爆破电桥，专用爆破电桥的工作电流应小于30mA 爆破电桥等电气仪表，应每月检查一次。

（5）雷雨天不应采用电爆网路。

（6）起爆网路的连接，应在工作面的全部炮孔（或药室）装填完毕，无关人员全部撤至安全地点之后，由工作面向起爆站依次进行。

B　导爆索起爆网路的规定

（1）切割导爆索应使用锋利刀具，不应用剪刀剪断导爆索。

（2）导爆索起爆网路应采用搭接、水手结等方法连接；搭接时两根导爆索搭接长度不应小于15cm，中间不得夹有异物和炸药卷，捆扎应牢固，支线与主线传爆方向的夹角应小于90°。

（3）连接导爆索中间不应出现打结或打圈；交叉敷设时，应在两根交叉导爆索之间设置厚度不小于10cm 的木质垫块。

（4）起爆导爆索的雷管与导爆索捆扎端端头的距离应不小于15cm，雷管的聚能穴应朝向导爆索的传爆方向。

C　导爆管起爆网路的规定

（1）导爆管网路应严格按设计进行连接，导爆管网路中不应有死结，炮孔内不应有接头，孔外相邻传爆雷管之间应留有足够的距离。

（2）用雷管起爆导爆管网路时，起爆导爆管的雷管与导爆管捆扎端端头的距离应不小于 15cm，应有防止雷管聚能穴炸断导爆管和延时雷管的气孔烧坏导爆管的措施，导爆管应均匀地敷设在雷管周围并用胶布等捆扎牢固。

（3）用导爆索起爆导爆管时，宜采用垂直连接。

D　起爆网路的规定

起爆网路应按照工程要求进行试验、检查。

6.2.1.4　炮孔装药的规定

（1）人工装药。应使用木质或竹制炮棍，不应投掷起爆药包和敏感度高的炸药，应防止后续药卷直接冲击起爆药包。发生卡塞时，若在雷管和起爆药包放入之前，可用非金属长杆处理。装入起爆药包后，不应用任何工具冲击、挤压。在装药过程中，不应拔出或硬拉起爆药包中的导火索、导爆管、导爆索和电雷管脚线。

（2）机械化装药。装药车、装药器必须符合爆破安全规程的规定，输药风压不应超过额定风压的上限值；拔管速度应均匀，并控制在 0.5m/s 以内；现场混制装药的程序应严格遵守爆破安全规程的规定。

6.2.1.5　炮孔填塞规定

（1）硐室、深孔、浅孔、药壶、蛇穴爆破装药后都应进行填塞，不应使用无填塞爆破（扩壶爆破除外）。

（2）不应使用石块和易燃材料填塞炮孔，水下炮孔可用碎石渣填塞。

（3）水平孔和上向孔填塞时，不应在起爆药包或起爆药柱至孔口段直接填入木楔。

（4）不应捣鼓直接接触药包的填塞材料或用填塞材料冲击起爆药包。

（5）分段装药的炮孔，其间隔填塞长度应按设计要求执行。

（6）发现有填塞物卡孔应及时进行处理（可用非金属杆或高压风处理）。

（7）填塞作业应避免夹扁、挤压和拉扯导爆管、导爆索，并应保护雷管引出线。

6.2.1.6　爆破警戒与检查

（1）在警戒区边界设置明显标志并派出岗哨，执行警戒任务的人员，应按指令到达指定地点并坚守工作岗位。起爆信号发出后，才能准许负责起爆的人员起爆，确认安全后，方可发出解除爆破警戒信号。

（2）爆后应超过 15min 后才能进入爆区检查，确认有无盲炮，露天爆破有无危坡、危石；地下爆破有无冒顶、危岩，支撑是否破坏，炮烟是否排除。发现盲炮及其他险情，应及时上报或处理。

6.2.1.7　露天采矿爆破

（1）在人口密集区不应采用裸露药包爆破。其他裸露药包爆破严格警戒、采取可靠的安全措施。

（2）应采用电雷管、非电导爆管雷管或导爆索起爆。采用电爆网路时，应将各连接点导通并对地绝缘，防止多点接地；电雷管应该短路，采用地表延时非电导爆管网路时，孔内宜装高段位雷管，地表用低段位雷管。在装药和填塞过程中，应保护好起爆网路；如发生装药阻塞，不应用钻杆捣捅药包。

（3）临近永久边坡和堑沟、基坑、基槽爆破，应采用预裂爆破或光面爆破技术，布置在同一平面上的预裂孔、光面孔，宜用导爆索连接并同时起爆，预裂爆破、光面爆破均应采用不耦合装药，预裂爆破、光面爆破都应按设计进行填塞。

6.2.1.8　地下采矿爆破

（1）井下炸药库30m以内的区域不应进行爆破作业。在离炸药库30～100m区域内进行爆破时，任何人不应停留在炸药库内。

地下爆破时，应在警戒区设立警戒标志。发布的"预警信号"、"起爆信号"、"解除警报信号"，应采用适合井下的声响信号，并明确规定和公布各信号表示的意义。

（2）间距小于20m的两个平行巷道中的一个巷道工作面需进行爆破时，应通知相邻巷道工作面的作业人员撤到安全地点。

（3）井、盲竖井、斜井、盲斜井或天井的掘进爆破，起爆时井筒内不应有人；井筒内的施工提升悬吊设备，应提升到施工组织设计规定的爆破危险区范围之外。

（4）天井爆破前应将人行格和材料格盖严，充分通风后应两人同时进行检查，用吊罐法施工时，爆破前应摘下吊罐。

（5）浅孔爆破采场，应通风良好，支护可靠，留有安全矿柱，设有两个或两个以上安全出口，装药前应检查采场顶板，确认无浮石、无冒顶危险方可开始作业。地下深孔爆破装药开始后，爆区50m范围内不应进行其他爆破。地下开采二次爆破应遵守安全规程。

（6）用爆破法处理溜井堵塞，不允许作业人员进入溜井，处理人员应该持有爆破证。

6.2.2　露天采矿爆破工作

6.2.2.1　露天爆破工岗位操作要求

（1）爆破工必须进行专门培训，经过系统的安全知识学习，熟练掌握爆破器材性能，经有关业务部门考试取得爆破证者，方准进行爆破作业。

（2）运输爆破材料时，禁止炸药、雷管混装运输。

（3）严格遵守爆破材料的领取、保管、消耗和运输等项制度。

（4）爆破前必须抓好岗哨，加强警戒，点燃后立即退到安全地带。

（5）加工导爆索时，必须用刀切割，禁止用钳子和其他物品切割。

（6）采区放大炮时，其填塞物必须用沙土，不许用碎石充填。

（7）无论放大炮、小炮，必须在炮响5min后方准进入爆破现场，如有盲炮时，要及时采取安全措施处理。

（8）剩余的爆破材料，必须做退库处理，不准私存乱放。

（9）所有爆破材料库不得超量储存，不得发放、使用变质失效或外部破损的爆破材料。

（10）不得私藏爆破材料，不得在规定以外的地点存放爆破材料。

（11）丢失爆破材料，必须严格追查处理。进行爆破作业，必须明确规定警戒区范围和岗哨位置以及其他安全事项。

（12）爆破后留下的盲炮（瞎炮），应当由现场作业指挥人员和爆破工组织处理。未处理妥善前，不许进行其他作业。

6.2.2.2　爆破工作其他注意事项

（1）领用爆破器材，要持有效证件、爆破器材领用单及规定的运输工具，要仔细核对品种、数量、规格。

（2）装卸爆破器材要轻拿轻放，严禁抛掷、摩擦、撞击。

（3）作业前要仔细核对所用爆破器材是否正确，数量是否与设计相符，核对无误后方可作业。

（4）装卸、运输爆破器材时及作业危险区内，严禁吸烟、动火。

（5）操作过程中，严禁使用铁器。

（6）爆破危险区禁止无关人员、机动车辆进入。

（7）多处爆破作业时，要设专人统一指挥，每个作业点必须两人以上方可作业。

（8）严禁私自缩短或延长导火索的长度。

（9）炸药和雷管不得一起装运，不能放在同一地点。

（10）爆破前，应确认点炮人员的撤离路线和躲炮地点。采场内通风不畅时，采场内禁止留人。

6.2.3 地下采矿爆破工作

6.2.3.1 爆破工作一般规定

（1）爆破工必须经过专门培训、考试取得爆破证者，方准从事爆破作业。背运爆破材料时，禁止炸药、雷管混合装、背、运。

（2）凿岩工作尚未结束，机具和无关人员尚未撤出危险地点，未放好爆破警戒前，禁止进行爆破作业。

（3）有冒顶危险或危及设备，无有效防护措施，禁止进行爆破作业。

（4）需要支护不支护或工作面支护损坏，通道不安全或阻塞，禁止进行爆破作业。

（5）爆破材料不准乱放。爆破作业结束后须将剩余的爆破材料交回炸药库，并做好交接班工作。

（6）一个工作面禁止使用不同燃速的导火线，响炮时应数清响炮数，最后一炮算起，至少经 15min（经过通风吹散炮烟后），才准爆破人员进入爆破作业地点，严禁看回头炮。

（7）导爆管起爆时，连线起爆应由一人进行。

（8）爆破作业应有可靠照明。

（9）打大块时先检查有无残药，打大锤应注意周围人身的安全和自身安全。

（10）危险地点作业时，须采用临时支护或其他安全措施后再作业，特别危险地点作业时，须经有关人员检查，采取有效安全措施后方可作业。

（11）采场放炮，必须事先通知相邻采场、工作面作业人员，并加强警戒。

（12）爆破作业必须两人以上，禁止单人作业。

（13）矿山要统一放炮时间。

（14）二次爆破处理悬顶时，严禁进入悬拱和立槽下进行处理。

6.2.3.2 爆破材料的领退

（1）应根据当班的爆破作业量，填写好爆破材料领料单，领取当班的爆破材料。

（2）当班剩余的爆破材料均需当班退回库房，严禁自行销毁或私人保管。

（3）领退爆破材料的数量必须当面点清，若有遗失或被窃，应立即追查和报告有关领导。

6.2.3.3 爆破材料的运输

（1）领取爆破材料后，必须直接送到工作面或专有的临时保管库房（必须有锁），严禁他人代运代管，不得在人群聚集的地方停留。炸药和雷管必须分别放在各自专用的袋内。

（2）一人一次运搬爆破材料的数量：同时运搬炸药和起爆材料不得超过 30kg；背运原包装炸药不得超过一箱；挑运原包装炸药不得超过两箱。

（3）爆破材料必须用专车运送，严禁炸药、雷管同车运送。除爆破人员外，其他人员不准同车乘坐。

（4）汽车运输不得超过中速行驶，寒冬地区冬季运输，必须采取防滑措施；遇有雷雨停车时，车辆应停在距建筑物不小于 200m 的空旷地方。

（5）竖井、斜井运送爆破材料时，爆破工必须遵守下列规定：

1）事先通知卷扬司机和信号工。

2）在上下班人员集中的时间内，禁止运爆破材料。

3）运送爆破材料时，严禁同时运送其他物品。

4）严禁爆破材料在井口或井底车场停放。

（6）用电机车运送爆破材料时，必须遵守下列规定：

1）列车前后应设有"危险"标志。

2）电机车运行速度不超过 2m/s。

3）如雷管、炸药和导爆索同一列车运送时，其各车厢之间应用空车隔开。

4）驾线电机车运送时，装有爆破材料的车厢与机车之间必须用空车隔开；运送电雷管时，必须采取可靠的绝缘措施。

6.2.3.4　爆破准备及信号规定

（1）在爆破作业前，应对爆破区进行安全检查，有下列情况之一者，禁止爆破作业：

1）有冒顶塌帮危险。

2）通道不安全或通道阻塞三分之二，或无人行梯子，有可能造成爆破工不能安全撤退。

3）爆破矿岩有危及设备、管线、电缆线、支护、建筑物、设施等的安全，而无有效防护措施。

4）爆破地点光线不足或无照明。

5）危险边界或通路上未设岗哨和标志或人员未撤除。

6）两次爆破互有影响时，只准一方爆破。贯通爆破时，两工作面距离达 15m 时，不得同时爆破；达 7m 时，须停止一方作业，爆破时，双方均应警戒。

7）爆破点距离炸药库存 50m 以内时。

（2）加工起爆药包应遵守下列规定：

1）起爆药包的加工，只准在爆破现场的安全地方进行，每次加工量不超过该次爆破需要量；雷管插入药包前，必须用铜、铝或木制的锥子在药卷端中心扎孔。

2）加工起爆药包地点附近，严禁吸烟、烧火，严禁用电或火烤雷管。

（3）设立警戒和信号规定。井下爆破时，应在危险区的通路上设立警戒红旗，区域为直线巷道 50m，转弯巷道 30m。严禁以人代替警戒红旗。全部炮响后，须经 15min 方能撤除警戒；若响炮数与点火数不符，须经 20min 后方能撤除警戒。严禁挂永久红旗。

6.2.3.5　装药与点火爆破

（1）装药前应对炮孔进行清理和检查。

（2）装起爆药包和硝酸甘油炸药时，禁止抛掷或冲击。

（3）药壶扩底爆破的重新装药时间，硝铵炸药至少经过15min；硝酸甘油炸药至少经过30min。

（4）深孔装药炮孔出现堵塞时，在未装入雷管、黑梯药柱等敏感爆炸材料前，可用铜或非金属长杆处理。

（5）使用导爆管起爆时，其网路中不得有死结，炮孔内的导爆管不得有接头。禁止将导爆管对折180°和损坏管壁、异物入管、将导爆管拉细等影响导爆管爆轰波传播的操作。

（6）用雷管起爆导爆管时，导爆管应均匀敷设在雷管周围。

（7）装药时禁止烟火、明火照明；装电雷管起爆体开始后，只准用绝缘电筒或蓄电池灯照明。

（8）禁止单人装药放炮（补炮、糊大块除外），爆破工点完炮后必须开动局扇或打开风门（喷雾器）。

（9）装药时不许强冲击，禁止用铁器装药，要用木棍装。

（10）禁止无爆破权的人进行装药爆破工作。

（11）电气爆破送电未爆进行检查时，必须先将开关拉下，锁好开关箱，线路短路15min后方可进入现场检查处理。

（12）炸卡漏斗大块矿石时，禁止人员钻入漏斗内装药爆破。

（13）炮孔堵塞处理工作必须遵守下列规定：

1）装药后必须保证堵塞质量。

2）堵塞时，要防止起爆药包引出的导线、导火线、导爆索被破坏。

3）深孔堵塞不准在起爆药包后直接填入木楔。

（14）明火起爆时应遵守下列规定：

1）必须采用一次点火，成组点火时，一人不超过五组。

2）二次爆破单个点火时，必须先点燃信号管或计时导火线，其长度不超过该次点燃最短导火线的三分之一，但最长不超过0.8m。

3）导火线的长度须保证人员撤到安全地点，但最短不小于1m。

4）竖井、斜井和吊罐天井工作面爆破时，禁止采用明火爆破。

5）点燃导火线前，切头长度不小于5cm，一根导火线只准切一次，禁止边装边点或边切边点。

6）从第一个炮响算起，井下15min内不得进入工作面，烟未排出，禁止进入。

（15）电力起爆必须符合下列规定：

1）只准用绝缘良好的专用导线做爆破主线、区域线或支线。露天爆破时，主线允许用架设在瓷瓶上的裸线，爆破线路不准同铁轨、铁管、钢丝绳和非爆破线路直接接触。禁止利用水、大地或其他导体做电力爆破网路中的导线。

2）装药前要检查爆破线路、插销和开关是否处于良好状态，一个地点只准设一个开关和插座。主线段应设两道带箱的中间开关，箱要上锁，钥匙由连线人携带。脚线、支线、区域线和主线在未连接前，均须处于短路状态。只准从爆破地点向电源方向联结网路。

3）有雷雨时，禁止用电力起爆；突然遇雷时，应立即将支线短路，人员迅速撤离危险区。

（16）导爆索起爆时应遵守下列规定：

1）导爆索只准用快刀切割。

2）支线应顺主线传爆方向连接，搭接长度不小于15cm；支线与主线传爆方向的夹角不大于90°。

3）起爆导爆索时，雷管的集中穴应朝导爆索传爆方向。

4）与散装铵油炸药接触的导爆索须采取防渗油措施。

5）导爆索与导爆管同时使用时不应用导爆索起爆导爆管，因导爆索爆速大于导爆管，易引起导爆索爆炸时击坏导爆管。

6.2.3.6 盲炮处理注意事项

（1）发现盲炮必须及时处理，否则应在其附近设明标志，并采取相应的安全措施。

（2）处理盲炮时，在危险区域内禁止做其他工作。处理盲炮后，要检查清除残余的爆破材料，并确认安全时方准作业。

（3）电爆破有盲炮时，需立即拆除电源，其线路须及时短路。

（4）炮孔内的盲炮，可采用再装起爆药包或打平行孔装药（距盲炮孔不小于0.3m）爆破处理，禁止掏出或拉出起爆药包。

（5）硐室盲炮可清除小井、平硐内填塞物后，取出炸药和起爆体。

（6）内外部爆破网路破坏造成的盲炮，其最小抵抗线变化不大，可重新连线起爆。

6.2.3.7 高硫、高温矿爆破

（1）高硫矿爆破时，炮孔内粉尘要吹净，禁止将硝铵类炸药的药粉与硫化矿直接接触，并禁止用高硫矿粉做填塞物。严防装药时碰坏药包。

（2）高温矿爆破时，孔底温度超过50℃，必须采取防止自爆的措施。

6.3 爆破危害

爆破危害主要是指爆破地震波、噪声、冲击波、飞石、有毒有害气体等。这些危害都随距爆源距离的增加而有规律地减弱，但由于各种危害所对应炸药爆炸能量的比重不同，能量的衰减规律也不相同，同时不同的危害对保护对象的破坏作用不同，所以在规定安全距离时，应根据各种危害分别核定最小安全距离，然后取它们的最大值作为爆破的警戒范围。

6.3.1 常见爆破危害

6.3.1.1 爆破地震波

当炸药包在岩石中爆炸时，邻近药包周围的岩石遭受到冲击波和爆炸生成的高压气体的猛烈冲击而产生压碎圈和破坏圈的非弹性变化过程。当应力波通过破碎圈后，由于应力波的强度迅速衰减，它再也不能引起岩石破裂，而只能引起岩石质点产生扰动，这种扰动以地震波的形式往外传播，形成地动波。

爆破产生的震动作用有可能引起土岩和建筑（构）物的破坏。为了衡量爆破震动的强度，目前国内外用震速作为判别标准。当被保护对象受到爆破震动作用而不产生任何破坏（抹灰掉落开裂等）的峰值震动速度称为安全震动速度。

为减少爆破地震波对爆区周围建筑物的影响，可以采取下列措施：

（1）采用分段起爆，严格限制最大一段的装药量。总药量相同时，分段越多，则爆破震动强度越小。

（2）合理选取微差间隔时间和爆破参数，减少爆破夹制作用。

（3）选用低爆速的炸药和不耦合装药。

（4）采取预裂爆破技术，预裂缝有显著的降震作用。露天深孔爆破时，防止超深过大。

（5）在被保护对象与爆源之间开挖防震沟是有效的隔震措施。单排或多排的密集空孔，其降震率可达20%～50%。

6.3.1.2　爆破冲击波

无约束的药包在无限的空气介质中爆炸时，在有限的空气中会迅速释放大量的能量，导致爆炸气体产物的压力和温度局部上升。高压气体在向四周迅速膨胀的同时，急剧压缩和冲击药包周围的空气，使被压缩的空气的压力急增，形成以超音速传播的空气冲击波。装填在药室、深孔和浅孔中的药包爆炸产生的高压气体通过岩石裂缝或孔口泄漏到大气中，也会产生冲击波。空气冲击波具有比自由空气更高的压力（超压），会造成爆区附近建、构筑物的破坏和人类器官的损伤或心理反应。

6.3.1.3　噪声

空气冲击波随着距离的增加波强逐渐下降而变成噪声和亚声，噪声和亚声是空气冲击波的继续。超压低于 $7 \times 10^3 \mathrm{Pa}$ 为噪声和亚声。

爆破产生的噪声不同于一般噪声（连续噪声），它持续时间短，属于脉冲噪声。这种噪声对人体健康和建筑物都有影响，120dB 时，人就感到痛苦，150dB 时，一些窗户破裂。

在井下爆破时，除了空气冲击波以外，在它后面的气流也会造成人员的损伤。如当超压为 $0.03 \times 10^5 \sim 0.04 \times 10^5 \mathrm{Pa}$，气流速度达到 $60 \sim 80 \mathrm{m/s}$，更加加重了对人体的损伤。

在露天的台阶爆破中，空气冲击波容易衰减，波强较弱它对建筑物的破坏主要表现在门窗上，对人的影响表现在听觉上。

空气冲击波的危害范围受地形因素的影响，遇有不同地形条件可适当增减。如在狭谷地形进行爆破，沿沟的纵深或沟的出口方向，应增大50%～100%；在山坡一侧进行爆破对山后影响较小，在有利的地形条件下，可减少30%～70%。为了预防空气冲击波的破坏作用，可采取以下措施：

（1）保证合理的填塞长度、填塞质量和采取反向起爆。

（2）大力推广导爆管，用导爆管起爆来取代导爆索起爆。

（3）合理确定爆破参数，合理选择微差起爆方案和微差间隔时间，以消除冲天炮，减少大块率，进而减少因采用裸露药包破碎大块时，产生冲击波破坏作用。

（4）在井下进行大规模爆破时，为了削弱空气冲击波的强度，在它流经的巷道中，应使用各种材料（如砂袋或充水等）堆砌成阻波墙或阻波堤。

6.3.1.4 爆破飞石

爆破飞石产生的原因是炸药爆炸的能量一部分用于破碎介质（岩石等），多余的能量以气体膨胀的形式强烈地喷入大气并推动前方的碎块岩石运动，从而产生飞石。

在爆破中，飞石发生在抵抗线或填塞长度太小的地方。由于钻孔时，定位不准确和钻杆倾角不当等都会使实际爆破参数比计算参数或大或小，若抵抗线偏小，则会产生飞石。

如果炮孔未按预定的顺序起爆或炮孔装药量过大，也会产生飞石。

此外地形、地质条件（山坡、节理、裂缝、软夹层、断层等）和气候条件等也与飞石的产生有关。

在矿山爆破中，可采取下列措施来控制个别飞石：

（1）设计药包位置时，必须避开软夹层、裂缝或混凝土接合面等，以免从这些方面冲出飞石。

（2）装药前必须认真校核各药包的最小抵抗线，严禁超装药量。

（3）确保炮孔的填塞质量，必要时，采取覆盖措施。

（4）采取低爆速炸药、不耦合装药、挤压爆破和毫秒微差起爆等。

6.3.1.5 有毒有害气体

炮烟是指炸药爆炸后产生的有毒气体生成物。工业炸药爆炸后产生的毒气主要是一氧化碳和氧化氮，还有少量的硫化氢和一氧化硫。

一氧化碳（CO）是无色、无味、无嗅的气体，比空气轻。它对人体内血色素的亲和力比对氧的亲和力大 250 ~ 300 倍，所以当吸入一氧化碳后，将使人体组织和细胞因严重缺氧而中毒，直到窒息死亡。

氧化氮主要是指氧化亚氮（NO）和二氧化氮（NO_2），它对人的眼、鼻、呼吸道和肺部都有强烈的刺激作用，其毒性比一氧化碳大得多，中毒严重者因肺水肿和神经麻木而死亡。

为了防止炮烟中毒，可采取下列措施：

（1）采用零氧平衡的炸药，使爆后不产生有毒气体；加强炸药的保管和检验工作，禁用过期变质的炸药。

（2）保证填塞质量和填塞长度，以免炸药发生不完全爆炸。

（3）爆破后，必须加强通风，按规定，井下爆破需等 15min 以上，露天爆破需等 5min 以上，炮烟浓度符合安全要求时，才允许人员进入工作面。

（4）露天爆破的起爆站及观测站不许设在下风方向，在爆区附近有井巷、涵洞和采空区时，爆破后炮烟浓度有可能窜入其中，积聚不散，故未经检查不准入内。

（5）井下装药工作面附近，不准使用电石灯、明火照明，井下炸药库内不准用电灯泡烤干炸药。

（6）要设有完备的急救措施，如井下设有反风装置等。

6.3.2 非正常起爆与预防

6.3.2.1 火雷管起爆的早爆、迟爆和拒爆及预防

A 火雷管起爆的早爆与预防

火雷管起爆的早爆主要是导火索产生速燃和爆燃引起的。导火索的燃烧速度是 100 ~

125s/m，当导火索的燃烧速度超过或远远超过这个规定值时，就容易产生火雷管早爆事故。

火雷管早爆的原因：

（1）导火索的芯线的成分配比不当。例如硝酸钾65%、硫黄15%、木炭25%的药芯，就变成爆炸性的药芯，生产和应用时均会发生速燃和爆燃，从而发生早爆事故。

（2）导火索药芯有杂质。含有碎石、沥青或其他硬物的导火索燃烧后，这些硬物或凝固的沥青把排气道堵塞，使导火索燃烧时的内压增加，导致速燃而发生早爆。

（3）药芯的水分增加。导火索药芯的水分，规定不大于1%，如水分增加太多时，导火索就不燃而瞎火，若水分大于1%但未达到瞎火的含水量时，药芯燃烧会产生大量蒸汽，使导火索内压增高而发生速燃或爆燃。

（4）药芯密度不均匀。黑火药密度大于1.8g/cm³时，有规则地按平行层燃烧，当密度小于1.65g/cm³时，燃烧就不规则。如果密度再减小时，便会发生快速燃烧。

（5）操作时不慎（如脚踩、过度弯曲或用大块压紧导火索等）可能使导火索药芯燃烧区压力增大而引起速燃和爆燃。导火索燃烧时生成的气体压力叫做内压，外界环境的大气压称为外压。在一定内压的作用下，导火索燃烧时生成的气体由排气孔排出，燃烧速度稳定在100~125s/m。由于操作不慎等诸因素使内压、外压发生变化就会影响导火索的燃烧速度。例如大气压在93.325kPa时，导火索燃速为114s/m，大气压力在39.9966kPa时，燃速为125s/m。

如果在操作中发生排气孔阻塞现象，导火索的内压就会增高，当内压达到一定值时出现速燃或爆燃。

火雷管早爆的预防：

（1）加强制造、储存、运输的管理工作，提高导火索质量，可以大大减少速燃或爆燃现象。

（2）不要采用单个点火，必须采用一次点火法点火。

（3）须经批准才能使用单个点火，在进行点火时，必须使用定时报警器及定时引线。

B 火雷管的迟爆炸及预防

导火索从点火至爆炸的时间大于导火索长度与燃速的乘积，称为延迟爆炸，反之称早爆。导火索延迟爆炸事故时有发生，危害很大。

a 延迟爆炸的原因

（1）导火索存在断、细药。导火索的均匀燃烧是在药芯密度、直径、水分和燃烧区的压力一定的情况下进行的，如果药芯中断较长，导火索便不传火而产生拒爆。但药芯中断不太长时，粘有黑火药的3根芯线还能继续缓慢地阻燃，当燃到断药处又重新引燃药芯并以正常速度燃烧下去时，就有可能在人们回头检查，或进行下道工序时突然爆炸，发生延迟爆炸事故。细药（指药芯过细）能使导火索的燃速减慢，药芯细到似断非断时，导火索的燃速减慢很多，这样也就发生爆炸时间大大延时的情况。

（2）先爆的爆破物损伤后爆的导火索，使之产生似断非断现象，构成了延迟爆炸的条件。

b 导火索延迟爆炸的预防

（1）加强导火索、火雷管的选购、管理和检验，建立健全入库和使用前的检验制度，不使用断药、细药的导火索。

（2）操作中避免导火索过度弯曲或折断。

（3）用数炮器数炮或专人听炮响声进行数炮，发现或怀疑有瞎炮时，加倍延长进入炮区的时间。

C 火雷管起爆的拒爆以及预防

导火索火雷管拒爆的原因：

（1）导火索或雷管质量不好，如起爆药压死，加强帽小孔堵塞，导火索断药等。

（2）导火索和火雷管在储存、运输、使用操作中受潮变质，雷管受潮变质，导火索便不能将它引爆，导火索受潮，则药芯的水分增加，使导火索缓燃，如果药芯的水分超过6%，就可能出现断火现象。

（3）起爆管加工质量不好，如导火索与火雷管脱离，或两者之间被其他杂物隔断。

（4）装药、充填不慎，使导火索过度弯曲，或在有水工作面使用没有采取防水措施。

（5）一次点火时漏点，单个点火时漏点，或炮孔参数不合理而带炮等。

预防导火索火雷管拒爆的方法：

（1）加强导火索、火雷管的选购和检验（进厂和使用前），不合格的产品严禁发往发放站。

（2）改善储存条件，防止导火索火雷管受潮变质，过期的应加强检验，确认合格后方可使用。

（3）提高爆破员的专业知识水平，改进操作技术，使导火索与火雷管和炸药接触良好，导火索不受损。

6.3.2.2 电力起爆的早爆、迟爆和拒爆及预防

A 电力起爆的早爆及预防

a 高压电引起的早爆及预防

高压电在其输电线路、变压器和电器开关的附近，存在着一定强度的电磁场，如果在高压线路附近实施电爆，就可能在起爆网路中产生感应电流，当感应电流超过一定数值后，就可引起电雷管爆炸，造成早爆事故。

预防高压电感应早爆的方法：

（1）尽量采用非电起爆系统。

（2）当电爆网路平行于输电线路时，两者的距离应尽可能加大。

（3）两条母线、连接线等，应尽量靠近，以减小线路圈定的面积。

（4）人员撤离爆区前不要闭合网路及电雷管。

b 静电引起的早爆及预防

炮孔中爆破线上、炸药上以及施工人员穿的化纤衣服上都能积累静电，特别是使用装药器装药时，静电可达 20~30kV。静电的积累还受喷药速度、空气相对湿度、岩石的导电性、装药器对地电阻、输药管材质等因素的影响。当静电积累到一定程度时，就可能引爆电雷管，造成早爆事故。

减少静电产生的方法：

（1）用装药器装药时，在压气装药系统中要采用半导体输药管，并对装药工艺系统采用良好的接地装置。

（2）易产生静电的机械、设备等应与大地相接通，以疏导静电。

（3）在炮孔中采用导电套管或导线，通过孔壁将静电导入大地，然后再装入雷管。

（4）采用抗静电雷管。

（5）施工人员穿不产生静电的工作服。

c　射频电引起的早爆及预防

由广播电台、电视台、中继台、无线电通讯台、转播台、雷达等发射的强大射频能可在电爆网路中产生感应电流。当感应电流超过某一数值时，会引起早爆事故。在城市控制爆破中，采用电爆网路起爆时更应加以重视。《拆除爆破安全规程》对爆区距射频发射天线的最小安全距离作了具体规定。

为了防止由于射频电引起早爆，可采取以下方法：

（1）要调查爆区附近有无广播、电视、微波中继站等电磁发射源，有无高压线路或射频电源。必要时，在爆区用电引火头代替电雷管，做实爆网路模拟试验，检测射频电对电爆网路的影响。在危险范围内，应采用非电爆破。

（2）爆破现场进行联络的无线电话机，宜选用超高频的发射频率。因频率越高，在爆破回路中的衰减也越大。应禁止流动射频源进入作业现场。已进入且不能撤离的射频源，装药开始前应暂停工作。

d　杂散电流引起的早爆及预防

所谓杂散电流，是指由于泄漏或感应等原因流散在绝缘的导体系统外的电流。杂散电流一般是由于输电线路、电器设备绝缘不好或接地不良而在大地及地面的一些管网中形成的。在杂散电流中，由直流电力车牵引网路引起的直流杂散电流较大，在机车启动瞬间可达数十安培，风水管与钢轨间的杂散电流也可达到几安培。因此，在上述场合施工时，应对杂散电流进行检测。当杂散电流大于30mA时，应查明引起杂散电流的原因，采用相应的技术措施，否则不允许施爆。

对杂散电流的预防可采取以下方法：

（1）减少杂散电流的来源，如对动力线加强绝缘，防止漏电，一切机电设备和金属管道应接地良好，采用绝缘道砟、焊接钢轨、疏干积水及增设回馈线等。

（2）采用抗杂散电雷管，或采用非电起爆系统等。

（3）采用防杂散电流的电爆网路，杂散电流引起早爆一般发生在接成网路后爆破线接触杂散电流源，在电雷管与爆破线连接的地方，接入氖灯、电容、二极管、互感器、继电器、非线性电阻等隔离元件。

（4）撤出爆区的风、水管和铁轨等金属物体，采取局部停电的方法进行爆破。

e　雷电引起的早爆及预防

由于雷电具有极高的能量，而且在闪电的一瞬间产生极强的电磁场，如果电爆网路遇到直接雷击或雷电的高强磁场的强烈感应，就极有可能发生早爆事故。雷电引起的早爆事故有直接雷击、电磁场感应和静电感应3种形式。

预防雷电引起的早爆方法：

（1）及时收听天气预报，禁止在雷雨天进行电气爆破。

（2）采用非电起爆。

（3）采用电爆时，在爆区设置避雷系统或防雷消散塔。

（4）装药、连线过程中遇有雷电来临征兆或预报时，应立即拆开电爆网路的主线与支线，裸露芯线用胶布捆扎，并对地绝缘，爆区内一切人员迅速撤离危险区。

B　电力起爆的延迟爆炸及预防

（1）电力起爆延迟爆炸的主要原因：

1）雷管起爆力不够，不能激发炸药爆轰，而只能引燃炸药。炸药燃烧后，才把拒爆的雷管烧爆，结果烧爆的拒爆雷管又反过来引爆剩余的炸药，由于这个过程需要一定的时间，从而发生了延迟爆炸。

2）炸药钝感，雷管起爆以后，没有引爆炸药，而只是引燃了炸药。当炸药烧到拒爆或助爆的雷管时，被烧爆的雷管又起爆了未燃炸药（这部分炸药不太钝感），结果发生了延迟爆炸事故。

（2）预防电力起爆延迟爆炸的方法：

1）必须加强爆破器材的检验，不合格的器材不准用于爆破工程，特别是起爆药包和起爆雷管，应经过检验后方可使用。

2）在起爆雷管的近处增设库存助爆雷管，对延迟爆炸有害无益，应禁止使用。

3）消除或减少拒爆，也是避免迟爆事故发生的重要措施。

C　电力起爆的拒爆及预防

a　电力起爆的拒爆原因及预防

（1）雷管制造。雷管制造造成拒爆的主要原因：

1）桥丝焊接（压接）质量不好，个别雷管的桥丝与脚线连接不牢固，有"杂散"电阻（电阻不稳定）的雷管未被挑出，通电时使这个雷管或全部串接的雷管拒爆。

2）雷管的正起爆药压药密度过大，呈"压死"现象，或由于受潮变质，引火头不能引爆而产生拒爆。

3）毫秒（或半秒）延期药密度过大或受潮变质（特别是纸壳雷管）而引起的拒爆。

4）引火药质量不好或与桥丝脱接引起拒爆。

5）用导火索做延期件的秒差雷管，因导火索的质量、连接、封口、排气孔等原因而引起拒爆。

（2）预防因雷管制造造成拒爆的方法：

1）应该加强电雷管的检测验收，尽量把不合格的产品排除在使用之前。

2）在网路设计中，应该采取准确可靠起爆的网路形式。

b　网路设计

（1）网路设计引起拒爆的原因：

1）计算错误或考虑不周，致使起爆电源能量不足，有的未考虑电源内阻、供电线电阻，使较钝感的雷管拒爆。

2）使用不同厂、不同批生产的雷管同时起爆，使雷管性能差异较大，在某种电流条件下，较敏感的雷管首先满足点燃条件而发火爆炸，切断电源，致使其余尚未点燃的雷管拒爆。

3）网路设计不合理，各组电阻不匹配，使各支路电流差异很大，导致部分雷管拒爆。

（2）预防设计方面引起拒爆的方法：

1）加强基本知识的训练。

2）网路设计时最好有电气方面的技术人员参加。

3）加强设计的复核和审查，使在网路设计方面尽量不出差错。

c 施工操作

（1）施工操作引起拒爆的原因：

1）导线接头的绝缘不好，使电流旁路而减少了通过雷管的电流，引起部分雷管拒爆。

2）采用孔外微差时（包括微差起爆器起爆），由于间隔时间选择不合理，使先爆炮孔的地震波、冲击波、飞石把后爆炮孔的线路打断，从而使得不到电流的雷管发生拒爆。

3）施工组织不严密，操作过程混乱，造成线路连接上的差错（如漏接、短接），又没有逐级进行导通检查，就盲目合闸起爆，结果使部分药包拒爆。

4）技术不熟练，操作中不谨慎，装填中把脚线弄断又没有及时检测，使这部分药包拒爆。

5）在水下爆破时，药包和雷管的防潮措施不好而发生拒爆，特别是在深水中爆破，显得更为突出。

（2）预防操作引起拒爆的方法：

1）加强管理，加强教育，严格执行操作规程，对操作人员一定要经过培训、考核，方可作业。

2）一些技术性比较强的工序，应在技术人员指导下进行施工。

6.3.2.3 导爆管起爆系统的拒爆原因及预防

A 产品质量不好造成的拒爆

（1）产品质量不好造成拒爆的原因：

1）导爆管生产中由于药中有杂质或下药机出问题未及时发现，使断药长度达15cm以上，这种导爆管使用时，不能继续传爆而造成拒爆。

2）导爆管与传爆管或毫秒雷管连接处卡口不严，异物（如水、泥沙、岩屑）进入导爆管。管壁破损，管径拉细；导爆管过分打结、对折。

3）采用雷管或导爆索起爆导爆管时捆扎不牢，四通连接件内有水，防护覆盖的网路被破坏，或雷管聚能穴朝着导爆管的传爆方向，以及导爆管横跨传爆管等。

4）延期起爆时首段爆破产生的振动飞石使延期传爆的部分网路损坏。

（2）预防产品质量不好造成拒爆的方法：

1）加强管理和检验。购买导爆管要严格挑选，导爆管和非电雷管购回后和使用前，应该进行外观检查和性能检验，若发现有不封口和断药等，应严格进行传火和爆速试验。若在水中起爆（如露天水孔、海底爆破等），非电雷管应该在高压水中做浸水试验。若防水性能不好，只能用在无水的工作面，或采取防水措施后（如加防水套、接口涂胶等）方可使用。若发现管壁破损、管径拉细的剪去不用。

2）严格按操作要求作业，防止网路被损坏及确保传爆方向正确。

B 因起爆系统造成的拒爆

对起爆系统性能不够了解造成拒爆：

（1）用雷管或导爆索捆扎起爆时，对它的有效范围了解不够，一次起爆的根数过多造成拒爆。一个雷管虽然一次能起爆 100 根左右，但一般不宜超过 50 根，否则容易拒爆。

（2）当爆区范围较长时，始发段雷管选择不当会引起拒爆。导爆管的固有延时为 0.5~0.6m/s，而地震波的传播速度高达 5000m/s，这个速度比导爆管的阵面速度高 2 倍多，当爆区较长时，首段爆炸产生的地震波比导爆管的爆轰波传播快，超前到达未起爆的区域，由于地震波的拉伸和压缩作用，使未爆的网路拉断或拉脱而造成拒爆。

C 因起爆网路造成的拒爆

因起爆网路连接不好引起拒爆的主要原因：

（1）用雷管或导爆索起爆时，导爆管捆扎不牢，约束力不够，雷管或导爆索爆炸时把外层抛开而引起拒爆。

（2）分支导爆管因弯曲等原因与连接接触时，分支导爆管会被连接块中的传爆雷管或导爆索打断而造成相应的非电毫秒雷管拒爆。

（3）导爆管与导爆索或雷管集中穴的射流线的夹角偏小，因导爆索或雷管射流的速度比导爆管传爆快，如果角度偏小，导爆索会把与它接近的尚未传爆的导爆管炸断而造成拒爆。

（4）导爆索双环结起爆时，双环结打得松和结扎错了都将引起拒爆。

（5）导爆索斜绕木芯棒起爆时，导爆索与木芯棒轴线的斜交角小于 45°或未拉紧而引起拒爆。

（6）导爆管捆扎时过于偏离一边而引起拒爆。

防止因操作不当而引起拒爆的方法：

（1）加强基本知识和基本功训练。

（2）网路连好后要严格进行检查。

（3）雷管起爆时，雷管集中穴要朝向导爆管传爆的相反方向。

（4）导爆管与导爆索的夹角应大于 25°。

（5）把导爆管捆扎在雷管或导爆索上时，应绕 3~5 层以上的胶布，外层最好再绕一层细铁丝，以增加反作用而防止拒爆。

6.3.3 盲炮的原因、预防及处理

盲炮又称瞎炮、哑炮，系指炮孔装炸药、起爆材料回填后，进行起爆，部分或全部产生不爆现象。若雷管与部分炸药爆炸，但在孔底还残留未爆的药包，则称为残炮。

爆破中发生盲炮（残炮）不仅影响爆破效果，尤其在处理时危险性更大。如未能及时发现或处理不当，将会造成伤亡事故。因此。必须掌握发生盲炮的原因及规律，以便采取有效的防止措施和安全的处理方法。

6.3.3.1 盲炮产生的原因

造成盲炮的原因很多，可归纳为下列几种。

A 由于炸药

（1）炸药存放时间过长，受潮变质。

（2）回填时由于工作不慎，石粉或岩块落入孔中，将炸药与起爆药包或者炸药与炸药隔开，不能传爆。

（3）在水中或有水汽过浓的地方，防水层密闭不严或操作不慎擦伤防水层，炸药吸

水产生拒爆。

（4）由于炸药钝感，起爆能力不足而拒爆。

B　由于导火索

（1）导火索药芯过细或断药。

（2）导火索在运输、储存或使用中受潮变质。

（3）导火索与雷管连接不良，造成雷管瞎火。

（4）回填时工作不慎，岩石砸断导火索。

（5）导火索未被点燃，或质量不良，中途断燃。

C　由于雷管

（1）雷管钝感、加强帽堵塞或失效。

（2）火雷管受潮或有杂物落入管内，不能引爆。

（3）电雷管的桥丝与脚线焊接不好，引火头与桥丝脱离，延期导火索未引燃起爆等。

（4）电雷管不导电或电阻值大。

（5）雷管受潮或同一网路中使用不同厂家、不同批号和不同结构性能的电雷管，由于雷管电阻差太大，致使电流不平衡，从而每个雷管获得的电能有较大的差别，获得足够起爆电能的雷管首先起爆而炸断电路，造成其他雷管不能起爆。

D　由于电爆网路

（1）电爆网路中电雷管脚线、端线、区域线、主线联结不良或漏接，造成断路。

（2）电爆网路与轨道或管道、电气设备等接触，造成短路。

（3）导线型号不符合要求，造成网路电阻过大或者电压过低。

（4）起爆方法错误，或起爆器、起爆电源、起爆能力不足，通过雷管的电流小于准爆电流。

（5）在水孔中，特别是溶有铵梯类炸药的水中，线路接头绝缘不良造成电流分流或短路。

E　由于导爆索

（1）导爆索质量不符合标准或受潮变质，起爆能力不足。

（2）导爆索连接时搭接长度不够，传爆方向接反，连接或敷设中使导爆索受损；延期起爆时，先爆的药包炸断起爆网路，角度不符合技术要求，交叉甩线。

（3）接头与雷管或继爆管缠绕不坚固。

（4）导爆索药芯渗入油类物质。

（5）在水中起爆时，由于连接方式错误使导爆索弯曲部分渗水。

6.3.3.2　盲炮的预防

预防盲炮最根本的措施是对爆破器材要妥善保管，在爆破设计、施工和操作中严格遵守有关规定，牢固树立安全第一的思想，严格按照下列方式进行操作。

（1）爆破器材要严格检验和使用前试验，禁止使用技术性能不符合要求的爆破器材。

（2）同一串联支路上使用的电雷管，其电阻差不应大于 0.8Ω，重要工程不超过 0.3Ω。

（3）不同燃速的导火索应分批使用。

（4）提高爆破设计质量。设计内容包括炮孔布置、起爆方式、延期时间、网路敷设、起爆电流、网路检测等。对于重要的爆破，必要时须进行网路模拟试验。

（5）制作火线雷管时，一定要使导火线接触雷管的加强帽，并用特制的钳子夹紧，制作起爆药包时，雷管要放在药卷的中心位置上，并用细绳扎紧，以防松动脱落。

（6）在填装炸药和回填堵塞物时，要保护好导火线、导爆索电雷管的脚线和端线，必要时加以保护。使用防水药包时，防潮处理要严密可靠，以确保准爆。

（7）有水的炮孔，装药前要将水吸干，清涂灰泥，如继续漏水，应装填防水药包。

（8）采用电力起爆时，要防止起爆网路漏接、错接和折断脚线。网路上各条电线的绝缘要可靠，导电性能良好，型号符合设计要求，网路接头处用电工胶布缠紧。爆破前还应对整个网路的导电性能及电阻进行测试，网路接地电阻不得小于 $1 \times 10^5 \Omega$，确认符合要求方能起爆。

（9）采用导爆索和继爆管进行引爆时，对所用器材要进行测试和检查，保证性能良好。连接的方法应按设计文件和爆破施工图进行。尤其是微差爆破，各段母线的位置和间隔时间等，不能随意更改。

6.3.3.3 盲炮的处理

发现盲炮应及时处理，方法要确保安全，力求简单有效。因爆破方法的不同，处理盲炮的方法也有所区别。

A 裸露爆破盲炮处理

处理裸露爆破的盲炮，允许用手小心地去掉部分封泥，在原有的起爆药包上重新安置新的起爆药包，加上封泥起爆。

B 浅孔爆破盲炮处理

（1）重新连线起爆。经检查确认炮孔的起爆线路（导火索、导爆索及电雷管脚线）完好时，可重新连线起爆。这种方法只适用于因连线错误和外部起爆线破坏造成的盲炮。应该注意的是，如果是局部盲炮的炮孔已将盲炮孔壁抵抗线破坏时，若采用二次起爆应注意产生飞炮的危险。

（2）另打平行孔装药起爆。当炮孔完全失去了二次起爆的可能性，而雷管炸药幸免未失去效能，可另打平行孔装药起爆。平行孔距盲炮孔口不得小于 0.4m，对于浅孔药壶法，平行孔距盲炮药壶边缘不得小于 0.5m，为确保平行炮孔的方向允许从盲炮孔口起取出长度不超过 20cm 的填塞物。当采用另打平行孔方法处理局部盲炮时，应由测量人将盲炮的孔位、炮孔方向标示出来，防止新凿炮孔与原来炮孔的位置重合或过近，以免触及药包造成重大事故。因另打平行孔的方法较为可靠和安全，故在实际中应用比较广泛。应注意的是：在另凿新孔时，不允许电铲继续作业（即使是采装已爆炮孔处的石料也是不允许的），因为这时可能造成误爆。这种方法多用于深孔爆破。当采用浅孔爆破时，成片的盲炮也可以采用这种方法处理。

（3）掘出堵塞物另装起爆药包起爆。这种方法是用木、竹制或其他不发生火星的材料制成的工具，轻轻将炮孔内大部分填塞物掘出，另装起爆药包起爆，或者采用聚能穴药包诱爆，严禁掘出或拉出起爆药包。

（4）采用风吹或水冲法处理盲炮。其方法是在安全距离外用远距离操纵的风水喷管吹出盲炮填塞物及炸药，但必须采取措施，回收雷管。

C 深孔爆破盲炮处理

（1）重新连线起爆。爆破网路未受破坏，且最小抵抗线无变化者，可重新连线起爆；最小抵抗线有变化者，应验算安全距离，并加大警戒范围后再连线起爆。

（2）另打平行孔装药起爆。在距盲炮孔口不小于 10 倍炮孔直径处另打平行孔装药起爆。爆破参数由爆破工程技术人员或领导人确定。

（3）往炮孔中灌水后爆药失效。如所用炸药为非抗水硝铵类炸药，且孔壁完好者，可取出部分填塞物，向孔内灌水使之失效，然后作进一步处理。这种方法比较多的是用在电雷管或导爆线确认已爆而孔内炸药未被引爆的盲炮处理。

（4）用高压直流电再次强力起爆。对电雷管电阻不平衡造成的盲炮可采用这种处理方法。当炮孔中的连线损坏或电雷管桥丝已不导通时，可考虑采用这种方法处理。

（5）取出盲炮中的炸药。采用导爆索起爆硝铵类炸药时，允许用机械清理附近岩石，取出盲炮中的炸药。

D 硐室爆破盲炮处理

（1）重新连线起爆。如能找出起爆网路的电线、导爆索或导爆管，经检查正常仍能起爆者，可重新测量最小抵抗线，重新划警戒范围，连线起爆。

（2）取出炸药和起爆体。沿竖井或平硐清除堵塞物后，取出炸药和起爆药包。无论什么爆破方法出现的盲炮，凡能连线起爆者，均应注意最小抵抗线的变化情况，如变化较大时，在加大警戒范围，不危及附近建筑物时，仍可连线起爆。

在通常情况下，盲炮应在当班处理。如果不能在当班处理或未处理完毕，应将盲炮数目、炮孔方向、装药数量、起爆药包位置、处理方法和处理意见在现场交代清楚，由下一班继续处理。

6.3.3.4 盲炮处理程序

（1）发生盲炮，应首先保护好现场，盲炮附近设置明显标志，并报告爆破指挥人员，无关人员不得进入爆破危险区。

（2）电力起爆发生盲炮时，须立即切断电源，及时将爆破网路短路。

（3）组织有关人员进行现场检查，审查作业记录，进行全面分析，查明造成盲炮的原因，采取相应的技术措施进行处理。

（4）难处理的盲炮，应立即请示爆破工作领导人，派有经验的爆破员处理。大爆破的盲炮处理方法和工作组织，应由单位总工程师或爆破负责人批准。

（5）盲炮处理后应仔细检查爆堆，将残余的爆破器材收集起来，未判明爆堆有无残留的爆破器材前，应采取预防措施。

（6）盲炮处理完毕后，应由处理者填写登记卡片。

表 6-4 列出了常见盲炮现象、产生原因、处理方法、预防措施。

表 6-4 盲炮处理方法

现象	产生原因	处理方法	预防措施
孔底剩药	1. 炸药受潮变质，感度低； 2. 有岩粉相隔，影响传爆； 3. 管道效应影响，传爆中断，或起爆药包被邻炮带走	1. 用水冲洗； 2. 取出残药卷	1. 采取防水措施； 2. 装药前，吹净炮孔； 3. 密实装药； 4. 防止带炮，改进爆破参数

现象	产生原因	处理方法	预防措施
只爆雷管火药未爆	1. 炸药受潮变质； 2. 雷管起爆力不足或半爆； 3. 雷管与药卷脱离	1. 掏出炮泥，重新装起爆药包起爆； 2. 用水冲洗炸药	1. 严格检验炸药质量； 2. 采取防水措施； 3. 雷管与起爆药包应绑紧
雷管与炸药全部未爆	对火雷管起爆： （1）导火索与火雷管质量不合格； （2）导火索切口不齐或雷管与导火索脱离等； （3）装药时导火索受潮； （4）点火遗漏或爆序乱，打断导火索 对电雷管起爆： （1）电雷管质量不合格； （2）网路不符合准爆要求； （3）网路连接错误，接头接触不良等 导爆索（管）同上	1. 掏出炮泥，重新装起爆药包起爆； 2. （同1.）装聚能药包进行殉爆起爆； 3. 查出错连的炮孔，重新连线起爆； 4. 距盲炮孔0.3m以上，钻平行孔装药起爆； 5. 水洗炮孔； 6. 用风水吹管处理	1. 严格检验起爆器材，保证质量； 2. 保证导火索与火雷管质量，装药时，导火索靠向孔壁，禁止用炮棍猛烈冲击； 3. 点火注意避免漏电； 4. 电爆网路必须符合准爆条件，认真连接，并按规定进行检测； 5. 点火及爆序不乱； 6. 保护网路

6.4　爆破器材的安全管理

6.4.1　爆破器材的储存

6.4.1.1　一般规定

《爆破安全规程》对爆破器材储存的一般规定：

（1）爆破器材应储存在专用的爆破器材库里；特殊情况下，应经主管部门审核并报当地公安机关批准，才准在库外存放。

（2）爆破器材库的储存量，应遵守下列规定：

1）地面库单一库房的最大允许存药量，不应超过表6-5的规定。

表 6 - 5　地面库单一库房的最大允许存药量

序号	爆破器材名称	单一库房最大允许存药量/t	序号	爆破器材名称	单一库房最大允许存药量/t
1	硝酸甘油炸药	20	8	爆炸筒	15
2	黑索金	50	9	导爆索	30
3	泰安	50	10	黑火药、无烟火药	10
4	梯恩梯	150	11	导火索、点火索、点火筒	40
5	黑梯药柱、起爆药柱	50	12	雷管、继爆管、高压油井雷管、导爆管起爆系统	10
6	硝铵类炸药	200			
7	射孔弹	2	13	硝酸铵、硝酸钠	500

注：雷管、导爆索、导火索、点火筒、继爆管及专用爆破器具按其装药量计算存药量。

2）地面总库的总容量：炸药不应超过本单位半年生产用量，起爆器材不应超过1年生产用量。地面分库的总容量：炸药不应超过3个月生产用量，起爆器材不应超过半年生产用量。

3）硐室式库的最大容量不应超过100t；井下只准建分库，库容量不应超过：炸药三昼夜的生产用量，起爆器材十昼夜的生产用量，乡、镇所属以及个体经营的矿场、采石场及岩土工程等使用单位，其集中管理的小型爆破器材库的最大储存量应不超过1个月的用量，并应不大于表6-6的规定。

（3）爆破器材库宜单一品种专库存放。若受条件限制，同库存放不同的爆破器材则应符合表6-7的规定。

表6-6 小型爆破器材库的最大储存量

爆破器材名称	最大储存量	爆破器材名称	最大储存量
硝铵类炸药	3000kg	导火索	30000m
硝酸甘油炸药	500kg	导爆索	30000m
雷管	20000 发	塑料导爆管	60000m

表6-7 爆破器材同库存放的规定

爆破器材名称	雷管类	黑火药	导火索	硝铵类炸药	属 A₁ 级单质炸药	属 A₂ 级单质炸药	射孔弹类	导爆索类
雷管类	○	×	×	×	×	×	×	×
黑火药	×	○	×	×	×	×	×	×
导火索	×	×	○	○	○	○	○	○
硝铵类炸药	×	×	○	○	○	○	○	○
属 A₁ 级单质炸药	×	×	○	○	○	○	○	○
属 A₂ 级单质炸药	×	×	○	○	○	○	○	○
射孔弹类	×	×	○	○	○	○	○	○
导爆索类	×	×	○	○	○	○	○	○

注：1. ○表示可同库存放，×表示不应同库存放；
2. 雷管类包括火雷管、电雷管、导爆管雷管；
3. 属 A₁ 级单质炸药为黑索金、泰安、奥克托金和以上述单质炸药为主要成分的混合炸药或炸药柱（块）；
4. 属 A₂ 级单质炸药为梯恩梯和苦味酸及以梯恩梯为主要成分的混合炸药柱或炸药柱（块）；
5. 导爆索类包括各种导爆索和以导爆索为主要成分的产品，包括继爆管和爆裂管；
6. 硝铵类炸药，包括以硝酸铵为主要成分的各种民用炸药。

（4）当不同品种的爆破器材同库存放时，单库允许的最大存药量仍应符合表6-7的规定；当危险级别相同的爆破器材同库存放时，同库存放的总药量不应超过其中一个品种的单库最大允许存药量；当危险级别不同的爆破器材同库存放时，同库存放的总药量不应超过危险级别最高的品种的单库最大允许存药量。

6.4.1.2 爆破器材的储存、收发与库房管理
爆破器材的储存、收发与库房管理应遵循以下4点：
（1）每间库房储存爆破器材的数量，不应超过库房设计的允许储存药量。

（2）爆破器材的储存时，爆破器材应码放整齐，不得倾斜，码放高度不宜超过1.6m；包装箱下应垫有大于0.1m的垫木，宜有宽于0.6m的安全通道。包装箱与墙距离宜大于0.4m；存放硝酸甘油类炸药、各种雷管和继爆管的箱子，应放置在木制货架上，货架高度不宜超过1.6m。

（3）对新购进的爆破器材，应逐个检查包装情况，并按规定做性能检测；应建立爆破器材收发账、领取和清退制度，定期核对账目，做到账物相符；变质的、过期的和性能不详的爆破器材，不应发放使用；爆破器材应按出厂时间和有效期的先后顺序发放使用；总库区内不准许拆箱发放爆破器材，只准许整箱发放；爆破器材的发放应在单独的发放间里进行。

（4）爆破器材库房的管理，应建立健全严格的责任制、治安保卫制度、防火制度、保密制度等，宜分区分库分品种储存，分类管理。

库房的照明，应安装防爆电灯，宜自然采光或在库外安设探照灯进行投射采光。电源开关和保险器，应设在库外面，并装在配电箱中。采用移动式照明时，应使用安全手电筒，不应使用电网供电的移动手提灯。应经常测定库房的温度和湿度，库房内保持整洁、防潮和通风良好，杜绝鼠害。

每间库房储存爆破器材的数量，不应超过库房设计的安全储存药量。对爆破器材进行储存时，应使爆破器材码放整齐、稳当，不能倾斜。在爆破器材包装箱下，应垫有大于0.1m高度的垫木。爆破器材的码放，宜有0.6m以上宽度的安全通道，爆破器材包装箱与墙距离宜大于0.4m，码放高度不宜超过1.6m。存放硝酸甘油类炸药、各种雷管和继爆管的箱（袋），应放置在货架上。

对井下爆破器材库的电器照明，应采用防爆型或矿用密闭型电器器材，电线应用铠装电缆。井下库区的电压宜为36V。储存爆破器材的硐室或壁槽，不得安装灯具。电源开关和保险器，应设在外包铁皮的专用开关箱里，电源开关箱应设在辅助硐室里。有可燃性气体和粉尘爆炸危险的井下库区，只准使用防爆型移动电灯和安全手电筒。其他井下库区应使用蓄电池灯、安全手电筒或汽油安全灯作为移动式照明。对爆破器材库房的管理，应建立健全严格的责任制、治安保卫制度、防火制度、保密制度等，宜分区、分库、分品种储存，分类管理。

除上述4点外，还应注意以下几点：

（1）库区应昼夜设警卫，加强巡逻，无关人员不得进入库区。进入库区不得带烟火及其他引火物；进入库区不得穿戴钉鞋和易产生静电的衣服。不得使用能产生火花的工具开启炸药雷管箱；库区不得存放与管理无关的工具和杂物。

（2）库区的消防设备、通讯设备、警报装置和防雷装置，应定期检查。进入库区不准带烟火及其他引火物。进入库区不应穿带钉子的鞋和易产生静电的化纤衣服，不应使用能产生火花的工具开启炸药雷管箱。从库区变电站到各库房的外部线路，应采用铠装电缆埋地敷设或挂设，外部电器线路不应通过危险库房的上空。

在通讯方面，库区内不宜设置电话总机，只设与本单位保卫和消防部门的直拨电话，电话机应符合防爆要求；库区值班室与各岗楼之间，应有光、音响或电话联系。

在消防设施方面，应根据库容量，在库区修建高位消防水池，库容量小于100t者，储水池容量为50m³；库容量100～500t者，储水池容量为100m³；库容量超过500t者，设消防水管。消防水池距库房不应大于 100m，消防管路距库房不应大于 50m。草原和森林地区的库区周围，应修筑防火沟渠，沟渠边缘距库区围墙不应小于 10m，沟宽 1~3m，深 1m。在安全警戒方面，库区应昼夜设警卫，加强巡逻，无关人员不准进入库区。库区不应存放与管理无关的工具和杂物。

（3）库房应整洁、防潮和通风良好，杜绝鼠害。经常测定库房的温度和湿度，发现硝酸甘油类炸药渗油、冻结和硝铵类炸药吸潮结块，应及时处理。

6.4.1.3　临时性爆破器材库和临时性存放爆破器材

临时性爆破器材库和临时性存放爆破器材时，应遵循以下 6 点要求：

（1）临时性爆破器材库，应设置在不受山洪、滑坡和危石等威胁的地方。允许利用结构坚固但不住人的各种房屋、土窑和车棚等作为临时性爆破器材库。

（2）临时性爆破器材库房宜为单层结构，库房地面应平整无缝；墙、地板、屋顶和门为木结构者，应涂防火漆；窗、门应为有一层外包铁皮的板窗、门；宜设简易围墙或铁刺网，其高度不小于 2m。库内应有足够的消防器材；库内应设置独立的发放间，面积不小于 9m²；应设独立的雷管库房。临时性爆破器材库的最大储存量为：炸药 10t，雷管 20000 发，导爆索 10000m。

（3）不超过 6 个月的野外流动性爆破作业，用安装有特制车厢的汽车存放爆破器材时，爆破器材存放量不应超过车辆额定载重的 2/3；在经过核准的专用车同时装有炸药与雷管时，雷管不得超过 2000 发和相应的导火索与导爆索；不应将特制车厢做成挂车形式。

特制车厢应是外包铝板或铁皮的木车厢，车辆前壁和侧壁应开有 0.3m×0.3m 的铁栅通风孔，后部应开设有外包铝板或铁皮的木门，门应上锁，整个车厢外表应涂防火漆，并设有危险标志；宜在车厢内的右前角设置一个能固定的专门存放雷管的木箱，木箱里面应衬软垫，箱应上锁。

车辆停放位置，应确保爆破作业点、有人建筑物、重要构筑物和主要设备的安全；白天、夜晚均应有人警卫；加工起爆管和检测电雷管电阻，应在离危险车辆 50m 以外的地方进行。

（4）用船存放爆破器材时，船上严禁烟火，并应备有足够的消防器材。存放爆破器材的船只，应停泊在航线以外的安全地点，距码头、建筑物、其他船只和爆破作业地点不应小于 250m；船靠岸时，岸上 50m 以内不准无关人员进入；海上不应使用非机动船存放爆破器材。

存放爆破器材的船舱，应用移动式蓄电池提灯或安全手电筒照明；爆破器材的存放量不应超过 2t，存放爆破器材的框架应设凸缘，装爆破器材的箱（袋）应固定牢固。船上应设有单独的炸药舱和雷管舱，各舱应有单独的出入口并与机舱和热源隔离。

（5）作业地点只应存放当班或本次爆破工程作业所需的爆破器材，应有专人看管；拆除爆破和地震勘探及油气井爆破时，不应将爆破器材散堆在地，雷管应放在外包铁皮的木箱里，箱应加锁。

（6）经单位安全保卫部门和当地公安机关批准，爆破器材可临时露天存放，但应选择在安全地方，悬挂醒目标志，昼夜有人巡逻警卫；炸药与雷管其间距离不小于 25m；爆破器材应堆放在垫木上，不应直接堆放在地；在爆破器材堆上，应覆盖帆布或搭简易帐篷；存放场周边 50m 范围内严禁烟火。

6.4.2　爆破器材的运输

6.4.2.1　一般规定

下面的规定涉及爆破器材生产企业外部运输爆破器材的相关规定：

（1）爆破器材运输车（船）应符合国家有关运输安全的技术要求；结构可靠，机械电器性能良好；具有防盗、防火、防热、防雨、防潮和防静电等安全性能。

（2）装卸爆破器材时，应认真检查运输工具的完好状况，清除运输工具内的一切杂物；装卸爆破器材的地点，应远离人口稠密区，并设明显的标志，白天应悬挂红旗和警标，夜晚应有足够的照明并悬挂红灯；有专人在场监督，设置警卫，无关人员不允许在场。

爆破器材和其他货物不应混装，雷管等起爆器材不应与炸药同时同地进行装卸；装卸搬运应轻拿轻放、装好、码平、卡牢、捆紧，不得摩擦、撞击、抛掷、翻滚、侧置及倒置爆破器材。装卸爆破器材时应做到不超高、不超宽、不超载；用起重机装卸爆破器材时，一次起吊重量不应超过设备能力的50%；分层装载爆破器材时，不应站在下层箱（袋）上装载另一层，雷管或硝酸甘油类炸药分层装载时不应超过2层。

遇暴风雨或雷雨时，应停止装卸。

（3）爆破器材从生产厂运出或从总库向分库运送时，包装箱（袋）及铅封应保持完整无损；同车（船）运输两种以上爆破器材时，应遵守安全规程的规定；在特殊情况下，经爆破工作领导人批准，起爆器材与炸药可以同车（船）装运，但数量不应超过：炸药1000kg，雷管1000发，导爆索2000m，导火索2000m。雷管应装在专用的保险箱里，箱子内壁应衬有软垫，箱子应紧固于运输工具的前部。炸药箱（袋）不应放在装雷管的保险箱上。

待运雷管箱未装满雷管时，其空隙部分应用不产生静电的柔软材料塞满。

装卸和运输爆破器材时，不应携带烟火和发火物品。

（4）车（船）运输爆破器材时，应用帆布覆盖，按指定路线行驶，并设明显的标志；押运人员应熟悉所运爆破器材性能，非押运人员不应乘坐。

气温低于10℃时运输易冻的硝酸甘油炸药和气温低于-15℃时运输难冻的硝酸甘油炸药时，应采取防冻措施；运输硝酸甘油类炸药或雷管等感度高的爆破器材时，车厢和船舱底部应铺软垫。中途停留时，应有专人看管，不准吸烟、用火，开车（船）前应检查码放和捆绑有无异常；不准在人员聚集的地点、交叉路口、桥梁上（下）及火源附近停留。

车（船）完成运输后应打扫干净，清出的药粉、药渣应运至指定地点，定期进行销毁。

6.4.2.2　火车运输

使用火车运输爆破器材时，装有爆破器材的车厢不应溜放，应与其他线路隔开，专线停放，通往该线路的转辙器应锁住，车辆应楔牢，其前后50m处应设危险标志；装有爆破器材的车厢与机车之间，炸药车厢与起爆器材车厢之间，应用1节以上未装有爆破器材的车厢隔开；机车体停放位置与最近的爆破器材库房的距离，不应小于50m。

车辆运行的速度，在矿区内不应超过30km/h、厂区内不超过15km/h、库区内不超过10km/h。

6.4.2.3   水路运输

采用水路运输爆破器材时，不应用筏类工具运输爆破器材；船上应有足够的消防器材；船头和船尾设危险标志，夜间及雾天设红色安全灯；遇浓雾及大风浪应停航；停泊地点距岸上建筑物不小于250m。

运输爆破器材的机动船，装爆破器材的船舱不应有电源；底板和舱壁应无缝隙，舱口应关严；与机舱相邻的船舱隔墙，应采取隔热措施；对邻近的蒸汽管路进行可靠的隔热。

6.4.2.4   汽车运输

用汽车运输爆破器材时，应由熟悉爆破器材性能、具有安全驾驶经验的司机驾驶；车厢的黑色金属部分应用木板或胶皮衬垫，能见度良好时车速应符合所行驶道路规定的车速下限，天气不好时速度酌减；在平坦道路上行驶时，前后两部汽车距离不应小于50m，上山或下山不小于300m。车上应配备灭火器材，并按规定配挂明显的危险标志；在高速公路上运输爆破器材，应按国家的有关规定执行。

公路运输爆破器材途中避免停留住宿，禁止在居民点、行人稠密的闹市区、名胜古迹、风景游览区、重要建筑设施等附近停留。确需停留住宿必须报告住宿地公安机关。

6.4.2.5   飞机运输

用飞机运输爆破器材时，应严格遵守国际民航组织理事会批准和发布的《航空运输危险品安全运输的技术指令》及国家有关航空运输危险品的规定。

6.4.2.6   爆破器材的装卸

装卸爆破器材的地点要有明显的危险标志（信号），白天悬挂红旗和警戒标志，夜晚有足够的照明并悬挂红灯。根据装卸时间的长短，爆破器材的种类、数量和装卸地点的情况，确定警戒的位置和专门警卫人员的数量。禁止无关人员进入装卸场地，禁止携带发火物品进入装卸场地和严禁烟火。

爆破器材装入运输工具之前，要认真检查运输工具的完好状况，确认拟用的工具是否适合运输爆破器材，清扫运输工具内的杂物，清洗运输工具内的酸、碱和油脂痕迹。

装卸爆破器材时，要有专人在场监督装卸人员按规定装卸，轻拿轻放，严禁摩擦、撞击、抛掷爆破器材。不准站在下一层箱（袋）子上去装上一层，不得与其他货物混装。运输工具的装载量、装载高度、起重机的一次吊运量都必须按有关规定进行。

装卸爆破器材应尽可能在白天进行，雷雨或暴风雨（雪）天气，禁止装卸爆破器材。

6.4.2.7   爆破作业地点爆破器材的运输

在往爆破作业地点运输爆破器材时，运输人员应注意以下4点：

（1）在竖井、斜井运输爆破器材时，应事先通知卷扬司机和信号工；在上下班或人员集中的时间内，不应运输爆破器材；除爆破人员和信号工外，其他人员不应与爆破器材同罐乘坐；用罐笼运输硝铵类炸药，装载高度不应超过车厢边缘；运输硝酸甘油类炸药或雷管，不应超过两层，层间应铺软垫；用罐笼运输硝酸甘油类炸药或雷管时，升降速度不应超过2m/s；用吊桶或斜坡卷扬运输爆破器材时，速度不应超过1m/s；运输电雷管时应采用绝缘措施；爆破器材不应在井口房或井底车场停留。

（2）用矿用机车运输爆破器材时，列车前后设"危险"标志；采用封闭型的专用车厢，车内应铺软垫，运行速度不超过2m/s；在装爆破器材的车厢与机车之间，以及装炸药的车厢与装起爆器材的车厢之间，应用空车厢隔开；运输电雷管时，应采取可靠的绝缘措施；用架线式电力机车运输，在装卸爆破器材时，机车应断电。

（3）在斜坡道上用汽车运输爆破器材时，汽车行驶速度不超过 10km/h；不应在上、下班或人员集中时运输；车头、车尾应分别安装特制的蓄电池红灯作为危险的标志；应在道路中间行驶，会车让车时应靠边停车。

（4）不应一人同时携带雷管和炸药；雷管和炸药应分别放在专用背包（木箱）内，不应放在衣袋内；领到爆破器材后，应直接送到爆破地点，不应乱丢乱放；不应提前班次领取爆破器材，不应携带爆破器材在人群聚集的地方停留；一人一次运送的爆破器材数量不超过：雷管 5000 发；拆箱（袋）运搬炸药 20kg；背运原包装炸药 1 箱（袋）；拟运原包装炸药 2 箱（袋）。

用手推车运输爆破器材时，载重量不应超过 300kg，运输过程中应采取防滑、防摩擦和防止产生火花等安全措施。

6.4.3 爆破器材的检验与销毁

6.4.3.1 检验的主要内容与方法

按照《爆破安全规程》的规定，在实施爆破作业前，现场负责人员应对所使用的爆破器材进行外观检查，对电雷管进行电阻值测定，对使用的仪表、电线、电源进行必要的性能检测。对 A 级、B 级岩土爆破工程和 A 级拆除爆破工程中爆破器材检测的项目有：炸药的爆速、爆破漏斗试验和殉爆距离测定；延时电雷管的延时时间；导爆索的爆速和起爆能力；导爆管传爆速度，延时导爆管雷管的延时时间等。

各类爆破器材的检验项目，应参见产品的技术条件和性能标准；检验方法应严格按照相应的国家标准或部颁标准；爆破器材的爆炸性能的检测，应在安全的地方进行。

A 炸药的抽样检验

炸药爆炸性能的抽样检验主要包括炸药的爆速、猛度、殉爆距离或爆轰感度及做功能力的检验（前已述之）。

炸药物理化学安定性的检验：

（1）不含水硝铵炸药的水含量的测定。烘箱干燥法。这种方法适用于不含挥发性油类的硝铵炸药水含量的测定。

水分测定器法。这种方法适用于含有挥发性油类的硝铵炸药的水分测定。以上方法均做两次，取平均值，测定误差不得超过 0.01%。一般爆破作业中不含水硝铵炸药的最高允许含水率为：井下使用炸药，0.5%；露天使用炸药，1.5%。

（2）中包浸入试验。每班至少从包装箱中取出 5 个中包做浸入试验。室温浸入水下 5cm，时间 10min，取出擦干外面水珠，打开中包检查，最里面的中包层不漏水，合格率达 80% 以上。

（3）药卷外观检验。用规定的上、下限样圈检查 10 个药卷，直径的误差 ±1mm。

（4）药卷密度测定。测出药卷的直径和长度（从药卷一端凹陷处到另一端凹陷处）及药卷药量，即可计算出药卷的装药密度。

（5）硝酸甘油炸药的渗油检验。若炸药箱和药包内外都无液体油迹时，即认为无渗油现象。若打开包装纸，在药包纸内部接触处的油线宽度大于 6mm 或在药包纸内外发现有液体油斑时，即证明有渗油现象。此时可用玻璃棒取一滴油珠放入有水试管中，若油珠下沉则说明渗油严重，该批炸药应按规程及时处理。

（6）硝酸甘油炸药的化学安定性检验。硝酸甘油热分解时，放出二氧化氮。用碘化钾试纸检验时，如果有二氧化氮析出，则碘化钾与二氧化氮反应，产生碘，在试纸上有染色反应。

B 起爆器材的抽样检验

（1）导火索的检验：

1）外观检查。导火索表面应均匀，断线不应超过两根。无折伤、变形、霉斑、油污，切断处无散头。

2）燃速和燃烧时间检验。在每盘导火索两端距离索头 5cm 以外取 1m 长导火索 10 根，分别点燃其一端，用秒表计时，准确到 0.1s，并观察其燃烧情况。普通型每根燃烧时间为 100~125s，缓燃型每根燃烧时间为 180~215s。在燃烧过程中不得有断火、透火、外壳燃烧及爆声。

3）喷火强度检验。切取 100mm 长的导火索 20 段，内径 6.0~7.0mm、长 150~200mm 内壁干净的玻璃管若干根，把两段导火索从玻璃管两头插入，间隔 40mm，点燃其中 1 根，当它燃烧终了时，能将另一根点燃合格为止，共试验 10 次。

4）耐水试验。将导火索试样两端用防潮剂浸封 50mm，盘成小盘浸入 1m 深常温（20±5℃）静水中 4h，然后取出擦干表面水分，剪去两头防潮部分，其余按规定长度做燃速试验，达到标准者为合格。

（2）导爆索的检验：

1）外观检查。外观应无严重折伤，外层线不得同时折断两根，断线长度不超过 7m，无油渍、污垢，索头有防潮帽。

2）起爆性能试验。具体方法是：将 200g 梯恩梯压成 100mm×50mm×25mm 的药块，端面有小孔，将 2m 受试导爆索一头插入药块小孔内，再在药块上绕 3 圈，用线绳扎紧，使索与药面平贴，如图 6-1 所示。用雷管起爆导爆管另一端，整个药块全爆轰为合格。

3）传爆性能的检验。具体方法是：取 8m 长的导爆索，切 1m 长 5 段，3m 长 1 段，按图 6-2 所示的方法连接。用 8 号雷管起爆后，各段导爆索完全爆轰为合格，平行做两次。导爆索爆速的测定方法可参照炸药爆速的测定方法。

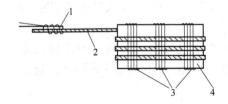

图 6-1 导爆索起爆性能检验
1—雷管；2—导爆索；3—绑线；
4—梯恩梯炸药（200g）

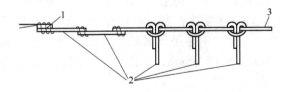

图 6-2 导爆索传爆性能检验
1—8 号雷管；2—1m 长导爆索；3—3m 长导爆索

4）耐水性检验。具体方法是棉线导爆索取 5.5m 长导爆索，将索头密封，卷成小捆放入水深 1m，10~25℃静水中，浸泡 4h。取出后擦去表面水迹并切去索头，然后切成 1m

长5段，按图6-3方法连接，8号雷管起爆，完全爆轰为合格。

塑料导爆索取5.5m长导爆索，将索头密封后放入10～25℃静水中，加压至50kPa，浸泡5h。取出后擦去表面水迹并切去索头，然后切成1m长5段，按图6-3方法连接，8号雷管起爆，完全爆轰为合格。

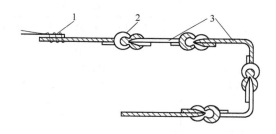

图6-3　导爆索耐水性能检验的连接方法
1—8号雷管；2—水手结；3—导爆索

（3）雷管的检验：

1）外观检验。管壳是否有裂隙、变形、锈斑、污垢、浮药、砂眼，脚线是否折断等。

2）铅板穿孔试验。试验装置如图6-4所示，试验用铅板直径不小于45mm（或正方形边长不小于45mm），厚度为5mm（对8号雷管）或4mm（对6号雷管）。试验时将雷管垂直立在铅板中心，铅板放在直径不小于40mm，高度不小于50mm的钢圈上并固定好，雷管起爆后，铅板被炸穿的孔径大于雷管外径，雷管的起爆能力判为合格。

3）电阻值检验。外表检验合格后，抽样使用专用电桥逐个测雷管的电阻值，符合产品说明书规定的误差范围内的值视为合格。

4）最大安全电流。恒定直流电为0.20A，普通电雷管为5min不爆炸。

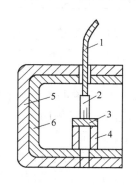

图6-4　雷管铅板穿孔试验
1—导火索；2—雷管；3—铅板；
4—钢圈；5—防爆箱；6—铅衬

5）单发发火电流。对普通电雷管通以恒定直流电，其发火电流的上限不应大于0.45A。

6）串联起爆电流。20发普通电雷管串联，通1.2A恒定直流电应全爆。

7）延期时间。用DT-1型时间间隔测量仪、DT-1型电雷管特性测量仪、BQ-1型综合参数测试仪、爆速仪、毫秒雷管计时仪等抽样检验延迟时间，符合说明书提供的误差范围者视为合格。

6.4.3.2　爆破器材的销毁

爆破器材由于管理不当、储存条件不好或储存时间过长等原因而导致爆破器材性能经检验不合格或失效变质时，见表6-8，必须及时予以销毁。在处理盲炮后，也应将残余的爆破器材收集起来，及时销毁。爆破器材的销毁工作是与生产和使用密切相关的一个重要环节。为使销毁工作安全顺利进行，必须妥善选择场地，选择正确的销毁方法，严格遵守爆破器材销毁的安全技术规程。

A　一般规定

销毁爆破器材有以下5点规定：

（1）经过检验，确认失效及不符合技术条件要求或国家标准的爆破器材，都应销毁或再加工。

乡镇管辖的小型采矿场、采石场或小型爆破企业，对不合格的爆破器材，不应自行销毁或自行加工利用，应退回原发放单位按相关规定进行销毁或再加工。

表6-8　常用爆破器材常见变质现象及储存原因

名　称	变质失效现象	储存方面的原因
火雷管	出现穿孔小，半爆甚至拒爆，加强帽松动	严重受潮，管体膨胀
电雷管	出现穿孔小 全电阻普遍增大，串联不串爆 出现大量拒爆，雷管不导通 封口塞脱落 延期秒量普遍不准	严重受潮 桥丝和脚线锈蚀 受潮，储存期过长，桥丝锈断 管体受潮膨胀 雷管受潮、储存期过长
导火索	外观有严重折损、变形、发霉、油污 不易着火，燃速不准	保管不善 严重受潮或受潮后自行干燥
导爆索	外观有严重折损、变形、发霉、油污 爆轰中断，爆速降低	保管不善 严重受潮或曾经在高温下存放过
导爆管	管壁折损、破洞 爆速或起爆感度降低	保管不善 严重受潮或超过储存期
非含水硝铵炸药	严重硬化 药卷变软滴水	吸潮、库房温度变化大 严重吸潮
硝酸甘油炸药	渗油 严重老化	储存温度高、时间长 储存时间长
水胶炸药	凝胶变成糊状或出水	保管不善，或超过储存期
乳化炸药	有硬块或成分分离、破乳发生	通风不良、超过储存期等

（2）不能继续使用的剩余包装材料（箱、袋、盒和纸张），经过仔细检查，确认没有雷管和残药时，可用焚烧法销毁；包装过硝酸甘油类炸药有渗油痕迹的药箱（袋、盒），应予以销毁。

（3）销毁爆破器材时，必须登记造册并编写书面报告；报告中应说明被销毁的爆破器材的名称、数量、销毁原因、销毁方法、销毁时间和地点，报上级主管部门批准。爆破器材的销毁工作应根据单位总工程师或爆破工作领导人的书面批示进行。

（4）销毁爆破器材，不应在夜间、雨天、雾天和3级风以上的天气里进行；销毁工作不应单人进行，操作人员应是专职人员并经过专门技术培训；不应在阳光下暴晒爆破器材。

（5）销毁爆破器材后应有两名以上销毁人员签名，并建立台账及档案；应对销毁现场进行仔细检查，如果发现有残存爆破器材，应收集起来，进行销毁。爆破器材的销毁场地应选在安全偏僻地带，距周围建筑物不应小于200m，距铁路、公路不应小于50m。

　　B　销毁方法

销毁爆破器材，可采用爆炸法、焚烧法、溶解法和化学分解法。不同销毁方法的适用范围，如表6-9所示。

表6-9　爆破器材不同销毁方法的适用范围

销毁方法	适用范围	销毁方法	适用范围
爆炸法	能完全爆炸的爆破器材	溶解法	能溶解于水或其他溶剂而使其失去爆炸性能的爆破器材
焚烧法	没有爆炸性或已失去爆炸性，燃烧时不会爆轰的爆破器材	化学分解法	能为化学药品分解而失去爆炸性能的爆破器材

a　爆炸法

（1）用爆炸法或焚烧法销毁爆破器材，必须清除销毁场所周围半径50m范围内的易燃物、杂草和碎石；应有坚固的掩蔽体。掩蔽体至爆破器材销毁场所的距离，由设计确定。在没有人工或自然掩蔽体的情况下，起爆前或点燃后，参加爆破器材销毁的人员应远离危险区，此距离由设计确定；如果把拟全部销毁的爆破器材一次运到销毁地点，而又分批进行销毁，则应将待销毁的爆破器材放置在销毁场所上风向的掩蔽体后面；引爆或点火前应发出声响警告信号；在野外销毁时还应在销毁场地四周安排警戒人员，控制所有可能进入的通道，不准非操作人员和车辆进入。

（2）用爆炸法销毁爆破器材时应按销毁设计书进行，设计书由单位主要负责人批准并报当地公安机关备案；只有确认雷管、导爆索、继爆管、起爆药柱、射孔弹、爆破筒和炸药能完全爆炸时，才能允许用爆炸法进行销毁。用爆炸法销毁爆破器材应分段爆破，单响销毁量不得超过20kg，并应避免彼此间发生殉爆；应采用电雷管、导爆索或导爆管起爆，在特殊情况下，可以用火雷管起爆。

（3）导火索必须有足够的长度，以确保全部从事销毁工作的人员能撤到安全地点，并将其拉直，覆盖砂土，以避免卷曲。雷管和继爆管应包装好后埋入土中销毁；销毁爆破筒、射孔弹、起爆药柱和爆炸危险的废弹壳，只准在2m深以上的坑或废巷道内进行并应在其上覆盖一层松土；销毁爆破器材的起爆药包应用合格的爆破器材制作；销毁传爆性能不好的炸药，可以增加起爆能的方法起爆。

b　焚烧法

（1）燃烧不会引起爆炸的爆破器材，可用焚烧法进行销毁。焚烧前，必须仔细检查，严防其中混有雷管和其他起爆材料。不同品种的爆破器材不应一起焚烧；应将待焚烧的爆破器材放在燃料堆上，每个燃料堆允许销毁的爆破器材不应超过10kg；药卷在燃料堆上应排列成行，互不接触。

（2）不应使用焚烧法销毁雷管、继爆管、起爆药柱、射孔弹和爆破筒。待焚烧的有烟或无烟火药，不应成箱成堆进行焚烧，应散放成长条状，其厚度不得小于10cm，条间距离不得小于5m，各条宽度不得大于30cm，同时点燃的条数不得多于3条。焚烧火药，应严防静电、电击引起火药燃烧。不应将爆破器材装在容器里燃烧。

（3）点火前，应从下风向敷设点火索和引爆物，只有在一切准备工作做完和全体工作人员撤至安全区后，才能点火。燃料堆应具有足够的燃料，在焚烧过程中不准添加燃料。

（4）只有确认燃料堆已完全熄灭，才准走进焚烧场进行检查；发现未完全燃烧的爆破器材，应从中取出，另行焚烧。焚烧场地完全冷却后，才准开始焚烧下一批爆破器材。焚烧场地可用水冷却或用土掩埋，在确认不能再燃烧时，才允许撤离场地。

c　溶解法

不抗水的硝铵类炸药和黑火药可用溶解法销毁。在容器中溶解销毁爆破器材时，对不溶解的残渣应收集在一起，再用焚烧法或爆炸法销毁。不应直接将爆破器材丢入河塘江湖及下水道中溶解销毁，以防造成污染。

d　化学分解法

化学分解法适于处理数量较少，并能为化学药品所分解，而能消除爆破器材（起爆药和炸药）的爆炸性能。该方法的特点是费时少，操作比较安全。

但是注意必须根据所销毁炸药的性质，选择适合的销毁液。如雷汞禁用硫酸，与硫酸作用会发生爆炸；叠氮化铅禁用浓硝酸和浓硫酸处理。必须控制反应速度。销毁浓度愈大，分解反应速度愈快，放热效应则愈大，就容易转化为爆炸反应。必须少量地向销毁液中投入废药或含药废液，并且一面投入一面搅拌，以防反应过热。

7 矿石回采与安全管理

7.1 安全回采矿石

7.1.1 地下采矿生产的安全常识

（1）矿山企业应设置安全生产管理机构或配备专职安全生产管理人员。专职安全生产管理人员，应由不低于中等专业学校毕业（或具有同等学力）、具有必要的安全生产专业知识和安全生产工作经验、从事矿山专业工作 5 年以上并能适应现场工作环境的人员担任。

（2）矿山企业应对职工进行安全生产教育和培训，保证其具备必要的安全生产知识，熟悉有关的安全生产规章制度和安全操作规程，掌握本岗位的安全操作技能。

未经安全生产教育和培训合格的，不应上岗作业。矿长应具备安全专业知识，具有领导安全生产和处理矿山事故的能力，并经依法培训合格，取得安全任职资格证书。所有生产作业人员，每年至少接受 20h 的在职安全教育。新进地下矿山的作业人员，应接受不少于 72h 的安全教育，经考试合格后，由老工人带领工作至少 4 个月，熟悉本工种操作技术并经考核合格，方可独立工作。

参加劳动、参观、实习人员，入矿前应进行安全教育，并有专人带领。

特种作业人员，应按照国家有关规定，经专门的安全作业培训，取得特种作业操作资格证书，方可上岗作业。

（3）除因事故或突发事件导致滞留时间延长，作业人员为负责人、水泵工、信号工或紧急维修人员。否则，连续 24h 内，任何作业人员均不应在井下滞留或被强制滞留 8h 以上（包括上、下井时间）。

（4）任何人不应酒后进入矿山作业场所；受酒精或麻醉剂影响的人员不应从事露天或井下作业。不应将酒类饮料和麻醉剂带入作业场所（医疗用麻醉剂除外）。

（5）矿山企业应建立、健全每个作业人员和其他下井人员出入矿井的登记和检查制度。进入矿山作业场所的人员，应按规定佩戴防护用品。入井人员还应携带照明灯具。

（6）矿山企业的要害岗位、重要设备和设施及危险区域，应根据其可能出现的事故模式，设置相应的、符合 GB14161 要求的安全警示标志。作业场所有坠入危险的钻孔、井巷、溶洞、陷坑、泥浆池和水仓等，均应加盖或设栅栏，并设置明显的标志和照明。行人和车辆通行的沟、坑、池的盖板，应固定可靠，并满足承载要求。

（7）地下矿山，应保存下列图纸，并根据实际情况的变化及时更新：

矿区地形地质和水文地质图；井上、井下对照图；中段平面图；通风系统图；提升运输系统图；风、水管网系统图；充填系统图；井下通讯系统图；井上、井下配电系统图和井下电气设备布置图；井下避灾路线图。

图中应正确标记：已掘进巷道和计划（年度）掘进巷道的位置、名称、规格、数量；采空区（包括已充填采空区）、废弃井巷和计划（年度）开采的采场（矿块）的位置、数量；矿石运输线路；主要安全、通风、防尘、防火、防水、排水等设备和设施的位置；风流方向，人员安全撤离的路线和安全出口；采空区及废弃井巷的处理进度、方式、数量及地表塌陷区的位置。

（8）矿山企业应对安全设备、设施和器材进行经常性维护、保养，并定期检测，保证正常运转。维护、保养、检测应做好记录，并由有关人员签字。矿山企业应对重大危险源登记建档，进行定期检测、评估、监控，制订应急预案，并根据实际情况对预案及时进行修改。矿山企业应使每个职工熟悉应急预案，并且每年至少组织一次矿山救灾演习。

（9）矿山企业的地面建筑物、构筑物应符合国家建设标准，各种设施的规格、安全防护应符合矿山安全生产规程，从事相应工作的人员应遵守安全生产规程。

（10）从事井下工作的人员应该熟悉井下各种信号指示意义，熟悉各种标志的含义。遵守乘坐罐笼、上下罐笼的规定，遵守乘坐人车的规定，遵守井下行走、上下天井的规定。

等候罐笼时，要站在 5m 安全警戒线以外，严禁打闹、追逐、嬉戏，上下罐笼精神要集中，严禁从罐笼内穿行，携带物品要符合安全规程的规定，物品及身体的任何部分不要超出罐笼边缘，手要扶好、脚要站稳，面向外。

乘坐人车时要听从指挥，不要将身体及物品伸出车厢外，挂好拉链、精神放松，严禁喧哗、严禁吸烟，上下人的车注意安全，手要扶好、脚要站稳、避免滑倒，精神集中、注意周围管线。

井下行走，避免与架线、闸门碰撞，遇到运输矿车要停止前进，靠边等候，严禁穿越串车、钢丝绳，避免在两轨之间停留，时刻注意顶板安全，上下天井注意联系，发出信号。

（11）从事井下工作的人员应该爱护井下设备、设施，不乱摸乱动与自己工作无关设备、设施、管网、电线电缆、标识牌。

（12）从事井下工作的人员应该熟悉井下环境，了解自己所处位置，熟悉井巷出口、避灾路线。

（13）不得安排女职工、未成年工（16～18 周岁）从事井下劳动。

7.1.2 矿块回采一般安全常识

（1）每个采区（盘区、矿块），均应有两个便于行人的安全出口。

（2）溜矿井不应放空。不合格的大块矿石、废旧钢材、木材和钢丝绳等杂物，不应放入井内，以防堵塞。溜井口不准有水流入；人员不应直接站在溜井、漏斗的矿石上或进入溜井与漏斗内处理堵塞。

（3）采场放矿作业出现悬拱或立槽时，人员不应进入悬拱、立槽下方危险区进行处理。

（4）围岩松软不稳固的回采工作面、采准和切割巷道，应采取支护措施；因爆破或其他原因而受破坏的支护，应及时修复，确认安全后方准作业。

（5）回采作业，应事先处理顶板和两帮的浮石，确认安全方准进行。不应在同一采场同时凿岩和处理浮石。作业中发现冒顶预兆应停止作业进行处理；发现大面积冒顶危险征兆，应立即通知作业人员撤离现场，并及时上报。

（6）在井下处理浮石时，应停止其他妨碍处理浮石的作业。应建立顶板分级管理制度。对顶板不稳固的采场，应有监控手段和处理措施。

（7）工程地质复杂、有严重地压活动的矿山，应设立专门机构或专职人员负责地压管理，及时进行现场监测，做好预测、预报工作；发现大面积地压活动预兆，应立即停止作业，将人员撤至安全地点；地表塌陷区应设明显标志和栅栏，通往塌陷区的井巷应封闭，人员不应进入塌陷区和采空区。

7.1.3 具体采矿方法安全要求

（1）采用全面采矿法、房柱采矿法采矿，回采过程中应认真；检查顶板，处理浮石，并根据顶板稳定情况，留出合适的矿柱。采用横撑支柱法采矿，横撑支护材料应有足够的强度，一端应紧紧插入底板柱窝；搭好平台方准进行凿岩；人员不应在横撑上行走；采幅宽度应不超过3m。

（2）采用分段矿房法采矿，除作为回采、运输、充填和通风的巷道外，不得在采场矿柱内开掘其他巷道；上下中段的矿房和矿柱宜相对应，规格也宜相同。

（3）采用浅孔留矿法采矿，开采第一分层之前，应将下部漏斗和喇叭口扩完，并充满矿石；每个漏斗应均匀放矿，发现悬空应停止其上部作业，并经妥善处理，方准继续作业；放矿人员和采场内的人员应密切联系，在放矿影响范围内不应上下同时作业；每一回采分层的放矿量，应控制在保证凿岩工作面安全操作所需高度，作业高度不宜超过2m。

（4）采用壁式崩落法回采，悬顶、控顶、放顶距离应严格计算，制定安全放顶措施，严格按安全规程的要求操作，放顶前应进行全面检查，以确保出口畅通、照明良好和设备安全。

（5）采用有底柱分段崩落法和阶段崩落法回采，采场电耙道应有独立的进、回风道；电耙的耙运方向，应与风流方向相反；电耙道间的联络道，应设在入风侧，并在电耙绞车的侧翼或后方；电耙道放矿溜井口旁，应有宽度不小于0.8m的人行道；采用挤压爆破时，应对补偿空间和放矿量进行控制，以免造成悬拱。

拉底空间应形成厚度不小于3～4m的松散垫层；采场顶部应有厚度不小于崩落层高度的覆盖岩层，若采场顶板不能自行冒落，应及时强制崩落，或用充填料予以充填。

（6）采用无底柱分段崩落法回采，回采工作面的上方，应有大于分段高度的覆盖岩层，以保证回采工作的安全；若上盘不能自行冒落或冒落的岩石量达不到所规定的厚度，应及时进行强制放顶，使覆盖岩层厚度达到分段高度的2倍左右。

上下两个分段同时回采时，上分段应超前于下分段，超前距离应使上分段位于下分段回采工作面的错动范围之外，且应不小于20m；分段联络道应有足够的新鲜风流；各分段回采完毕，应及时封闭本分段的溜井口。

（7）采用分层崩落法回采时，每个分层进路宽度应不超过3m，分层高度应不超过3.5m；上下分层同时回采时，应保持上分层（在水平方向上）超前相邻下分层15m以上；崩落假顶时，人员不应在相邻的进路内停留；制定安全放顶措施，严格按安全规程的要求操作，凿岩、装药、出矿等作业，应在支护区域内进行；采区采完后，应在天井口铺设加强假顶；采矿应从矿块一侧向天井方向进行，以免形成通风不良的独头工作面；当采掘接近天井时，分层沿脉（穿脉）应在分层内与另一天井相通；清理工作面，应从出口开始向崩落区进行。

（8）采用自然崩落法回采时，严格进行控制放矿；应使崩落面与崩落下的松散物料面之间的空间高度适当，防止产生空气冲击波伤害人员和破坏设施。

（9）采用充填法回采时，采场应有良好的照明；顺路行人井、溜矿井、泄水井（水砂充填用）和通风井，均应保持畅通。

采用上向分层充填法采矿，应预先进行充填井及其联络道施工，然后进行底部结构及拉底巷道施工，以便创造良好的通风条件；当采用脉内布置溜矿井和顺路行人井时，不应整个分层一次爆破落矿；每一分层回采完毕后应及时充填，上向充填法最后一个分层回采完毕后应严密接顶；下向充填法每一分层均应接顶密实；在非管道输送充填料的充填井下方，人员不得停留和通行；充填时，各工序之间应有通讯联络；顺路行人井、放矿井，应有可靠的防止充填料泄漏的背垫材料，以防堵塞及形成悬空；采场下部巷道及水沟堆积的充填料，应及时清理；充填料应无毒无害。

采用下向胶结充填法采矿，采场两帮底角的矿石应清理干净；用组合式钢筒作顺路天井（行人、滤水、放矿）时，钢筒组装作业前应在井口悬挂安全网；采用人工间柱上向分层充填法采矿，相邻采场应超前一定距离；矿柱回采应与矿房回采同时设计。

（10）采用电耙绞车出矿，应有良好照明；绞车前部应有防断绳回甩的防护设施；电耙运行时，耙道内或尾部不应有人；绞车开动前，司机应发出信号；电耙运行时，人员不应跨越钢丝绳；电耙停止运行时，应使钢丝绳处于松弛状态。

（11）采用无轨装运设备时，出矿巷道中运行的车辆遇到人员，应停车让人通过；运输巷道的底板应平整、无大块，巷道的坡度应小于设备的爬坡能力，弯道的曲线半径应符合设备的要求；不应用铲斗或站在铲斗内处理浮石，不得用铲斗破大块；人员不应从升举的铲斗下方通过或停留；溜矿井应设安全车挡；车厢装载不应过满，作业人员操作位置上方应设防护网或板；每台设备应配备灭火装置。

（12）回采矿柱时，回采顶柱和间柱，应预先检查运输巷道的稳定情况，必要时应采取加固措施；采用胶结充填采矿法时，应待胶结充填体达到要求强度，方可进行矿柱回采；回采未充填的相邻两个矿房的间柱时，不得在矿柱内开凿巷道；所有顶柱和间柱的回采准备工作，应在矿房回采结束前做好（嗣后胶结充填采空区除外）；除装药和爆破工作人员外，无关人员不得进入未充填的矿房顶柱内的巷道和矿柱回采区；大量崩落矿柱时，在爆破冲击波和地震波影响半径范围内的巷道、设备及设施，均应采取安全措施；未达到预期崩落效果的，应进行补充崩落设计。

7.1.4　矿山顶板事故预防

7.1.4.1　冒顶片帮事故的原因

在采矿生产活动中，最常发生的事故是冒顶片帮事故。冒顶片帮是由于岩石不够稳定，当强大的地压传递到顶板或两帮时，使岩石遭受破坏而引起的。随着掘进工作面和回采工作面的向前推进，工作面空顶面积逐渐增大，顶板和周帮矿岩会由于应力的重新分布而发生某种变形，以致在某些部位出现裂缝，同时岩层的节理也在压力作用下逐渐扩大。

在此情况下，顶板岩石的完整性就破坏了。由于顶板岩石完整性破坏，便出现了顶板的下沉弯曲，裂缝逐渐扩大，如果生产技术和组织管理不当，就可能形成顶板岩矿的冒落。这种冒落就是常说的冒顶事故，如果冒落的部位处在巷道的两帮就叫做片帮。

冒顶片帮事故，大多数为局部冒落及浮石引起的，而大片冒落及片帮事故相对较少，因此，对局部冒落及浮石的预防，必须给予足够的重视。引发冒顶片帮事故的原因有以下几方面。

A 采矿方法不合理和顶板管理不善

采矿方法不合理，采掘顺序、凿岩爆破、支架放顶等作业不妥当，是导致此类事故的重要原因。例如，某矿矿体顶板岩石松软、节理发达断层裂隙较多，采用了水平分层充填采矿法，加上采掘管理不当，结果使顶板暴露面积过大，致使冒顶事故经常发生；后来改变了采矿方法，加强了顶板管理，冒顶事故就有了显著的减少。

B 缺乏有效支护

支护方式不当、不及时支护或缺少支架、支架的支撑力和顶板压力不相适应等是造成此类事故的另一重要原因。例如，某矿采场顶板与底盘的走向断层相交形成了三角岩构造，对此本应选用木垛与支柱的联合支护方案，但只打了40多根立柱，结果顶板来压后，立柱大部分被压坏，发生了冒顶事故。

一般在井巷掘进中，遇有岩石情况变坏，有断层破碎带时，如不及时加以支护，或支架数量不足，均易引起冒顶片帮事故。

C 检查不周和疏忽大意

在冒顶事故中，大部分属于局部冒落及浮石砸死或砸伤人员的事故。这些都是事先缺乏认真、全面的检查，疏忽大意等原因造成的。

冒顶事故一般多发生于爆破后1~2h这段时间里。这是由于顶板受到爆炸波的冲击和震动而产生新的裂缝，或者使原有断层和裂缝增大破坏了顶板的稳固。这段时间往往又正好是工人们在顶板下作业的时间。

D 浮石处理操作不当

浮石处理操作不当引起冒顶事故，大多数是因处理前对顶板缺乏全面、细致的检查，没有掌握浮石情况而造成的，如撬前落后、撬左落右、撬小落大等。此外还有处理浮石时站立的位置不当、撬毛工的操作技术不熟练等原因。有的矿山曾发生过落下浮石砸死撬毛工的事故，其主要原因就是撬毛工缺乏操作知识，垂直站在浮石下面操作。

E 地质矿床等自然条件不好

如果矿岩为断层、稻曲等地质构造所破坏形成。压碎带，或者由于节理、层理发达、裂缝多，再加上裂隙水的作用，破坏了顶板的稳定性，改变了工作面正常压力状况，因而容易发生冒顶片帮事故。对于回采工作面的地质构造不清楚，顶板的性质不清楚（有的有伪顶，有的无伪顶，还有的无直接顶只有老顶），容易造成冒顶事故。

F 地压活动

有些矿山没有随着开采深度的不断加深而对采空区及时进行处理，因而受到地压活动的危害，频繁引发冒顶事故。

G 其他原因

不遵守操作规程进行操作，精神不集中，思想麻痹大意，发现险情不及时处理。工作面作业循环不正规，推进速度慢，爆破崩倒支架等，都容易引起冒顶片帮事故。

7.1.4.2　冒顶前的预兆

大多数情况下，在冒顶之前，由于压力的增大，顶板岩石开始下沉，使支架开始发出断裂声，而后逐渐折断。与此同时，还能听到顶板岩石发出"啪、啪"的破裂声。随着顶板岩石进一步破碎，在冒落前几秒钟，就会发现顶板掉落小碎石块，涌水量也逐渐增大，而后便开始冒落。

顶板冒落之前，岩石在矿山压力作用下开始破坏的初期，其破碎的响声和频率都很低，常常在井下工作人员还没有听到之前，老鼠已有感应。所以在井下岩层大破坏或大冒落之前，有时会看到老鼠"搬家"，甚至可以看到老鼠到处乱窜。

在井下工作的人员，当听到或者看到上述冒顶预兆时，必须立即停止工作，马上从危险区撤到安全地点。必须注意的是，有些顶板本来节理发育裂缝就较多，有可能发生突然冒落，而且在冒落前没有任何预兆。

7.1.4.3　冒顶片帮事故的预防

要防止冒顶片帮事故的发生，必须严格遵守安全技术规程，从多方面采取综合预防措施，主要措施如下：

（1）选用合理的采矿方法。选择合理、安全的采选矿方法，制定具体的安全技术操作规程，建立正常的生产秩序和作业制度，是防止冒顶片帮事故的重要措施。

（2）坚持合理的开采顺序。井下采矿要自始至终坚持自上而下，即上一中段采完再采下一中段；自下盘而上盘，即垂直矿体布置采场时，要从下盘向上盘开始采；自一翼向另一翼，即后退式开采，从矿块边界向矿井中央方向后退的"三自"开采顺序。

金属矿山冒顶事故及空场大塌落事故的原因分析表明，不坚持开采顺序的合理性，片面追求产量、品位而超越中段先下后上，采富弃贫或先行掏中、下盘，挖墙脚，采保护矿柱等违序乱采往往是灾害的祸根。

集中一个中段、一个采场或一个分段的掘进、落矿和出矿工作，避免多中段、多采场分散作业。

集中作业，强化开采不仅可提高采场单位面积矿石产量，缩短生产周期，更主要的安全作用在于，在围岩不稳定的情况下，在大的地压来临之前，在一段相对稳定的时间内，把采准、落矿、出矿工作抢先完成，以躲过大的地压威胁，避免采场坍塌和冒顶事故的发生。

（3）搞好地质调查工作。对于工作面推进地带的地质构造要调查清楚，通过危险地带时要采取可靠的安全措施。

（4）加强工作面顶板的管理与支护和维护。为了防止掘进工作面的顶板冒落，永久支架与掘进工作面之间的距离，不得超过3m，如果顶板松软，这个距离还应缩短。在掘进工作面与永久支架之间，必须架设临时支架。

建立顶板分级管理制度。根据矿山顶板矿岩的软硬稳固程度、地质构造的破坏情况，采场跨度的大小及透水性等因素，将顶板分为三级进行管理。

具有下列情况之一者为一级顶板：

1）顶板岩石特别松软，层理节理发育，有较大的压碎带，呈破碎状态者。

2）有较大的断层和较多的中小断层，或岩层交错形成三角岩体者。

3）采场超过规定跨度，或开采最后一分层时。

4）顶板有较大的渗透水者。

一级顶板管理措施是：

1）要根据不同的地质条件，选用合理的采矿方法，尽量减少采矿作业人员暴露在大面积的顶板条件下作业。

2）采用合理的开采顺序，采取快掘、快采、快出的办法，缩短生产周期。

3）要采取长锚索、短锚杆、木支护及多种方法联合支护的方法维护顶板。

4）采用光面控制爆破方法落矿。

5）实行顶板三次检查制（班前、班中、班后），加强经常性的检查，及时处理顶板浮石，有人作业时要设专人监护。

符合二级顶板的情况是：顶板矿岩较松软，层理节理较发达，断层不多，顶板有时出现中小型三角岩体或有局部渗水者。

二级顶板管理措施是：

1）要根据不同的地质条件，选用合理的采矿方法，尽量减少采矿作业人员暴露在大面积的顶板条件下作业。

2）采用合理的开采顺序，采取快掘、快采、快出的办法，缩短生产周期。

3）采用光面控制爆破方法落矿。

4）采用锚杆支护。

5）实行顶板三次检查制（班前、班中、班后），加强经常性的敲帮问顶。

顶板矿岩较稳固、层理节理不发达，断层不明显，属于三级顶板。对三级顶板应采用光面控制爆破方法落矿，加强经常性的敲帮问顶工作。

必须加强工作面顶板的管理，对所有井巷均要定期检查，如发现有弯曲、歪斜、腐朽、折断、破裂的支架，必须及时进行更换或维修。要选择合理的支护方式，支架要有足够的强度。采用锚杆支护、喷射混凝土支护、锚喷联合支护等方法维护采场和巷道的顶板。支护要及时，不要在空顶下作业。

（5）及时处理采空区。矿山开采应处理好采矿与空区的关系，采用正确的开采顺序，及时充填、支护或崩落采空区。

正确选择支护形式。依据矿床赋存情况、矿岩稳定性、矿石的价值、回采方式等因素，采空区在回采期间的支撑手段可概括分为4种：

1）自然支撑。在留矿法中，由于围岩稳固或较为稳固，只要采场跨度、矿岩的暴露面积、时间控制在允许范围内，就能充分利用矿体本身的矿柱支撑力，达到管理地压的目的。自然支撑控制顶板的要点是合理确定矿房和矿柱的尺寸，保持矿柱和围岩的完整。

2）充填支撑。以废石、水砂等充填料充填支撑空区是充填采矿法管理地压的主要手段。实践表明，充填及时而足量可以有效控制围岩大面积冒顶塌方，并可提高矿柱的稳定性，还可减缓和控制岩层移动，防止冲击地压，减少冒顶片帮事故。

3）崩落围岩。崩落法管理顶板的实质是随着矿石被采出，有计划地崩落矿体顶盘的覆盖岩石或上下盘围岩，利用其膨胀率增加的碎石充填采空区。这种方法，中段不再划分为矿房与矿柱，而是沿矿体走向按合理顺序连续进行开采，使整个回采工作面始终在已崩落围岩的支撑掩护下进行，崩落的围岩随着矿石下移，边采边消除采空区。这种支撑控顶方法的关键在于保护好采场底部结构，搞好电耙道的维护。

4）控制爆破。在采场落矿过程中采用光面控制爆破技术，爆破后较好地保证了采场顶板的完整，浮石大量减少。对于矿岩较破碎的采场，积极推广应用锚杆支护、长锚索和金属网支护、喷射混凝土等联合支护技术。这些措施增强顶板抗冒落的能力，大大减少了冒顶片帮事故的发生。

（6）坚持正规循环作业。要坚持正规循环作业，加快工作进度，减少顶板悬露时间。

（7）加强对顶板和浮石的检查与处理。浮石是采场和掘进工作面爆破后极为常见的现象，要严格检查和清理浮石，防止浮石掉落而造成伤亡事故。它是顶板事故中伤人最多、频率最高的常见的顶板伤亡事故。采矿场作业班长、段长、区长必须经常携带长把手锤等撬浮石工具，每班进行"敲帮问顶"。检查浮石时要有良好的照明，不准进行其他作业。浮石处理必须及时、细致，不能半途而废；一时撬不成的大块浮石，应用炸药崩落或架设临时支架。

可采用简易方法和仪器对顶板进行检查与观测。常用的简易方法有木楔法、标记法、听音判断法、震动法等。此外，还可采用顶板警报器、机械测力计、钢弦测压仪、地音仪等仪器观测顶板及地压活动。

7.1.4.4　顶板事故检测方法

A　声测法

利用声学原理来判断岩石的完整性和破坏程度的方法，其中有：

（1）声撞击法。即常用的"敲帮问顶"法，工人利用手锤或撬棍敲击岩石，以判断岩体的完整性。它所根据的原理是岩石受到外来撞击时，由于振动而发声。脱离母体的松石，其振动频率较低，发出的声音比较沙哑、低沉；整体岩石则发出清脆响亮的声音，由此可检查发现浮石。

（2）声发射法。岩体内部发生破坏时，同时会发出声响，通常称为"地音"。注意监听所发出的声响，可以了解地压情况。

监听有以下两种方法：

1）人工听声。响声由疏到密，频率逐渐增加并夹杂零星掉渣，这是大规模地压显现的前奏期；响声频度剧增，且由清脆炮声至1闷雷声，掉渣频繁，这是剧烈的大规模地压显现即将发生的高潮期；响声由密到疏，逐渐减小，这是地压活动逐渐稳定的尾声。

2）地音仪监听。由主放大器、探头和耳机组成。这是人工听声的仪器化，它的灵敏度高，能听到用耳朵听不到的声音。利用地音仪还可判断岩层破坏的发展趋势和波及范围，预报岩体崩落的可能性和时间，以便及时采取预防措施。

B　裂缝调查法

裂缝调查法，这是我国金属矿山当前对地压显现进行现场观察的一种主要方法。岩体发生破坏时，必然在其中产生一些裂隙，观察这些裂隙的变化情况，便可圈定大规模地压显现的范围及判断地压发展的趋势。

C　观察围岩的相对移动

简易的测量仪器有滑尺、滑尺移动量警报器等。常用的有多点位移计。多点位移计用于测量巷道及采场岩体内部的位移量。把它埋在钻孔中，根据测量结果可以定期地了解围岩内部不同深度的位移量、位移速率、位移范围及其随时间的变化。多点位移计有杆式、弦式和可分离式3种。

D 微震检测仪

根据声发射同时产生微震的原理，采集监测微震频度，测定发生微震的位置，以预报岩体发生破坏的可能性与发生的时间，是一种较先进的监测岩体破坏的设备。

7.2 矿石回采安全工作

7.2.1 凿岩工作

7.2.1.1 凿岩前的准备工作

（1）开动局扇通风，清洗掌头或采场作业面岩帮，保持工作面空气良好。

（2）工作面安设良好照明。

（3）工作以前：必须做好安全确认，处理一切不安全因素，达到无隐患再作业。检查有无炮烟和浮石，做好通风，撬好顶帮浮石，防止炮烟中毒和浮石落下伤人。保证作业环境安全稳固。对现场作业环境的各种电器设施要首先进行安全确认，防止漏电伤人。

（4）在有立柱的采场作业时，要检查工作面的立柱、棚子、梯子和作业平台是否牢固，如有问题应先处理好。

（5）检查工作面有无盲炮残药，发现有盲炮残药必须及时进行处理。处理方法：

1）用水冲洗；

2）装起爆药包点火起爆；

3）距盲炮孔 0.3m 以上打平行孔起爆，严禁打盲炮孔、残药炮孔或掏出、拉出起爆药包。

（6）检查好凿岩机具、风绳、水绳等是否完好。

7.2.1.2 凿岩过程中安全工作

（1）经常注意工作面的变化情况，发现问题及时处理；遇有冒水或异常现象，立即退出现场并发出警戒信号。

（2）坚持湿式凿岩，严禁干式凿岩。不是风水联动的凿岩机，开机时应严格执行先给水后给风，停机时先停风后停水。

（3）为确保凿岩机良好运转，开机时要遵守"三把风"的操作程序，风门开启由小到大渐次进行，严禁一次开启到最大风门，以免凿岩机遭到损坏。

（4）凿岩时应做到"三勤"，耳勤听、眼勤看、手勤动。随时注意检查凿岩机运转、钻具和工作面情况，若发现异常应及时处理后再作业。要防止顶帮掉浮石、钎杆折断、风水绳脱机等伤人事故的发生。

（5）发生卡钎或凿岩机处于超负荷运转时，应立即减少气腿子推力和减小风量来处理，严禁用手扳、铁锤类工具猛敲钎杆。

（6）凿岩时操作工人应站在凿岩机侧面，不准全身压在或两腿跨架在气腿子上面。在倾角大于45°以上的采场作业，操作工不准站在凿岩机的正面；打下向孔时，不准全身压在凿岩机上，防止断钎伤人。正在运转的凿岩机下面，禁止来往过人、站人和做其他工作。

（7）打上向炮孔退钎子时，要降低凿岩机运转速度慢慢拔出钎子。如发现钎子将要脱离开凿岩机时，要立即手扶钎子以防其自然滑落伤人。

（8）严禁在同一工作面边凿岩边装药的混合作业法。

（9）上风水绳前要用风水吹一下再上，必须上牢，防止松扣伤人。

（10）开机前先开水后开风，停机时先闭风后闭水，开机时机前面禁止站人，禁止打干孔和打残孔。

（11）浅孔凿岩时应慢开孔，先开半风，然后慢慢增大，不得突然全开防断杆伤人。打水平孔两脚前后叉开，集中精力，随时注意观察机器和顶帮岩石的变化。天井打孔前，应检查工作台板是否牢固，如不符合安全要求时停机处理安全后再作业。

7.2.1.3　中深孔凿岩必须做到

（1）检查机器、架件、导轨等的螺丝是否坚固可靠。

（2）凿岩时禁止用手握丝杆等旋转部位、冲击部位及夹钎器。

（3）接杆、卸杆时，要注意把身体躲开落钎方向的位置，防止钎杆落下伤人等。

（4）进入作业现场，首先详细检查照明通风是否良好，帮顶是否有浮石，各类支护，安全防护设施是否齐全完好，处理好不良隐患，确认安全后方可作业。

（5）开机前检查设备顶柱是否牢靠，各风水管连接是否处于良好状态，各部件等是否牢固可靠，确认无误时，方可开机工作。

（6）开门时距机器两米内严禁站人，先小风开进，机器上方必须设有坚固完好的防护板，并保证先开水后开风，严禁干式开门。

（7）安装、拆卸钻杆时，一定两人操作，互相配合，上下杆时必须使用专用工具卡钳子，不得用其他任何非标准工具代替，上卸杆时，对位置后，必须停止一切操作，待卸杆人员将卡钳子卡住时，通知操作人员并退后两米时，操作人员方可开风转动卸杆。

（8）钻杆扭断处理时，作业人员必须避开孔下部，不得拆除防护板，并做好防护措施，严防杆坠落伤人。

（9）开、关风水时，严禁面对风水头，注油紧固螺钉及处理，清扫机器时，一定关闭风源。

（10）作业完毕一定要用小风流将冲击器马达中杂物吹出，关好风水，清扫污物，回收用过的磨具，有安全防护设施的一定要挂好，安牢，不得留下任何隐患。

（11）操作台必须处在安全朝上风头方向的位置，操作台距钻机不少于2m，开门时操作人员不得正视钻头。

（12）钻机周围不许有杂物影响操作，各种物品的摆放必须标准规范。

（13）台架在安装时一定要多人配合，垫板坚实，地面、顶板平整无浮石，立柱摆直一定要紧牢，大臂螺钉一定紧固牢靠。

（14）钻孔完成后，拆卸钻机时，一定要先拆风管，然后按着先小后大的方法，最后放倒支柱。

（15）钻机挪运安装之前，将作业现场及所行走的通道，清理平整，符合安全要求，挪动安装必须多人合作，抬放时口令一致。

（16）捆绑设备的绳索一定结实可靠，抬运用的木杠一定坚固抗压，并绑牢，捆好。

7.2.1.4　使用凿岩台车时必须做到

（1）操作凿岩台车人员，必须经过培训合格后，方可操作。

（2）操作前必须处理好浮石，检查台车上电气、机械、油泵等是否完整好使。

（3）凿岩前必须将台车固定牢固，防止移动伤人。

（4）检查好各输油管、风绳、水绳等及其连接处是否跑冒滴漏，如有问题须处理后开车。

（5）凿岩前应先空运转检查油压表、风压表及按钮是否灵活好使。

（6）凿岩台车必须配有足够的低压照明。

（7）大臂升降和左右移动，必须缓慢，在其下面和侧旁不准站人。

（8）打孔时要固定好开孔器。

（9）在作业过程中需要检查电气、机械、风动等部件时，必须停电、停风。

（10）凿岩结束后，收拾好工具，切断电源，把台车送到安全地点。

（11）台车在行走时，要注意巷道两帮，要缓慢行驶，以防触碰设备、人员等。

（12）禁止打残孔和带盲炮作业。

（13）禁止在换向器的齿轮尚未停止转动时强行挂挡。

（14）禁止非工作人员到台车周围活动和触摸操纵台车。

7.2.1.5 其他注意事项

（1）采用新型凿岩机作业时，要遵守新的凿岩机的操作规程。

（2）在高空或有坠落危险的地方作业时，必须系好安全带。

（3）打完孔后，应用吹风管吹干净每个炮孔，吹孔时要背过面部，防止水砂伤人。

（4）完成凿岩任务时，卸下水绳，开风吹净凿岩机内残水，以防机件生锈，然后卸下风绳。

（5）清理好所有的凿岩机具，搬到指定的安全地点，风水绳要各自盘把好，严禁凿岩机、风水绳与供风（水）管线连接在一起。

7.2.2 爆破工作

爆破工的岗位操作规程内容有爆破器材的领退、运输，爆破的准备工作、爆破警戒工作、装药工作、点火起爆工作等内容，全部安全操作要求参看6.2.3节。

7.2.3 平场撬毛工作

7.2.3.1 平场撬毛工作一般规定

（1）撬砟应选用有经验的老工人担任，不能少于两人。一人撬砟，一人照明、监护，必须熟悉和掌握岩石性质、构造及变化规律。

（2）撬砟时，应选好安全位置和躲避时的退路，不许在浮石下面作业，不得有障碍物，随时注意周围浮石的变化，以防落石伤人。

（3）撬砟时由安全出口或安全区域开始，用敲帮问顶方法检查，前进式方法处理浮石，边撬边前进。

（4）采场撬砟时，首先应把通往采场的安全出口浮石清理干净，然后对作业区域进行全面检查，撬净浮石后方准其他人员作业。

（5）凡撬不下来的浮石，应通知现场作业人员注意，根据浮石情况用爆破方法处理或打顶子支护处理。

（6）撬不下来的浮石，又无法用其他方法处理时，应设标记，通知附近作业人员和禁止人员在附近作业和通行。

（7）发现有大量冒顶预兆时，应立即退出现场，并报告有关部门，采取可靠措施后再作业。

（8）撬砟时，禁止人员从前通过。

（9）在人道井、溜井或附近顶帮处理浮石时，应采取可靠的安全措施。

（10）撬砟工作不许交给没有经验的人，要把本班情况向下班详细交代。

7.2.3.2　撬毛工作

（1）平场前先撬好顶帮浮石。撬浮石必须自上而下，从外往里，从安全到不安全地方，仔细检查岩石节理、层理、裂缝等情况及浮石大小，在保证自身安全和他人安全的条件下进行工作。

（2）撬浮石时必须有两人，撬毛人员不得站在下坡或较大坡面上，应站在上坡和有防滑措施的坡面上，并注意脱落浮石滚动伤人。撬不下来的浮石给上临时支柱或画上标志，并及时汇报。

（3）撬浮石必须用撬棍。采矿场上部撬浮石，其下部禁止放斗。

（4）发现在矿堆面上或炮孔里有残炸药和雷管时，在确认顶盘不能掉毛，可拾出放到安全地方或交给爆破工处理后，方可进行撬毛工作。

（5）撬完浮石后，方可进行平场工作，严禁撬毛与平场和凿岩工作同时进行。

7.2.3.3　平场工作

（1）采场平场时，必须上下联系好，保证矿堆面距工作面高度为1.8~2.0m。

（2）平完场后，必须保证采场人道畅通。

（3）平场时，如发现下边放斗，上面不下货时，即立即停止作业。处理时人员不准站在漏斗正中上面的货堆上，处理方法可用水冲和爆破法，处理人员必须系好安全带。

（4）平场时遇有0.3m×0.4m以上大块，可用人工破碎，破不碎时可采用爆破法破碎。

（5）采场倒矿（废）前要喷雾洒水洗刷距工作面15m以内的顶帮壁及"货"堆要浇透水，严禁干式作业。同时要处理好浮石。

7.2.3.4　放矿（放斗）工作

（1）放斗前应检查好漏斗和顶盘。放斗时人员必须站在漏斗口的侧面，不许正冲漏斗口。撬堵住漏斗口的大块时，严禁将撬棍的尾端正对身体，并注意撬棍触及电线。放漏斗时不准人员经过漏斗口。

（2）采场有人作业时，上下联系好后再放矿。留矿法采场上部有人作业时，在其相对应上部及其邻近的漏斗严禁放矿。

（3）留矿法采场放矿时，要按指令进行，不准私放和乱放漏斗。要控制好各漏斗的放矿量。

（4）用爆破法处理卡在漏斗里的大块时，必须用长木棍将炸药送到大块适当部位爆破，严禁钻入漏斗内和站在矿车上处理。

（5）推走矿车前要关好漏口。漏斗中的"渣"不准放空，至少要留下足够数量堵住漏斗嘴。

（6）处理漏斗堵塞和有积水的漏斗时，人员必须站在漏斗与外部相通的那一边，严防跑"货"将人堵在里边。

7.2.4 运搬工作

7.2.4.1 电耙运搬

A 电耙在回采工作中的应用

（1）有底部结构的采矿方法应用电耙底部结构。

（2）在房柱采矿法、全面采矿法、进路充填采矿法、壁式崩落法采场使用电耙运搬。

（3）在留矿法的变形方案中应用电耙运搬矿石。

（4）在削壁充填法、上向充填法采场内运搬矿石并铺平充填料。

B 电耙运搬工作

a 一般规定

（1）必须熟悉设备构造、性能和操作方法。

（2）工作前必须检查钢丝绳、滑轮、绞车、电机和电器开关，检查绞车固定情况及周围的安全情况、空载运行，检查绞车的运转情况。

（3）制动时用力均匀，避免冲击，严禁同时制动两个制动轮。

（4）耙斗工作时，如遇阻力过大或耙矿过多时，应使耙斗后退一定距离后再耙。

（5）耙斗工作时，进入耙道的道口应挂警戒信号（如红灯、挂牌），禁止人员入耙道，人员在耙道行走时，禁止开动电耙。

（6）绞车卷筒与操作台之间应设栏杆，防止断绳伤人。

（7）工作停止时应把电源切断，禁止用耙斗打大块。

（8）采场电耙绞车开动前，司机应发出信号，电耙钢绳运行时，禁止人员跨越。

b 电耙运搬准备工作

（1）开耙前必须对电耙子和滑轮的各个部位进行全面细致的检查，确认无问题后再进入岗位。

（2）检查电耙子周围是否处于安全状态，通风设备、照明装置是否好使，如有问题应立即处理。

（3）电耙道溜井上口靠电耙硐室侧要设置水幕降尘，严禁粉尘侵入危及电耙工。水幕失效后，不得进行耙矿作业。

（4）操作前应与有关人员取得联系，确认不会发生问题时，给上电源开关，启动电机进行耙矿；电耙运行时人员不准跨过钢绳和在耙道中行走。

C 电耙运搬操作技术

（1）操作时严禁两卷筒同时压闸，以免损坏电耙。

（2）耙矿时若阻力过大，将耙斗退回再耙，不准超负荷运行。

（3）耙矿时遇到大块，严禁用耙斗撞击破碎；用爆破法破碎大块时，应将钢丝绳安置在安全地点，并要执行爆破制度。

（4）耙矿时发现电耙异常，应立即停车，切断电源后方可修理。

（5）使用电耙道底部结构出矿的采场、采场内有人作业时，在其相应下部的漏斗禁止耙矿。

（6）作业完毕将电耙斗放到溜井上口附近，拉下开关切断电源，关闭水源，关闭水幕，并清扫好电耙子。

7.2.4.2 铲运机运搬工作

A 铲运机在回采工作中的应用

(1) 无底柱分段崩落法进路出矿。

(2) 进路充填采矿法进路出矿。

(3) 房柱法、全面法变形方案采场出矿。

(4) 采用铲运机出矿底部结构的采矿方法。

(5) 上向、下向充填法采场运搬。

B 铲运机运搬一般规定

(1) 必须熟悉铲运机的构造、性能及操作方法。

(2) 检查好工作面顶帮浮石、支护、照明、炮烟、开关等是否灵活可靠，电缆是否漏电、所属部件是否注油润滑，发现问题，及时处理。

(3) 操作中应随时注意周围人员和自己的安全，以防挤伤。工作场地严禁在机器前后左右站人、在运输道上站人和堆放物品。

(4) 装岩时应注意工作面顶帮的安全情况及毛石堆中有无残存爆破材料，发现不安全情况必须停机处理，发现爆破材料处理好后再作业。

(5) 铲运机开动时，应经常注意机器的运转情况，发现异常情况，应停机处理。

(6) 工作完后应把铲运机上的毛石清除干净，并撤离工作面，切断电源。

(7) 检查、修理、加油时，必须使机器处于安全稳定状态，动臂举升时，严禁在臂下站人，检查时必须支护好方可进行。

(8) 运行时与人相遇，应停车让人通过，严禁剐蹭木支护、支架、巷道两帮。禁止人员从升举的铲斗下通过。

(9) 运输巷道的底板要平整、无大块，巷道的坡度应小于设备的爬坡能力，弯道的曲线半径应符合设备的要求，操作的一侧距岩壁应不小于1m。

(10) 禁止用铲斗撬浮石、顶撞击支护探头杆子。

C 铲运机开车前准备

(1) 检查车灯的安装和使用情况、轮船的磨损程度及压力情况。

(2) 检查轮毂的螺帽有无松动，行星减速器有无漏油。

(3) 铰链部有无松动，联结销轴是否安全，同时检查转向油缸及管路是否漏油、磨损，传动轴的万向节和支承轴的磨损情况。

(4) 空气滤清器是否损坏，过滤器进口是否有异物堵塞，发动机润滑油油面高度是否符合规定。

(5) 柴油、变矩器油、液压油、制动液是否达到规定的液面高度，各管路、接头处是否有松动漏油现象。

(6) 检查发动机、空压机的三角传动带有无开裂，其松紧程度是否合适。各仪表、开关有无破损、松动情况。

(7) 座位周围有无影响操作的杂物，灭火设备及管路是否良好，蓄电池外壳及极柱接线情况。

(8) 铲头号底部是否有裂缝，销轴及油缸销轴是否完好，举升油缸及管路是否漏油。

(9) 检查各操纵杆、脚踏板是否灵活。

（10）风包连接管是否紧固，并按时排放风包内积水。底盘下面各油管的磨损情况。

D 铲运机启动技术

以上各项检查一切正常后方可启动，具体步骤如下：

（1）接通电源总开关，将速度、方向操纵杆置于中位。

（2）推进发动机熄火，开关手柄。

（3）按下超控按钮、预热按钮（在环境温度低于0℃时才需使用，但按下时间不能超过5min）。

（4）按下启动按钮（每次不超过5s，间隔时间不少于20s，三次不能启动，应查明原因处理后，方可重新启动）。

（5）观察机油压力表，待指针指向规定压力表，放下操控按钮。

E 铲运机启动后检查

（1）启动后立刻松开启动按钮。

（2）观察各仪表指示情况，尤其是机油压力表，如5s内无压力显示应立即停车。

（3）怠速运转5~10min进行暖机，并倾听发动机有无异常声音。

（4）打开前后车灯，观察周围有无障碍物和人员。原地转向，看是否灵活。

（5）检查工作制动闸是否可靠。将方向控制手柄置于前进或后退位置，速度控制手柄置于二挡位置，然后踏下脚闸，油门加至最大，车应原地不动。

（6）将速度控制手柄置于二挡行驶，按下紧急制动闸，车应马上停止。

（7）操纵铲斗、动臂控制杆，检查铲斗举升和翻转情况。

F 铲运机正常行驶

a 行驶前应注意事项

（1）观察车周围，确认无障碍物和人，鸣喇叭，同时收起铲斗。

（2）把方向、速度控制手柄置于所需位置。

（3）按下停车，按要求行驶，油门使用要适当，不可加油过猛过快，以免损坏发动机。

b 铲装工作技术

（1）首先清除道路上的矿石和其他障碍物，注意保持车子前后形成一条直线，以低速接近料堆。

（2）从最近点装起，并且每装一铲换一个位置。铲斗下平面要保持与地面基本成水平状态。

（3）铲装时，如果后轮离地，应将车稍后退，然后再起斗。

（4）铲斗的控制要配合好油门，使轮胎不致打滑，变矩器不停转（允许30s）。

（5）铲斗装满后，要原地抖动一下铲斗，不可强铲硬底，遇阻力过大时要退回重新铲装。

c 运输工作

（1）行驶中，要始终注意前进方向，依路面情况正确选择挡位，适时地变换行驶速度。

（2）在狭窄的地方要减速行驶，在所有交叉路口和拐弯处要减速鸣笛，靠右行，空车要给满载车让路，货车给客车让路。

（3）上下斜坡道之前，应首先检查一下车闸，上坡时铲斗在后，下坡时铲斗在前。

（4）前进中，如果方向挡位或刹车失灵，要迅速将车靠向巷壁，然后熄火停车修理。

（5）如运行前方有行人时，要及时停车，待行人过后再开车前进；在水洼路段要低速行驶。

（6）在斜坡道上行驶时，车辆前后之间应保持 50m 的距离。

（7）当车经过爆破区域时，发动机不准熄火。

（8）严禁在铲斗和车的任何部位载人行驶，不准用铲运机运送爆破器材。

d　卸载技术

（1）要低速进入卸矿区，卸矿时，要进行刹车。

（2）当给卡车或矿车装矿时，要保证上部有足够的空间，并注意电线、水管等设施。

（3）卸载时，机身要对正卸载处。

G　铲运机停车

a　临时停车应注意

（1）不要阻塞交通，不停在人行道上、安全道上、救护站、通风井、泥泞处、漏水处。

（2）使用停车制动闸制动，一般应熄火，如不熄火，司机不得远离车辆。

（3）斜坡道上停车时，车轮下面应加塞木块或石块，避免溜车。

b　长时间停车应注意

除应遵守临时停车的各项规定外，还要做到：

（1）进入指定地点。

（2）将发动机怠速运转 3~5min，然后拉出熄火手柄，使发动机熄火。

（3）关闭钥匙开关和总电源开关（发动机关闭后，不准开前后灯照明）。

（4）擦洗车辆，填写各种记录和报表。

H　铲运机运搬的其他注意事项

（1）铲运机司机须经专门培训，了解掌握本机构造性能，熟悉操作维修保养方法，经考试合格取得操作证后，方可操作。

（2）司机在操作前，要对铲运机的机械电气部分进行检查，还应检查铲运机照明喇叭、刹车器、电缆磨损、轧漏划破等。严禁无灯无喇叭行驶。

（3）铲运机只准司机一人乘坐驾驶，禁止载乘他人或用铲斗载人，禁止司机将头、手、胳膊伸出司机室外。

（4）铲运机运行时，拖拽电缆两侧 2m 内不准有人站立。调车严禁触及或跨越电缆。加强运行中瞭望，如遇行人或作业人员必须停车待人撤出安全地点再进行作业。禁止无关人员在作业中的铲运机前逗留。

（5）在作业面装矿时，对高处大块或者爆堆，必须处理好，防止大块或者大量矿石突然落下砸铲伤人。不合格的大块矿石，废旧钢材、木材和钢丝绳，严禁铲装倒入溜井内。严禁向溜井内放水。

（6）铲运机倒矿时，溜井口必须有坚固的占轮胎三分之一高度的挡车设施。严禁铲车举铲斗行驶，铲车在通道上停留时，必须把铲斗平放在地面上，并选择顶板两帮坚固稳定的地方停放。

（7）运转中发现有异常情况或故障，应立即停机或停电。在运转中禁止维修保养润滑，紧固或更换备件等。铲车在维修保养时，必须把铲斗平放在地面上，不准在铲斗下面进行拆卸及检修等工作，若铲斗举起进行检修工作必须采取支、顶掩等安全措施。

（8）采场进行爆破时，必须先将铲运机撤到安全场所，并把拖拽电缆拖到安全距离以外方可进行爆破作业。

（9）电气设备必须保持干燥清洁，有完整的防护罩，并且要有良好的接地装置。禁止在泥水中作业。

（10）如遇电气设备起火时，应先切断电源，使用四氯化碳或二氧化碳灭火器灭火。禁止用水及导电物质灭火器灭火。如遇油料失火时，应使用灭火器渣石等，禁止用水。灭火器要经常保持完好有效状态。

7.2.4.3 装运机运搬

装运机是一种以空压作为动力的装载及运输设备，随着铲运机的发展逐渐被取代。

（1）作业前，要对作业现场帮顶浮石进行认真检撬，清扫工作地段底板的散落矿石泥水，达到照明充足，畅通无阻。

（2）检查设备各部是否完好，发现松动螺栓及时紧固，检查设备管线，风源、润滑系统，有无渗漏现象，严禁设备带病作业。

（3）装运机卸矿的溜井口必须要有 150mm 高的挡车设施，严禁将不合格大块矿石、废旧钢材、木材和钢丝绳倒入溜井内，严禁向溜井内放水。

（4）装运机工作时，要加强对风绳管路的安全管理（尤其是风管接头处），防止被轮胎压坏，造成跑风或人身伤害。

（5）操纵装运机必须站在脚踏板上，防止发生车轮压脚等事故，如有人经过装运机时，则必须停止动作，以免发生事故。

（6）处理悬顶时，要及时把装运机开到安全地段，确认无问题才允许作业。

（7）二次爆破或大爆破时，装运机必须停放在安全地带，确保设备安全。

（8）在扬起的铲斗上紧固螺栓或修理底部其他零部件，必须把铲斗钩住或采取支顶措施，防止铲斗落下或机身侧落伤人。

（9）拆卸轮胎时，必须将轮胎内气体排除，否则不允许拆卸。给轮胎打气时，应将压边安装正位，以防压边飞出伤人。

（10）司机离开设备时，必须关闭总风柄，当作业完毕或进行检修时，必须关闭总风柄，同时将操纵手柄上的搭钩搭上。

（11）配合检修作业时，应给维修人员创造良好的作业条件，服从维修工和起重工的指挥。

（12）装运机停止作业，要停放在离井口3m以外的适当位置，严禁停放在井口边和帮顶不稳固的地方，关闭风管阀门。挂好溜井安全围栏。

7.2.5 混凝土浇筑

7.2.5.1 浇筑混凝土的应用

（1）浇筑混凝土底板。

（2）接高溜井及布置顺路井。

（3）浇筑隔离墙。

（4）浇筑人工假底。

（5）溜井和人行顺路井锁口。

（6）安装漏斗口闸门。

7.2.5.2 浇筑混凝土工作

（1）工作前对施工作业面详细检查，认为安全后方准作业。发现问题，及时采取临时安全措施处理。工作时精神要集中，不得打闹、开玩笑。

（2）浇灌混凝土时应检查模板是否支得牢固。捣固时不要用力过猛，以免混凝土崩入眼睑部。

（3）工作台要牢固严密，以防折断或碎石坠落伤人。

（4）浇灌混凝土时，应注意模板钉子。在高空危险处浇灌混凝土时，必须系好安全带，以防坠落。

（5）使用震动器注意事项：震动器传动部分必须有防护罩；所有开关必须良好，所用导线必须是橡皮绝缘软线；必须有接地或接零，移动震动器必须停电；使用震动器必须穿胶靴，戴绝缘手套。

7.2.6 地压管理

7.2.6.1 支护（支柱）工作

A 支柱工作的应用

（1）布置多格顺路井。

（2）壁式单层充填采矿法。

（3）壁式单层崩落采矿法。

（4）留矿采矿法变形方案。

（5）分层崩落采矿法。

（6）需要浇灌混凝土的位置打模板。

B 支柱工作一般规定

（1）架设木支架时，不得使用腐朽、蛀孔、软杂木、劈裂的坑木。

（2）掘进放炮前，靠近工作面的支架，应用扒钉、拉条、撑木等加固。

（3）发现棚腿歪斜、压裂，顶梁折断及坑木腐烂等，应及时更换修复。

（4）所有木料要检查是否符合要求，禁止使用尺寸不足、强度不够和腐烂的木料做支柱材料。

（5）搬运大木头时动作要协调，注意电机车架线、风水管路、电缆等以防伤人。

（6）使用斧子和大锤时，应注意周围人员的安全，工具不得随便乱扔。高空作业必须系安全带。

（7）上下材料、工具时须绑扎牢固，不得乱扔。作业前应采取安全措施，以防人员坠落和物料掉下伤人。

（8）打撑子时，柱窝要选在坚硬的岩石上，并保证一定深度，以保证支护牢靠。

（9）处理冒顶或因特殊情况未架、没处理完，应仔细向下班交代。

（10）采矿打顶子必须穿鞋戴帽，架设棚子时横梁与岩石、顶板之间间隙必须填实。

C　支柱技术

a　坑木运送应注意

运送材料时，严禁损坏电力线、照明线、电机车架空线、供风（水）管线和轨道及风门等设施和构筑物。往罐、箕斗中装料，有坠入可能的缝隙必须用 2.5cm 厚的优质木板堵严。材料不得突出容器之外，并用绳子捆好。在无容器的地方下料，高度超过 10m 时，用绳子捆着下放，严禁自由滑落，下料时必须做好上下联系。

b　施工准备应注意

（1）作业前先吹净炮烟。人员站在安全地点洒水清洗顶、帮，工作面和浇透矿（废）石堆。

（2）撬净工作面浮石。撬不下来且有空声的顶帮要做上明显的标志或给上临时支柱，并通知有关人员。

（3）撬毛石时，采矿场由安全出口侧向里进行。

c　架设木棚子、木立柱时应注意

（1）梁和腿的结合要严密，其夹角一般为 100°～110°，顶压大夹角小，侧压大夹角大。棚腿柱窝应挖到硬岩，松软地段应垫基石或设地梁。棚梁与棚腿须在同一平面上，并须与巷道中心线成直角。梁的中部及腿的顶端与顶帮间的空隙均应用木楔楔紧。为防止棚子发生前后松余倾斜，各棚之间应用直径不小于 10cm 的撑木互相支撑。

（2）用于水平采矿场的棚柱和顶柱应垂直支立。沿倾斜巷和倾斜采矿场架设时，应向下倾斜，倾角在 45°以下时，棚腿和立柱支立方向在上下两盘成直角的垂线与柱顶重力线所构成夹角的分角线上，以适应顶盘岩层下移。木楔只准从上向下楔紧。

（3）急倾斜的采矿场，需要支护时采用横木柱，横木柱与上下盘所成的角度的上一端稍倾 0°～10°左右。

（4）在顶盘节理发达松软处支立顶柱时，为扩大顶柱支护面积，顶柱上端应加柱帽，柱帽用劈开的半边坑木制作，宽度略小于柱顶直径，长至少伸出柱顶两边各 0.2m。柱顶鸭嘴大小要大于柱帽，柱帽轴线方向应与断层、节理、倾斜成直角。

（5）棚腿和立柱应大头向下，下端作适当切削，其切削长度不得超过直径，切割后端顶的大小不得小于直径的 0.5 倍。

d　架设木垛时应注意

（1）架设木垛的木材应用圆木或方木。用圆木时，为增加稳固性，务须将相叠处削成上下平行的结合面。

（2）木垛架叠高度，一般为坑木长的 2 倍以下，最高不得超过 3 倍。

（3）架设木垛的位置，应坚实平坦，木垛顶底必须与顶底盘密接，并以木楔楔紧，相叠点位置应在一直线上。

（4）在倾斜面上架设木垛时，应设临时托柱，而后进行叠架，以免其歪斜或转落。木垛与底盘接触的坑木必须与倾斜方向一致。

7.2.6.2　充填

A　充填注意事项

（1）充填工作开始前，必须把采场内的设备、材料、工具清理干净，存放安全地点。

（2）充填前必须检查了解采场顶板护顶矿柱情况，对整个采场的安全情况，要心中有数。采场一切准备工作合乎要求时，方准充填。

（3）采场的软胶管要捆牢，固定在支架上；移动胶管时必须两人以上操作，不准单人盲目操作。

（4）充填采场必须有足够的照明，禁止无照明作业。

（5）充填工进入采场，首先观察充填井梯子板台是否可靠，进入采场必须观察采场顶板情况，禁止冒险作业。

（6）开车前先检查井下管路是否吊好，如有问题立即进行处理。

（7）充填开始前首先检查上下联系所使用的信号、电话是否灵敏可靠，并询问好充填搅拌站和充填采场的准备工作是否就绪，一切正常后方可发出充填开车信号。

B　充填操作技术

（1）工作时进入现场应首先进行安全确认，检查顶板、透口、各种电器设施及火工品的安全情况，发现问题，及时处理，确认安全后再作业。

（2）开车后查看采场的充填情况，注意观察人行井、溜井、板墙的渗透情况，巡回检查充填管路有无跑漏，发现问题立即停车处理。

（3）采场找平时，要做到充填面平整，不得充高或充低。

（4）为了保证采场充填浓度，凡是冲洗管路的清水应放入采场的泄水井中，不得放入采场内。

（5）充填时必须按设计施工，保证充填质量和数量。

（6）管路输送充填料时，应随时注意检查，观察管路输送情况，发现管路堵塞时，应立即通知充填站停止输送，并立即采取措施处理。

（7）充填过程中，发现异常现象应立即停止充填。

（8）采场充填准备工作。采场清底：待充填进路或采场的清底，包括将进路或采场内各种杂物、矿石、积水的清理，进路两帮或采场底角及底板的耙平，为下分层采矿，提供一个安全平整人工充填体顶板。按标准进行进路或采场钢筋铺设、吊挂。架设充填管路，完成充填密闭（砌筑充填挡墙、顺路井等）。钢筋接头、搭接处需要用18～22号铁丝扎牢，锚杆与吊挂筋、吊挂筋与桁架绑扎牢固。绑扎安装后，检查配置钢筋的级别、直径、根数和间距是否符合设计要求。

（9）采场充填结束，把采场管路、泥浆泵和其他设施都撤到安全地点放好。

C　充填搅拌工作

a　充填搅拌准备工作

（1）坚守岗位，认真执行岗位责任制和交接班制度。

（2）经常保持站房、设备及管道等清洁卫生，做到文明生产。

（3）所有风水管道和阀门等不能有漏风、漏水和堵塞现象。

（4）定期对设备和管道阀门等进行维护检修。

（5）充填工作时，经常保持与井下的及时联系，紧密配合。

b　充填搅拌工作注意事项

（1）充填工作开始时先用清水冲洗输送管道5min，检查输送管道是否堵塞和渗漏。

（2）充填工作中途因事故停车5min以上时，需接通事故冲洗水源冲洗输送管道5min，然后用压风吹洗2min。

（3）充填工作结束时，先用清水冲洗输送管道，直到井下见清水，且清水内不含砂时为止，然后用压气吹洗输送管道2min，同时用清水清洗砂泵和搅拌筒及有关管道等。

（4）充填时，按一定的间隔时间（一般为15min）测取浓度和压力，做好记录，如不符合要求，就及时调整。

（5）水泥库储存的水泥要采取防潮措施，散包水泥防止混入杂物，水泥的存放时间不超过7~10天。

（6）充填使用的水泥在水泥库中不超过7天。

8　矿山生产水火风气电设备的安全

8.1　矿山生产防水与排水

8.1.1　露天采矿防排水

8.1.1.1　露天采矿防排水安全要求

（1）露天矿山应设置防、排水机构。大、中型露天矿应设专职水文地质人员，建立水文地质资料档案。每年应制定防排水措施，并定期检查措施执行情况。

（2）露天采场的总出入沟口、平硐口、排水井口和工业场地等处，都应采取妥善的防洪措施。

（3）矿山应按设计要求建立排水系统，上方应设截水沟；有滑坡可能的矿山，应加强防排水措施；应防止地表、地下水渗漏到采场。

（4）露天矿应按设计要求设置排水泵站。当遇特大洪水时，允许最低一个台阶淹没，淹没前应撤出一切人员和重要设备。

（5）矿床疏干过程中出现陷坑、裂缝以及可能出现的地表陷落范围，应及时圈定、设立标志，并采取必要的安全措施。

（6）有淹没危险的采矿场，主排水泵站的电源应不少于两回路供电；任一回路停电时，其余线路的供电能力应能承担最大排水负荷；各排水设备，应保持良好的工作状态。

（7）矿山所有排水设施及机电设备的保护装置，未经主管部门批准，不得任意拆除。

（8）临近采场境界外堆卸废石，不得使排土场蓄水软化边坡岩体。

（9）应采取措施防止地表水渗入边坡岩体的软弱结构面或直接冲刷边坡。边坡岩体存在含水层并影响边坡稳定时，应采取疏干降水措施。

（10）露天开采转为地下开采的防、排水设计，应考虑地下最大涌水量和因集中降雨引起的最大径流量。

（11）溜井应有良好的防、排水设施。雨季应减少溜井储矿量；溜井积水时，不得泄入矿粉，并应暂停放矿，采取安全措施妥善处理积水后方能放矿。

（12）排土场应有可靠的截流、防洪和排水设施；排土台阶应保持平整，并保有3%~5%的反坡。

（13）排土场底部应排放易透水的大块岩石，控制排土场正常渗流。

（14）水力排土场应有足够的调、蓄洪能力，并设置防汛设施，备足防汛器材；较大容量的水力排土场，应设值班室，配置通信设施和必要的水位观测、坝体沉降和位移观测、坝体浸润线观测等设施，并有专人负责，按要求整理。

8.1.1.2　地面防排水方法

地表水防治的几种方法：

（1）截水沟。截水沟用来截断从山坡流向菜场的地表径流并将其疏引至开采区以外。因此，截水沟应最大限度地减少采矿场的汇水面积或保证深凹露天矿所承担的排水受雨面积不超出预定的范围。

（2）河流改道。对于严重威胁采矿安全的河流，常用河道整直、河流改道和修筑防洪堤等措施。为矿床开采进行的改河工程，多为汇水面积小（由几平方公里至数十平方公里）的河溪沟谷等季节性河流。当露天矿开发区有大、中型河流需要改道，则是一项比较复杂的工作，不仅工程量浩大、需巨额投资，而且技术复杂，需要专题研究解决。首先，在确定露天开采境界时，是否将河流圈入境界要进行全面的技术经济分析，如必须进行河流改道，在开采设计中，也应尽量考虑分期开采的可能性，将河流划归到后期开采境界里去，以便推迟改道工程，不影响矿山的提前建成和投产。河流改道一定要考虑到矿山的发展远景，注意选择新河道的工程地质条件，避免因矿山扩建或疏干排水而可能引起的河流塌陷和二次改道。

（3）水库拦洪。水库拦洪是将被露天采场横断的河沟溪流在其上游用堤坝拦截形成调洪水库，削减洪峰，以排洪平硐或排洪渠道泄洪，以保护采场安全。作为保护露天矿安全为目的的水库，不同于水利部门的蓄水水库。除了在暴雨时为削减洪峰流量，暂时蓄存排洪工程一时排不掉的洪水外，平时并不要求水库存水。

8.1.2 地下采矿防排水

地下采矿的水害治理分为地面和地下两部分，防排水的基本安全要求如下。

8.1.2.1 地面防水要求

（1）应查清矿区及其附近地表水流系统和汇水面积、河流沟渠汇水情况、疏水能力、积水区和水利工程的现状和规划情况，以及当地日最大降雨量、历年最高洪水位，并结合矿区特点建立和健全防水、排水系统。

（2）每年雨季前，应由主管矿长组织一次防水检查，并编制防水计划。其工程应在雨季前竣工。

（3）矿井（竖井、斜井、平硐等）井口的标高，应高于当地历史最高洪水位1m以上。工业场地的地面标高，应高于当地历史最高洪水位。特殊情况下达不到要求的，应以历史最高洪水位为防护标准修筑防洪堤，井口应筑人工岛，使井口高于最高洪水位1m以上。

（4）井下疏干放水有可能导致地表塌陷时，应事前将塌陷区的居民迁走、公路和河流改道，才能进行疏放水。

（5）矿区及其附近的积水或雨水有可能侵入井下时，容易积水的地点，应修筑泄水沟；泄水沟应避开矿层露头、裂缝和透水岩层；不能修筑沟渠时，可用泥土填平压实；范围太大无法填平时，可安装水泵排水；矿区受河流、洪水威胁时，应修筑防水堤坝；河流穿过矿区的，应采用留保安矿柱或充填法采矿的方法保护河床不塌陷，或将河流改道至开采影响范围以外；漏水的沟渠和河流，应及时防水、堵水或改道；排到地面的井下水及地表集中排水，应引出矿区；雨季应设专人检查矿区防洪情况；地面塌陷、裂缝区的周围，应设截水沟或挡水围堤；不应往塌陷区引水；有用的钻孔，应妥善封盖。报废的竖井、斜井、探矿井、钻孔和平硐等，应封闭，并在周围挖掘排水沟，防止地表水进入地下采区；影响矿区安全的落水洞、岩溶漏斗、溶洞等，均应严密封闭。

（6）废石、矿石和其他堆积物，应避开山洪方向，以免淤塞沟渠和河道。

8.1.2.2　井下防水要求

（1）矿山企业应调查核实矿区范围内的小矿井、老井、老采空区，现有生产井中的积水区、含水层、岩溶带、地质构造等详细情况，并填绘矿区水文地质图。应查明矿坑水的来源，掌握矿区水的运动规律，摸清矿井水与地下水、地表水和大气降雨的水力关系，判断矿井突然涌水的可能性。

（2）对积水的旧井巷、老采区、流沙层、各类地表水体、沼泽、强含水层、强岩溶带等不安全地带，应留设防水矿（岩）柱。防水矿（岩）柱的尺寸由设计确定，在设计规定的保留期内不应开采或破坏。在上述区域附近开采时，应事先制定预防突然涌水的安全措施。

（3）一般矿山的主要泵房，进口应装设防水门。水文地质条件复杂的矿山，应在关键巷道内设置防水门，防止泵房、中央变电所和竖井等井下关键设施被淹。防水门的位置、设防水头高度等应在矿山设计中总体考虑。

同一矿区的水文条件复杂程度明显不同的，在通往强含水带、积水区和有大量突然涌水可能区域的巷道，以及专用的截水、放水巷道，也应设置防水门。防水门应设置在岩石稳固的地点，由专人管理，定期维修，确保其经常处于良好的工作状态。

（4）对接近水体的地带或可能与水体有联系的地段，应坚持"有疑必探，先探后掘"的原则，编制探水设计。探水孔的位置、方向、数目、孔径、每次钻进的深度和超前距离，应根据水头高低、岩石结构与硬度等条件在设计中规定。

探水前应检查钻孔附近坑道的稳定性；清理巷道、准备水沟或其他水路；在工作地点有良好的通信方式；巷道及其出口，应有良好照明和畅通的人行道；巷道的一侧悬挂绳子（或利用管道）作扶手；对断面大、岩石不稳、水头高的巷道进行探水，应有严格的安全措施计划。

钻凿探水孔时，若发现岩石变软，或沿钻杆向外流水超过正常凿岩供水量等现象，应停止凿岩。不应移动钻杆，除派人监视水情外，应立即报告采取安全措施。在可能出现大水的地层中探水时，探水孔应设孔口管及闸阀，以便控制水量。

（5）相邻的井巷或采区，如果其中之一有涌水危险，则应在井巷或采区间留出隔离安全矿柱，矿柱尺寸由设计确定。

（6）掘进工作面或其他地点发现透水预兆，如出现工作面"出汗"、顶板淋水加大、空气变冷、产生雾气、挂红、水响、底板涌水或其他异常现象时，应立即停止工作，并报告，采取措施。如果情况紧急，应立即发出警报，撤出所有可能受水威胁地点的人员。

（7）探水、放水工作，应由有经验的人员根据专门设计进行；放水量应按照排水能力和水仓容积进行控制。放水钻孔应安装孔口管和闸阀，紧急情况下可关闭。

（8）对老采空区、硫化矿床氧化带的溶洞、与深度断裂有关的含水构造进行探水，以及被淹井巷排水和放水作业时，为预防被水封住的或水中溶解的有害气体逸出造成危害，应事先采取通风安全措施，并使用防爆照明灯具。发现有害气体、易燃气体泄出，应及时采取处置措施。

（9）受地下水威胁的矿山企业，应考虑矿床疏干问题。直接揭露含水体的放水疏干工程，施工前应先建好水仓、水泵房等排水设施。地下水位降到安全水位之前，不应开始采矿。

（10）裸露型岩溶充水矿区、地面塌陷发育的矿区，应做好气象观测，做好降雨、洪水预报；封堵可能影响生产安全的、井下揭露的主要岩溶进水通道，应对已采区构建挡水墙隔离；雨季应加密地下水的动态观测，并进行矿井涌水峰值的预报。

（11）井筒掘进时，预测裸露段涌水量大于 $20m^3/h$，宜采用预注浆堵水。巷道穿越强含水层或高压含水断裂破碎带之前，宜先进行工作面预注浆，进行堵水与加固后再掘进。

8.1.2.3　井下排水设施

（1）井下主要排水设备，至少应由同类型的三台泵组成。工作水泵应能在20h内排出一昼夜的正常涌水量；除检修泵外，其他水泵应能在20h内排出一昼夜的最大涌水量。井筒内应装设两条相同的排水管，其中一条工作，一条备用。

（2）井底主要泵房的出口应不少于两个，其中一个通往井底车场，其出口应装设防水门；另一个用斜巷与井筒连通，斜巷上口应高出泵房地面标高7m以上。泵房地面标高，应高出其入口处巷道底板标高0.5m（潜没式泵房除外）。

（3）水仓应由两个独立的巷道系统组成。涌水量较大的矿井，每个水仓的容积，应能容纳 2~4h 的井下正常涌水量。一般矿井主要水仓总容积，应能容纳 6~8h 的正常涌水量。

水仓进水口应有箅子。采用水砂充填和水力采矿的矿井，水进入水仓之前，应先经过沉淀池。水沟、沉淀池和水仓中的淤泥，应定期清理。

8.1.3　矿山防排水

8.1.3.1　矿床疏干

矿床疏干是指采用各种疏水构筑物及其附属排水系统，疏排地下水，使矿山采掘工作能够在安全、适宜条件下顺利进行的一种矿山防治水技术措施。水文地质条件复杂或比较复杂的矿床，疏干既是安全采矿的必要措施，又是提高矿山经济效益的有效手段，因此是当今世界各国广为应用的一种防治矿水害的方法。但是疏干也存在一些问题，如长期疏干会破坏地下水资源；在一定的地质和水文地质条件下，疏干会引起地面塌陷等许多环境水文地质和工程地质问题。

矿床疏干一般分为基建疏干和生产疏干两个阶段。对于水文地质条件复杂的矿山，通常要求在基建前或基建过程中预先进行疏干工作，为采掘作业创造正常和安全的条件。生产疏干是基建疏干的继续，以提高疏干效果，确保采矿生产安全进行。

矿床疏干方式可分地表疏干、地下疏干和联合疏干三种方式，可根据矿床具体的水文地质条件和技术经济合理的原则加以选择。地表疏干方式的疏水构筑物及排水设施在地面建造，适用于矿山基建前疏干。地下疏干方式的疏排水系统在井下建造，多用于矿山基建和生产过程中的疏干。联合疏干方式是地表和地下疏干方式的结合，其疏排水系统一部分建在地表，另一部分建在井下，多用于复杂类型矿山的疏干，一般在基建阶段采用地表疏干，在生产阶段采用地下疏干，也可以颠倒。

8.1.3.2　矿山地面防排水

地面防排水是指为防止大气降水和地表水补给矿区含水层或直接渗入井下而采取的各

种防排水技术措施。它是减少矿井涌水量,保证矿山安全生产的第一道防线。主要有挖沟排(截)洪、矿区地面防渗、防水堤坝和整治河道等。

A　挖沟排(截)洪

位于山麓和山前平原区的矿区,若有大气降水顺坡汇流涌入露天采场、矿床疏干塌陷区、坑采崩落区、工业广场等低四处,造成局部地区淹没,或沿充水岩层露头区、构造破碎带甚至井口渗(灌)入井下时,则必须在矿区上方、垂直来水方向修筑沟渠,拦截山洪。排(截)洪沟通常沿地形等高线布置,并按一定的坡度将水排出矿区范围之外。

B　矿区地面防渗

矿区含水层露头区、疏干塌陷区、采矿引起的开裂或陷落区、老窑以及未封密钻孔等位于地面汇流积水区内,并且产生严重渗漏,对矿井安全构成威胁;矿区内池塘渗漏严重,对矿井安全或露采场边坡稳定不利,应采取地面防渗措施。防渗措施有:

(1) 对于产生渗漏但未发生塌陷的地段,可用新土或亚轮土铺盖夯实,其厚度0.5~1m,以不再渗漏为度。

(2) 对于较大的塌陷坑和裂缝等充水通道,通常是下部用块石充填,上部用亚轮土夯实,并且使其高出地面约0.3m,以防自然密实后重新下沉积水。

(3) 对于底部出露基岩的开口塌洞(溶洞、宽大裂缝),则应先在洞底铺设支架(如用废钢轨、废钢管等),然后用混凝土或钢筋混凝土将洞口封死,再在其上回填土石。当回填至地面附近时,改用黏土分层夯实,并使其高出地面约0.3m。

(4) 对矿区某些范围较大的低洼区,不易填堵时,则可考虑在适当部位设置移动泵站,排除积水,以防内涝。对矿区内较大的地表水体,应尽量设法截源引流,防渗堵漏,以减少地表水下渗量。

C　修筑防水堤坝

当矿区井口低于当地历史最高洪水位或矿区主要充水岩层埋藏在近河流地段,并且河床下为隔水层时,应筑堤截流。

D　整治河道

矿区或其附近有河流通过,并且渗漏严重,威胁矿井生产时,应采取措施整治河道。河道防渗处理措施有防渗铺盖、防渗渡槽、河道截直、河流改道。

8.1.3.3　矿坑排水

矿坑排水是指将疏干工程疏放出来(或其他来源)的水,经汇集输送至地表的过程,并包括为此目的使用的排水工程和设备的总称。及时、合理地输排矿坑水,是矿山生产的基本环节。它包括两部分内容,排水系统和排水方式。

(1) 排水系统是指用于输排矿坑水的矿山生产系统。露采矿山一般由排水沟、储水池、泵站和泄水井(孔)等组成。坑采矿山通常由排水沟(巷)、水仓、泵房和排水管路组成。

(2) 排水方式是指将矿坑水从井下扬送至地表,是一次完成还是分段完成的排输水方法。常用的排水方式有直接排水、分段排水和混合排水三种。

8.1.3.4　合理布置采矿工程防水

矿坑水是指因采掘活动揭露含水层(体)而涌入井巷的地下水。矿坑水的防治是根据矿床充水条件,制定出合理的防治水措施,以减少矿坑涌水量,消除其对矿山生产的危害，确保安全、合理地回收地下矿产资源。

（1）先简后繁，先易后难。在水文地质条件复杂的矿区，矿床的开采顺序和井巷布置，应先从水文地质条件简单的、涌水量小的地段开始，在取得治水经验之后，再在复杂的地段布置井巷。例如，在大水岩溶矿区，第一批井巷应尽可能布置在岩溶化程度轻微的地段，待建成了足够的排水能力和可靠的防水设施之后，再逐步向复杂地段扩展，这样既可利用开采简单地段的疏干排水工程预先疏排了复杂地段的地下水，又可进一步探明其水文地质条件。

（2）井筒和井底车场选址。井筒和井底车场是矿井的要害阵地，防排水及其他重要设施都在这里。开拓施工时，还不能形成强大的防排水能力。因此，它们的布置应避开构造破碎带、强富水岩层、岩溶发育带等危险地段，而应坐落在岩石比较完整、稳定，不会发生突水的地段。当其附近存在强富水岩层或构造时，则必须使井筒和井底车场与该富水体之间有足够的安全厚度，以避免发生突水事故。

（3）联合开采，整体疏干。对于共处于同一水文地质单元、彼此间有水力联系的大水矿区，应进行多井联合开采，整体疏干，使矿区形成统一的降落漏斗，减少各单井涌水量，从而提高各矿井的采矿效益。

（4）多阶段开采。对于同一矿井，有条件时，多阶段开采优于单一阶段开采。因为加大开采强度后，矿坑总涌水量变化不大，但是分摊到各开采阶段后，其平均涌水量比单一阶段开采时大为减少，从而降低了开采成本，提高了采矿经济效益。

（5）采矿方法应根据具体水文地质条件确定。一般来说，当矿体上方为强富水岩层或地表水体时，就不能采用崩落法采矿，以免地下水或地表水大量涌入矿井，造成淹井事故。在这种条件下，应考虑用充填采矿法，也可以采用间歇式采矿法，将上下分两层错开一段时间开采，使得岩移速度减缓，降低覆岩采动裂隙高度，减少矿坑涌水量。

8.1.3.5 井下防水措施

矿山采掘活动总会直接或间接破坏含水层，引起地下水涌入矿坑，从此种意义上讲，矿坑充水难以避免。但是，防止矿坑突水，尽量减少矿坑涌水量，以保证矿井正常生产是必须的。井下防水就是为此目的而采取的技术措施。根据矿床水文地质条件和采掘工作要求不同，井下防水措施也不同。如超前探放水、留设防水矿柱、建筑防水设施以及注浆堵水等。

A 超前探放水

它是指在水文地质条件复杂地段施工井巷时，先于掘进，在坑内钻探以查明工作面前方水情，为消除隐患、保障安全而采取的井下防水措施。

"有疑必探，先探后掘"是矿山采掘施工中必须坚持的管理原则。通常遇到下列情况时都必须进行超前探水。

（1）掘进工作面临近老窑、老采空区、暗河、流沙层、淹没井等部位时。

（2）巷道接近富水断层时。

（3）巷道接近或需要穿过强含水层（带）时。

（4）巷道接近孤立或悬挂的地下水体预测区时。

（5）掘进工作面上出现有发雾、冒"汗"、滴水、淋水、喷水、水响等明显出水征兆时。

（6）巷道接近尚未固结的尾砂充填采空区、未封或封闭不良的导水钻孔时。

B 留设防水矿（岩）柱

在矿体与含水层（带）接触地段，为防止井巷或采空空间突水危害，留设一定宽度（或高度）的矿（岩）体不采，以堵截水源流入矿井，这部分矿岩体称作防水矿（岩）柱（以下简称矿柱）。通常在下列情况下应考虑留设防水矿柱：

（1）矿体埋藏于地表水体、松散孔隙含水层之下，采用其他防治水措施不经济时，应留设防水矿柱，以保障矿体采动裂隙不波及地表水体或上覆含水层。

（2）矿体上覆强含水层时，应留设防水矿柱，以免因采矿破坏引起突水。

（3）因断层作用，使矿体直接与强含水层接触时，应留设防水矿柱，防止地下水渗入井巷。

（4）矿体与导水断层接触时，应留设防水矿柱，阻止地下水沿断层涌入井巷。

（5）井巷遇有底板高水头承压含水层且有底板突破危险时，应留设防水矿柱，防止井巷突水。

（6）采掘工作面邻近积水老窑、淹没井时，应留设防水矿柱，以阻隔水源突入井巷。

C 构筑水闸门（墙）

水闸门（墙）是大水矿山为预防突水淹井，将水害控制在一定范围内而构筑的特殊闸门（墙），是一种重要的井下堵截水措施。水闸门（墙）分为临时性的和永久性的。

为了确保水闸门（墙）起到堵截涌水的作用，其构筑位置的选择应注意以下几点：

（1）水闸门（墙）应构筑在井下重要设施的出入口处，以及对水害具有控制作用的部位。目的在于尽量限制水害范围，使其他无水害区段能保持正常生产，或者有复井生产和绕过水害地段开拓新区的可能。

（2）水闸门（墙）应设置在致密坚硬、完整稳定的岩石中。如果无法避开松软、裂隙岩石，则应采取工程措施，使闸体与围岩构成坚实的整体，以免漏水甚至变形移位。

（3）水闸门（墙）所在位置不受邻近部位和下部阶段采掘作业的影响，以确保其稳定性和隔水性。

（4）水闸门应尽量构筑在单轨巷道内，以减少其基础掘进工程量，并缩小水闸门的尺寸。

（5）确定水闸门位置时，还需考虑到以后开、关、维修的便利和安全。

水闸门或水闸墙是矿山预防淹井的重要设施，应将它们纳入矿山主要设备的维护保养范围，建立档案卡片，由专人管理，使其保持良好状态。在水闸门和水闸墙使用期限内，不允许任何工程施工破坏其防水功能。在它们完成防水使命后予以废弃时，应报送主管部门备案。

水闸门使用期间，应纳入矿区水文地质长期观测工作对象，对其渗漏、水压以及变形等情况定期观测，正确记录。所获资料参与矿区开采条件下水文地质条件变化特征的评价分析。

D 注浆堵水

注浆堵水是指将注浆材料（水泥、水玻璃、化学材料以及新土、砂、砾石等）制成浆液，压入地下预定位置，使其扩张固结、硬化，起到堵水截流、加固岩层和消除水患的作用。

注浆堵水是防治矿井水害的有效手段之一，当前国内外已广泛应用于井筒开凿及成井后的注浆；截源堵水，减少矿坑涌水量；封堵充水通道恢复被淹矿井或采区；巷道注浆，保障井巷穿越含水层（带）等。

注浆堵水在矿山生产中的应用方法如下：

（1）井筒注浆堵水。在矿山基建开拓阶段，井筒开凿必将破坏含水层。为了顺利通过含水层，或者成井后防治井壁漏水，可采用注浆堵水方法。按注浆施工与井筒施工的时间关系，井筒注浆堵水又可分为井筒地面预注浆、井筒工作面预注浆、井筒井壁注浆。

（2）巷道注浆。当巷道需穿越裂隙发育、富水性强的含水层时，巷道掘进可与探放水作业配合进行，将探放水孔兼作注浆孔，埋设孔口管后进行注浆堵水，从而封闭了岩石裂隙或破碎带等充水通道，减少矿坑涌水量，使掘进作业条件得到改善，掘进工效大大提高。

（3）注浆升压，控制矿坑涌水量。当矿体有稳定的隔水顶底板存在时，可用注浆封堵井下突水点，并埋设孔口管，安装闸阀的方法，将地下水封闭在含水层中。当含水层中水压升高，接近顶底板隔水层抗水压的临界值时（通常用突水系数表征），则可开阀放水降压；当需要减少矿井涌水量时（雨季、隔水顶底板远未达到突水临界值、排水系统出现故障等），则关闭闸阀，升压蓄水，使大量地下水被封闭在含水层中，促使地下水位回升，缩小疏干半径，从而降低了矿井排水量，可以缓和以致防止地面塌陷等有害工程地质现象的发生。

（4）恢复被淹矿井。当矿井或采区被淹没后，采用注浆堵水方法复井生产是有效的措施之一。注浆效果好坏的关键在于找准矿井或采区突水通道位置和充水水源。

（5）帷幕注浆。对具有丰富补给水源的大水矿区，为了减少矿坑涌水量，保障井下安全生产之目的，可在矿区主要进水通道建造地下注浆帷幕，切断充水通道，将地下水堵截在矿区之外。这不仅减少矿坑涌水量，又可避免矿区地面塌陷等工程地质问题的发生，因此具有良好的发展前景。但是帷幕注浆工程量大，基建投资多，因此，确定该方法防治地下水应十分审慎。

8.1.4 井下排水工作

8.1.4.1 排水工作

（1）认真填写交接班记录，交接班双方对设备（电气部分、机械部分）的工作运行情况要面对面交代清楚，对应注意的问题对下一班做好交代和提醒。

（2）水泵启动前要检查机械设备各部分的运转情况，检查电气设备电流表、电压表是否正常，电器线路是否有损坏、漏电现象。接地装置是否完好，吸排水闸门的位置是否正确。

（3）水泵正常运行过程中，应按时巡检。水泵工必须坚守工作岗位，不得脱岗，禁止外来人员进入水泵房，对需要进入的人员做好记录。

（4）水泵正常运行过程中，要注意观察压力表、电流表、电压表、电机温度是否正常，注意倾听设备运转声音，出现异常情况立即停机检修。

（5）设备正常运转过程中，禁止任何人触及设备的运转部分，禁止任何人按动电气设备按钮。

（6）盘根线的操作要适当，压紧程度要适度，有进漏现象调整无效时需要更换。

（7）出现临时停电现象，值班人员应关闭电源开关、坚守工作岗位，不得离开现场。

（8）吸水井无水时，应关闭电源开关，停止排水，不得关闭阀门，禁止出现水泵叶轮反向转动。

（9）水泵停止工作时，禁止不操作控制按钮而拉下电源总开关，同时也禁止水泵再次启动时直接关上电源总开关。

（10）要做好设备保养工作，经常清理设备的污垢，保持设备的清洁干净，搞好水泵房的卫生，禁止地面有污水。

（11）工作过程中出现异常情况要及时报告。

8.1.4.2 井下清泥工作

（1）常用的清泥方式有人工清泥，潜污泵清泥，泥浆泵清泥，电耙绞车清泥等多种方式。

（2）常用的排泥方式有矿车人工排泥，高压水排泥，泥浆泵排泥，压气罐串联排泥等。

（3）水仓的清泥工作是间断性的工作，由于备用水仓的容积小，水仓的清泥应有计划性，要综合考虑天气、生产各方面情况选择清泥时间。

（4）清理过程要合理组织。专人指挥，注意安全。

（5）巷道水沟的清泥注意下列问题：

1）水沟的清理要同道路的清理同时进行。

2）清理工作中，不要触及电缆、架线、电话线、开关等。

3）不准移动各种安全警示标志，不许破坏各种通风设施，保持水沟盖板的完好。

4）清理的污物要运输到坑外排弃，搞好巷道卫生。

8.1.4.3 注意事项

（1）排水工作是矿山安全生产重要的工作，关系到全矿人员的生命安全。工作过程中绝对禁止擅离职守，注意观察水位的变化情况，出现异常及时报告。

（2）雨季或井下积水旺季时，要保证排水及时。如遇积水突发性猛涨，排水能力不足或积水淹泵已无法排水时，要及时报警，关闭电源。作业人员可通过提升机竖井人行梯或其他安全通道撤离现场，避免人身伤害。

（3）出现淹泵或淹泵室积水持续上涨等意外情况时，一定要及时上报领导或有关人员，进行计划性处理，无人监护情况下，严禁操作人员擅自处理。

8.2 矿山生产防火与灭火

8.2.1 露天采矿防火灭火的要求

（1）矿山的建（构）筑物和重要设备，应按 GBJ16 和国家发布的其他有关防火规定，以及当地消防部门的要求，建立消防隔离设施，设置消防设备和器材。消防通道上不应堆放杂物。

（2）重要采掘设备，应配备灭火器材。设备加注燃油时，不应吸烟或采用明火照明。不应在采掘设备上存放汽油和其他易燃易爆材料，不应用汽油擦洗设备。易燃易爆器材，不应放在电缆接头、轨道接头或接地极附近。废弃的油、棉纱、布头、纸和油毡等易燃品，应妥善处理。

（3）应结合生活供水管设计地面消防水管系统，水池容积和管道规格应考虑两者的需要。

（4）矿山企业应规定专门的火灾信号，并应做到发生火灾时，能通知作业地点的所有人员及时撤离危险区。安装在人员集中地点的信号，应声光兼备。任何人员发现火灾，应立即报告调度室组织灭火，并迅速采取一切可能的方法直接扑灭初期火灾。

（5）木材场、防护用品仓库、炸药库、氢和乙炔瓶库、石油液化气站和油库等场所，应建立防火制度，采取防火措施，备足消防器材。

8.2.2　地下采矿防火灭火的要求

（1）地下采矿的地面防火灭火应按露天矿和国家发布的防火灭火规定执行。

（2）井下采矿必须建立井下消防水管系统，可以结合湿式作业供水管道共同建立，井下消防供水水池容积应不小于 $200m^3$。管道规格应考虑生产用水和消防用水的需要。

（3）用木材支护的竖井、斜井及其井架和井口房、主要运输巷道、井底车场硐室，应设置消防水管。

（4）生产供水管兼作消防水管时，应每隔 $50\sim100m$ 设支管和供水接头。

（5）木材场、有自燃发火危险的排土堆、炉渣场，应布置在距离进风口常年最小频率风向上风侧80m以外。

（6）主要进风巷道、进风井筒及其井架和井口建筑物，主要扇风机房和压入式辅助扇风机房，风硐及暖风道，井下电机室、机修室、变压器室、变电所、电机车库、炸药库和油库等，均应用非可燃性材料建筑及支护，室内应有醒目的防火标志和防火注意事项，并配备相应的灭火器材。

（7）矿山炸药库的支护、照明电线、照明灯泡、开关位置等要符合国家标准。

（8）井下各种油类及设备的储存、使用、设备维护要严格执行安全规程，油类应单独存放、严密密封、储油量应不超过三昼夜的需用量，柴油设备或油压设备出现漏油应及时处理，不能用明火、电炉、灯泡取暖及烘烤管道和设备。

（9）井下输电线路和直接回馈线路通过木制井框、井架和易燃材料的部位，应采取有效的防止漏电或短路的措施。

（10）在井筒内进行焊接时，应派专人监护，焊接完毕应严格检查清理。在木结构井筒内焊接时，应在作业部位的下方设置收集火星、焊渣的设施，并派专人喷水淋湿和及时扑灭火星。

（11）矿井发生火灾时，主扇是否继续运转或反风，应根据矿井火灾发生的地点和通风方向决定。

（12）在开采有自燃发火危险的矿井、有沼气渗出的矿井应按安全规程的要求每月对井下空气成分、温度、湿度和水的 pH 值测定一次，宜装备现代化的坑内环境监测系统，实行连续自动监测与报警，加强沼气的监测。制定符合规程的安全防火措施。

8.2.3　矿山生产火灾预防

8.2.3.1　外因火灾预防

A　禁止使用明火

（1）严禁在井下安设炉灶，明火取暖，或有意燃烧木材及其他可燃性材料。

（2）井下放置炸药、柴油及其他易燃品的地点严禁抽烟和明火。

（3）井下木支柱密集地点，木结构的竖井、斜井、硐室或其他有易燃品的地点，使用明火或需进行焊接作业时，必须经矿总工程师和安全部门批准后，方可按规定进行作业。作业中要有灭火及防止焊渣火星飞溅的可靠措施，作业结束时要仔细检查现场，严防留下火种。

（4）在一般的地点进行焊割作业时，乙炔发生器与焊割地点之间的距离不得小于10m，并设专人看守，防止过往人员的灯火引燃乙炔气。

（5）井下存放炸药和易燃品的上方及附近严禁悬挂或放置电石灯。

B 防止电气和电热起火

（1）井下各作业场所的动力线路开关、电气设备必须正规安设，严禁超负荷。

（2）电气设备的开关熔断器只允许使用符合安全规定的熔断丝（片），严禁使用其他金属丝（片）。

（3）为防止仪器设备受空气湿度的影响，个别地点需要用电热干燥空气时，应经矿总工程师批准，按规定适当安设电热设备，并注意安全防火。

（4）作业场所的照明动力线路，必须正规架设，经常保持其绝缘良好，在电线或电缆接头附近禁止存放炸药或其他易燃品。

（5）井下任何地点的工具箱、更衣箱内禁止装置电灯或其他电热设备。

（6）禁止采用灯泡加热器、阻抗器或电炉烘烤爆破器材、衣服及其他易燃材料。

（7）电灯泡和电线接头的裸露部分、电器设备的发热部分，禁止与木材、油毡纸和其他易燃品接触。

C 防止炸药及油类失火

（1）井下使用的炸药、柴油、机油等易燃物品必须存放在固定专用硐室或发放站内，储存量不得超过3昼夜的用量。存放易燃物料的地点必须有灭火器材并符合安全规程的要求。

（2）用电机车运送爆破器材和油类必须使用专用车。车上覆盖苫布。运料车与电机车头之间应加挂一节空车厢，以避免集电弓与电车架线接触时产生的火花引燃易燃材料。

（3）井下临时存放易燃材料的时间不许超过8h。井口、主要运输巷道、作业集中地点、电车架线及电灯泡下边电力线路的接头及开关附近，禁止临时存放易燃材料。

（4）运送油类、炸药时禁止吸烟和点电石灯。每台柴油机车必须随车配置一定数量的灭火器。

（5）井下维修车辆及柴油机设备地点、储存油类的地点，均应及时清除地沟中和地面上的废油。沾上油类的破布棉纱应及时运出坑外，严禁在井下存放。

（6）井下禁止采用喷灯或明火加热内燃设备。

8.2.3.2 内因火灾的预防

A 开采技术措施

（1）选择合理的开拓方式和采矿方法。优先采用石门、岩石大巷的脉外开拓方式，以减少矿层的切割量，便于少留矿柱，易于及时封闭和隔离采空区。

（2）坚持先上层后下层，自上而下的开采顺序和由井田边界向中央后退式回采方式。

选用回采率高、回采速度快、不留矿柱、采空区容易封闭的采矿方法。

（3）合理布置采区。矿山可根据矿石的自燃发火期的长短和回采速度来决定采区尺寸。必须保证在矿体自燃发火期到来之前回采完毕并及时封闭采区。

（4）提高回收率，降低矿石损失，减少采区残矿，提高回采程度，及时充填采空区。

我国有自燃倾向的矿山曾成功地应用上述经验，在预防自燃火灾方面取得了巨大的成绩。

B 通风防火措施

（1）实行机械通风，建立稳定可靠的通风系统，加强通风管理。

（2）采用分区通风，避免串联，及时调节风流，控制和隔绝火区，缩小火区范围。

（3）最大限度地降低风压、减少漏风，及时安设调节风门、风窗、密闭墙等通风构筑物，并正确选择安设地点，保证施工质量。

（4）加强通风系统的测定和管理，特别注意有自燃危险区域的风量、风压、风向、漏风状况、一氧化碳含量的测定。

（5）均压通风。调节风门均压，减少并联网路漏风，即在工作面回风巷道里安装调节风门，降低工作面压差，减少风量。

C 预防性灌浆和喷洒阻化剂

在采矿之前，向硫化矿层每隔 $50\sim100m$ 钻孔，用套管封孔后注入泥浆，称为采前灌浆。随着采矿场推进，可同时向硫化矿采空区灌入泥浆，称为随采随灌。开采自燃不太严重的硫化矿时，可在上分层采场先采之后，封闭上下出口，向采空区灌入泥浆，这称为采后灌浆。阻化剂为无机盐化合物，如氯化钙（$CaCl_2$）、氯化镁（$MgCl_2$）等。

8.2.4 井下生产灭火责任

（1）发现井下起火，应立即采取一切可能的方法直接扑灭，并迅速报告矿调度室；区、队、班、组长，应按照矿井火灾应急预案，首先将人员撤离危险地区，并组织人员，利用现场的一切工具和器材及时灭火。火源无法扑灭时，应封闭火区。

（2）电气设备着火时，应首先切断电源。在电源切断之前，只准用不导电的灭火器材灭火。

（3）领导接到火灾报告后，应立即组织有关人员，查明火源及发火地点的情况，根据矿井火灾应急预案，拟定具体的灭火和抢救行动计划。同时，应有防止风流自然反向和有害气体蔓延的措施。

（4）需要封闭的发火地点，可先采取临时封闭措施，然后再砌筑永久性防火墙。整个过程应该按操作规程要求进行。防火墙的砌筑、管理、启封应符合安全规程的规定。

8.3 矿井通风安全

8.3.1 井下空气质量标准

（1）采掘工作面进风流中的空气成分（按体积计算），氧气应不低于20%，二氧化碳应不高于0.5%。

（2）入风井巷和采掘工作面的风源含尘量，应不超过 $0.5mg/m^3$。

（3）井下作业地点的空气中，有害物质的接触限值应不超过 GBZ2 的规定。

井下空气的主要有毒有害气体有二氧化氮、二氧化硫、二氧化碳、一氧化碳等，职业接触限值（OEL）是职业性有害因素的接触限制量值，指劳动者在职业活动过程中长期反复接触对机体不引起急性或慢性有害健康影响的容许接触水平。化学因素的职业接触限值可分为时间加权平均容许浓度、最高容许浓度和短时间接触容许浓度三类（见表 8-1）。

时间加权平均容许浓度（PC-TWA）指以时间为权数规定的 8h 工作日的平均容许接触水平。

最高容许浓度（MAC）指工作地点、在一个工作日内、任何时间均不应超过的有毒化学物质的浓度。

短时间接触容许浓度（PC-STEL），指一个工作日内，任何一次接触不得超过的 15min 时间加权平均的容许接触水平。

表 8-1 职业接触限值

名　　称	OELs/mg·m⁻³			备　注
	MAC	PC-TWA	PC-STEL	
二氧化氮		5	10	
二氧化硫		5	10	
二氧化碳		9000	18000	
硫化氢	10			
一氧化碳		20	30	

（4）含铀、钍等放射性元素的矿山，井下空气中氡及其子体的浓度应符合 GB 4792 的规定。

（5）进风巷冬季的空气温度，应高于 2℃；达不到 2℃ 时，应采取增温措施，采取暖气预热或者井巷预热，但不能采用明火直接预热空气。

在严寒地区，主要井口（所有提升井和作为安全出口的风井）应有保温措施，防止井口及井筒结冰。如有结冰，应及时处理，处理结冰时应通知井口和井下各中段马头门附近的人员撤离，并做好安全警戒。

（6）采掘作业地点的工作环境的气象条件应符合表 8-2 的规定，否则，应采取降温或其他防护措施。

表 8-2 采掘作业地点气象条件规定

干球温度/℃	相对湿度/%	风速/m·s⁻¹	备　注
≤28	不规定	0.5~1.0	上　限
≤26	不规定	0.3~0.5	至　适
≤18	不规定	≤0.3	增加工作服保暖量

8.3.2　矿井通风系统

（1）矿井应建立机械通风系统。对于自然风压较大的矿井，当风量、风速和作业场所空气质量能够达到规定时，允许暂时用自然通风替代机械通风。

应根据生产变化，及时调整矿井通风系统，并绘制全矿通风系统图。通风系统图应标明风流的方向和风量、与通风系统分离的区域、所有风机和通风构筑物的位置等。

（2）矿井所需风量，应该按下列要求分别计算，并取其中最大值。

按井下同时工作的最多人数计算，供风量应不少于每人 $4m^3/min$；按排尘风速计算，硐室型采场最低风速应不小于 $0.15m/s$，巷道型采场和掘进巷道应不小于 $0.25m/s$；电耙道和二次破碎巷道应不小于 $0.5m/s$；有柴油设备运行的矿井，按同时作业机台数每千瓦每分钟供风量 $4m^3$ 计算。

（3）井巷断面平均最高风速应不超过表 8-3 的规定。

表 8-3　井巷断面平均最高风速规定

井 巷 名 称	最高风速/m·s⁻¹
专用风井，专用总进、回风道	15
专用物料提升井	12
风桥	10
提升人员和物料的井筒，中段主要进、回风道，修理中的井筒，主要斜坡道	8
运输巷道采区进风道	6
采场	4

（4）采场形成通风系统之前，不应进行回采作业。

（5）进风风流应洁净：

1）进入矿井的空气，不应受到有害物质的污染。放射性矿山出风井与入风井的间距，应大于 300m。从矿井排出的污风，不应对矿区环境造成危害。

2）矿井主要进风风流，不得通过采空区和塌陷区。需要通过时，应砌筑严密的通风假巷引流。主要进风巷和回风巷，应经常维护，保持清洁和风流畅通，不应堆放材料和设备。

3）箕斗井不应兼作进风井。混合井作进风井时，应采取有效的净化措施，以保证风源质量。主要回风井巷，不应用作人行道。

（6）避免风流流动的污染：

1）井下破碎硐室、主溜井等处的污风，应引入回风道。井下炸药库，应有独立的回风道。充电硐室空气中氢气的含量，应不超过 0.5%（按体积计算）。井下所有机电硐室，都应供给新鲜风流。

2）采场、二次破碎巷道和电耙巷道，应利用贯穿风流通风或机械通风。电耙司机应位于风流的上风侧。

3）采空区应及时密闭。采场开采结束后，应封闭所有与采空区相通的影响正常通风的巷道。

（7）通风构筑物的应用：

1）通风构筑物（风门、风桥、风窗、挡风墙等）应由专人负责检查、维修，保持完好严密状态。主要运输巷道应设两道风门，其间距应大于一列车的长度。手动风门应与风流方向成 80°~85° 的夹角，并逆风开启。

2）风量超过 $20m^3/s$ 时，应设绕道式风桥；风量为 $10~20m^3$ 时，可用砖、石、混凝土砌筑；风量小于 $10m^3/s$ 时，可用铁风筒；木制风桥只准临时使用；风桥与巷道的连接处应做成弧形。

（8）矿井通风系统的有效风量，应不低于 60%。

8.3.3 机械通风

8.3.3.1 主扇通风

（1）正常生产情况下，主扇应连续运转。当井下无污染作业时，主扇可适当减少风量运转；当井下完全无人作业时，允许暂时停止机械通风。当主扇发生故障或需要停机检查时，应立即向调度室和主管矿长报告，并通知所有井下作业人员。

（2）每台主扇应具有相同型号和规格的备用电动机，并有能迅速调换电动机的设施。

（3）主扇应有使矿井风流在 10min 内反向的措施。当利用轴流式风机反转反风时，其反风量应达到正常运转时风量的 60% 以上。

每年至少进行一次反风试验，并测定主要风路反风后的风量。采用多级机站通风系统的矿山，主通风系统的每一台通风机都应满足反风要求，以保证整个系统可以反风。主扇或通风系统反风，应按照事故应急预案执行。

（4）主扇风机房，应设有测量风压、风量、电流、电压和轴承温度等的仪表。每班都应对扇风机运转情况进行检查，并填写运转记录。有自动监控及测试的主扇，每两周应进行一次自控系统的检查。

8.3.3.2 局部通风

（1）掘进工作面和通风不良的采场，应安装局部通风设备。局扇应有完善的保护装置。

（2）局部通风的风筒口与工作面的距离：压入式通风应不超过 10m；抽出式通风应不超过 5m；混合式通风，压入风筒的出口应不超过 10m，抽出风筒的入口应滞后压入风筒的出口 5m 以上。

（3）人员进入独头工作面之前，应开动局部通风设备通风，确保空气质量满足作业要求。独头工作面有人作业时，局扇应连续运转。

（4）停止作业并已撤除通风设备而又无贯穿风流通风的采场、独头上山或较长的独头巷道，应设栅栏和警示标志，防止人员进入。若需要重新进入，应进行通风和分析空气成分，确认安全方准进入。

（5）风筒应吊挂平直、牢固，接头严密，避免车碰和炮崩，并应经常维护，以减少漏风，降低阻力。

8.3.4 矿山生产防尘措施的规定

（1）凿岩应采取湿式作业。缺水地区或湿式作业有困难的地点，应采取干式捕尘或其他有效防尘措施。

（2）湿式凿岩时，凿岩机的最小供水量，应满足凿岩除尘的要求。

（3）爆破后和装卸矿（岩）时，应进行喷雾洒水。凿岩、出渣前，应清洗工作面

10m 内的巷壁。进风道、人行道及运输巷道的岩壁，应每季至少清洗一次。

（4）防尘用水，应采用集中供水方式，水质应符合卫生标准要求，水中固体悬浮物应不大于 150mg/L，pH 值应为 6.5～8.5。储水池容量，应不小于一个班的耗水量。

（5）接尘作业人员应佩戴防尘口罩。防尘口罩的阻尘率应达到 I 级标准要求（即对粒径不大于 5μm 的粉尘，阻尘率大于 99%）。

8.3.5 通风防尘工作

8.3.5.1 主扇通风工作

（1）认真完成交接班工作，交流设备运输情况，认真检查设备及仪表运行状况。做好交接班记录工作。

（2）工作过程中，要坚守岗位，不准离开机房，注意倾听设备运转声音，观察电压表、电流表、风流表的状态，出现问题及时处理。

（3）主扇运行过程中，严禁触及设备的运转部位。

（4）做好经常性维护工作，经常检查设备润滑情况，对旋转部分如轴承、轴瓦经常注油。

（5）开关电器开关及按钮时要穿好高压绝缘靴，戴好绝缘手套，站在绝缘板上操作。

（6）主扇发生事故或需要停车时，值班人员必须立即通知调度和安全科，以统一调度，调整生产，未经同意不准擅自停开主扇风机。

（7）要保持机房和设备的整理干净，每班清扫和保持卫生，文明生产，但严禁使用湿抹布擦电器设备及按钮。

8.3.5.2 井下通风工作

（1）由于通风工作的特殊性，通风工不许单独井下作业，必须两人或两人以上同时作业。回风巷、天井、独头井巷要加倍注意。并且佩戴好必要的劳动保护。

（2）进入某地点工作前，首先要确认地点的安全性，包括风流畅通情况，顶板稳固情况，岩壁的安全状况等。确认工作环境安全可靠无危险方可开始工作。

（3）风机和风筒等材料和设备的运输要使用平板车，不许用矿车运输。运输过程中要捆绑牢固，装卸、移动风机时要有专人指挥。大家步调一致，严禁挤伤手脚，并注意脚下障碍物。

（4）运输设备的过程中要注意设备的宽度和高度，严禁撞坏架线、电线电缆、风水管线及各种电器设备。

（5）安装局扇时，局扇的底座应该平整，局扇应安装在木制或铁制的平台上，电缆和风筒应吊挂在巷道壁上，吊挂距离 5～6m，高度不应妨碍行人和车辆的运行，做到电缆接头不漏电，风筒接头不漏风，多余的电缆应该盘好放置在宽敞处的巷道壁上，局扇开关距离风机的距离和高度要适中。

（6）通风风筒的安装必须要平直牢固，百米漏风量在 10% 以内，吊挂风筒的铁线与架线应采取一定的安全绝缘、隔离措施，以免发生触电现象。

（7）进入局扇工作面前要注意观察工作面炮烟情况，严禁顶烟进入工作面，开启局扇前应对风机的各部进行认真仔细的检查，确认设备状态良好才可开机工作。

（8）多台风机串联工作时，应该首先开动抽风机，然后开启进风机，停止工作时首先关闭进风机，然后关闭抽风机。

（9）通风工要经常检查局扇的运行情况，各种通风设施的工作状况，保证风流畅通，通风设施完好，检修风机时，首先要断开电源，严禁带电检修。通风设备工作时严禁触及设备的运转部分。

8.3.5.3　注意事项

（1）作业前佩戴好劳动防护用品，严格遵守有关安全技术规程和安全管理制度。

（2）及时按设计要求安装风机和风筒，并要固定牢固可靠。

（3）安装作业点，遇有装岩机、电耙子、木料等影响安装时，必须同有关单位联系移设，不得自行开动。

（4）禁止一人上天井作业，登高作业要系安全带。

（5）对通风不良的作业面要及时安装局扇。各局扇、吸风口必须加安全网。

（6）拆卸风机风筒时，要相互配合，防止掉下伤人，搬运时须绑扎牢固，防止碰坏设备和触及机车架线。

（7）负责维修局扇风机、风筒，发现有漏风现象及时修理。对于拆卸下的风机风筒应放在不影响人员和设备运行的地点。

（8）安装完后须试车，确认机械、电气正常后方准离开，属安装完毕。

（9）经常到现场检查局扇运转情况，发现声音异常等故障应及时停机进行处理。发现风筒不够长，要及时接到位，保证排污效果。

（10）掘进工作面和个别通风不良的采场，必须安装局部通风设备。局扇应有完善的保护装置。

（11）局部通风的风筒口与工作面的距离：压入式通风不得超过 10m；抽出式通风不得超过 5m；混合式通风，压入风筒不得超过 10m，抽出风筒应滞后压入风筒 5m 以上。

（12）进入独头工作面之前，必须开动局部通风设备。独头工作面有人作业时，局扇必须连续运转。

（13）停止作业并已撤除通风设备而又无贯穿风流的采场、独头上山或较长的独头巷道，应设栅栏和标志，防止人员进入。如需要重新进入，必须进行通风和分析空气成分，确认安全后方准进入。

（14）井下产尘点，应采取综合防尘技术措施。作业场所空气中的粉尘浓度，应符合 TJ36《工业企业设计卫生标准》的有关规定。

（15）湿式凿岩的风路和水路，应严密隔离。凿岩机的最低供水量，应满足凿岩除尘的要求。

（16）装卸矿（岩）时和爆破后，必须进行喷雾洒水。凿岩、出渣前，应清洗工作面 10m 内的岩壁。进风道、人行道及运输巷道的岩壁，应每季至少清洗一次。

（17）防尘用水，应采用集中供水方式，水质应符合卫生标准要求，水中固体悬浮物应不大于 150mg/L，pH 值应为 6.5～8.5。储水池容量应不小于一个班的耗水量。

（18）接尘作业人员必须佩戴防尘口罩。防尘口罩的阻尘率应达到 I 级标准（即对粒径不大于 5μm 的粉尘，阻尘率大于 99%）。

（19）全矿通风系统应每年测定一次（包括主要巷道的通风阻力测定），并经常检查局部通风和防尘设施，发现问题，及时处理。

（20）定期测定井下各产尘点的空气含尘量。凿岩工作面应每月测定两次，其他工作面每月测定一次，并逐月进行统计分析、上报和向职工公布。粉尘中游离二氧化硅的含量，应每年测定一次。

（21）矿井总进风、总排风量和主要通风道的风量，应每季度测定一次。主扇运转特性及工况，应每年测定两次。作业地点的气象条件（温度、湿度和风速等），每月至少测定一次。

（22）矿山必须配备足够数量的测风仪表、测尘仪器和气体测定分析仪器等，并每年至少要校准一次。

（23）矿井空气中有毒有害气体的浓度，应每月测定一次。井下空气成分的取样分析，应每半年进行一次。

8.3.5.4　井下防尘工作

A　测尘工作注意事项

（1）禁止用嘴直接吸取有毒的样品，应用吸耳球。

（2）稀释浓硫酸时，只准在搅拌情况下，将酸慢慢倒入水中，切不可将水倒入酸中。

（3）与橡皮管连接的玻璃管管口必须烘熔消除锐口，连接时，口径必须相宜适合。为了便于连接，在连接前玻璃管端可先用水润湿，连接时若需用力，则要戴手套。

（4）室内一切用电气设备，需妥善地接地线，一切电源禁止乱动。

（5）易燃、易爆或有腐蚀性的物质，应做好防爆防腐措施，应戴好防护用品，离开工作室时应关闭热源。

（6）灌注汞时应在盛有一定深度的磁盘中进行，防止散落在操作台和地上，万一不慎散落应立即将汞收集起来。

（7）进入现场时，应穿上规定的工作服，戴上安全帽，长辫子应缠在头上。

（8）到各采样点采样时，须了解该地点的安全规程。

（9）采样时应选择安全适宜的地方站立，并注意头、脚上下是否安全，在高处采样时应戴安全带，排放气体时不要面对采样孔，应站在上风位置，在正压条件下采样时应戴手套。

B　收尘、收尘风机工作注意事项

（1）上岗前必须穿戴好个人劳动防护用品。

（2）必须了解高压供电基本知识，熟悉安全技术操作方法，能进行紧急救护，经安全考试，审核后方可操作。岗位人员均负责岗位安全运行责任，做到安全供电。

（3）开车前检查风机各部位是否完备可用，确认一切正常后方可请示有关人员送电开机。对高压设备的检查和操作，对电收尘器内部的检查以及查、堵漏点，须有一人操作一人监护。

（4）作业中按电气操作规程操作，并做好安全措施。室内禁放易燃易爆物品，未经许可不准动火。

（5）按时按要求注油，并随时注意油位、油质，轴承油温和电流不得超过规定指标。运转部位必须具有安全罩，无紧急情况严禁带负荷直接停车。

（6）高压设备停电后，必须切断电源，挂好接地线，挂好停电标志牌。停车后（临时停车除外），请有关人员与变电所联系切断电源。

（7）对各电场送电必须经过安全确认，进入电场内工作，须先用新鲜空气转换且温度高于50℃时要有安全措施。

8.4 矿山生产空压

压缩空气是井下矿山重要的动力，主要应用于凿岩机械、出矿机械、放矿机械和井底车场推进机械。

8.4.1 空压机站设置

（1）根据最大风量确定空压机的台数和型号。一般应选用同一型号、同一厂家的空压机，不得超过两种。空压机的选择要兼顾基建时期和生产时期。其总台数一般为3~5台，不要超过6台。有一定比例的备用，至少有一台备用。

（2）地面空气压缩机站，站址应选择在空气清洁、通风良好的地方，距矸石山、出风井、烟筒等产生尘埃和废气的地点不宜小于150m。

（3）井下的空气压缩机站，应设在设备运输方便、空气流畅的进风巷道中。

（4）压风管路宜采用钢管，管径应满足最远用风点处的总压力损失不超过0.1MPa；井上或井下管路的最低点及主要管路，每隔500~600m，均应设置油水分离器，在温差大的地区，当管路直线长度超过200m时，应设伸缩器。

（5）地面风包应设在阴凉处，井下应设在空气流畅的地方；应装设超温保护设施；应装设动作可靠的安全阀和放水阀；出口的管路上应设释压阀，释压阀的口径不得小于出风管的直径；新安装或检修后的风包，应用1.5倍工作压力做水压试验。

8.4.2 空压供应工作

8.4.2.1 空压机房的工作

（1）认真做好交接班工作，双方交流设备运转情况、仪表仪器工作情况，并做好记录。

（2）空压工必须经过培训，经考试合格后方准上岗，工作中要穿戴好劳动保护用品，坚守工作岗位，不准擅离职守。禁止其他人员进入空压机房，绝对禁止其他人员操作设备。

（3）接班后，应检查电气设备、风管、水管、油管是否有滴漏现象，检查连杆、螺杆、销钉是否有断裂现象，螺丝是否有松动现象。

（4）推上或拉下高压断路器时，必须戴绝缘手套，高压开关柜前应铺设绝缘胶板。

（5）设备运转时，要随时观察电压表、电流表是否正常，应随时注意检查倾听设备的运转声音，发出异常应停机检查采取措施。

（6）设备运转工作时，严禁触摸设备的运转部位。

（7）冷却水温度很高时，严禁放入冷水冷却，以免发生缸套和缸壁炸裂现象。

（8）管网内有压力时，严禁修理和更换容器，以免发生危险。

（9）做好设备的维护和保养工作。确保设备处于良好的工作状态，对设备要勤检查、勤清扫、勤注油。搞好设备和电气的卫生，严禁用湿抹布擦电器设备。

（10）当室温低于0℃时，停车后必须将冷却水放干净。

（11）当室温低于12℃时，机器在启动前应对润滑油预热，否则不要开车。

（12）空压机房内的各种工具应按使用顺序摆放。严禁存放易燃易爆危险品。

（13）保证机房的消声器工作正常，减少噪声污染。

（14）吸气阀、排气阀、过滤器每季度要清洗一次，安全阀要定期试验，且每班至少要检查一次，以防止发生意外事故。

（15）要保持空压机的卫生，做到经常清扫、文明生产。

8.4.2.2　空压工工作注意事项

（1）注意空压机的各种阀门是否处于正确的位置，能否正确启闭，打开并关闭储气罐（风包）下面的排污阀。

（2）启动前应将气阀门全开，然后按下启动按钮或启动柴油机，使机器在无负荷状态下启动运转，观察空压机运转是否正常，启动后约3min左右没有异声，则将阀门关闭，使储气罐中的压力逐渐升高到达预定的压力。

（3）储气罐之泄水阀每日打开一次排除油水。润滑油面请每天检查一次，确保空压机之润滑作用。空气滤清器应15天清理或更换一次（滤芯为消耗品）。

（4）压机停机检修期间，必须切断电源，认真执行挂牌检修制度，并要做好停机后的维修和保养工作，检修工作必须在专业技术员的监督指导下进行。

（5）非本岗位工作人员严禁进入空压机房，未经批准不得乱动设备的仪表及安全装置。

8.4.2.3　管网的架设工作

（1）作业前必须检查周围的环境是否安全，特别是在天井、竖井内施工时，要做好井壁的安全处理和采取必要的安全措施，要系好安全带，妥善保管好随身携带的工具，检查、敲撬井壁的浮石，确认安全后开始作业。

（2）在运输各种管线时，应注意周围的人员及物体，不要撞坏井巷的架线、电缆、各种电器及通风设施，注意来往车辆，多人工作时要相互关照，协调一致，注意脚下障碍物。

（3）在进行焊接作业时，首先要清理周围的易燃易爆等危险品。严格遵守电气焊接的安全操作规程。

（4）工作应该认真、仔细。安装的风水管，必须牢固、美观，利于检修。

（5）风水管要位于各电线和电缆的下方，两者不能相互交错，距离应该大于0.3m。

（6）风水管必须按设计要求吊挂整齐，位于巷道一侧，吊钩间距一般为3~5m，吊钩插入岩石的深度为0.3m。并用水泥砂浆充填使其牢固，不准打横撑和立杆吊挂管网。在巷道拐弯处吊挂风水管，两者的弯度应吻合。风水管紧靠巷道壁，不许突出。

（7）严禁带压修理风水管，工作时严禁面对管口。安风水阀门前应先用风水吹洗管内污物，然后接上阀门。

（8）在竖井或天井架设风水管路时，每隔一定的距离应使用托管。并全部应用对盘接头，管夹应固定牢靠。工作期间禁止人员上下，并做好安全警卫工作。

（9）安装弯头或三通时，管子伸入弯头或三通的长度不应超过20mm，以免增大应力。

（10）在每条支管的起始端应安装阀门，阀门手轮的位置应有利于开关旋转。

（11）长距离的供用管线，每隔1000m应安设排水器，以利水和油排出管外。

（12）工作应认真负责，保证工作质量，风水管不滴漏、不脱扣、不落架、不放炮。如有损坏应及时修理。

（13）工作结束，清理干净工作面，做到文明生产。

8.5　矿山生产用电安全

8.5.1　用电基本规定

（1）矿山企业各种电气设备或电力系统的设计、安装、验收应遵守 GB 50070 的规定。

由地面到井下中央变电所或主排水泵房的电源电缆，至少应敷设两条独立线路，并应引自地面主变电所的不同母线段。其中任何一条线路停止供电时，其余线路的供电能力应能担负全部负荷。无淹没危险的小型矿山，可不受此限。

井下各级配电标称电压，应遵守规定：高压网络的配电电压，应不超过 10kV；低压网络的配电电压，应不超过 1140V；照明电压，运输巷道、井底车场应不超过 220V；采掘工作面、出矿巷道、天井和天井至回采工作面之间，应不超过 36V；行灯电压应不超过 36V；手持式电气设备电压，应不超过 127V；电机车牵引网络电压，采用交流电源时应不超过 380V；采用直流电源时，应不超过 550V。

（2）引至采掘工作面的电源线，应装设具有明显断开点的隔离电器。从采掘工作面的人工工作点至装设隔离电器处，同一水平上的距离不宜大于 50m。

（3）矿山企业应备有地面、井下供（配）电系统图，井下变电所、电气设备布置图，电力、电话、信号、电机车等线路平面图。有关供（配）电系统、电气设备的变动，应由矿山企业电气工程技术人员在图中作出相应的改变。

（4）矿山企业井下用电的线路设计、断电保护、各种井巷硐室敷设的电缆种类应符合矿山安全生产规程的规定。

（5）井下电缆的敷设、连接、标识标志、电气保护、用电检查均应符合矿山安全生产规程的规定。

（6）井下各种硐室的建筑、规格、地面标高、电气设备配置、电气设备摆放、标识标志均应符合矿山安全生产规程的规定。

（7）井下各井巷硐室照明、各工作地点间通讯、主要工作地点的监控、井下铁路运输信号系统也应符合矿山安全生产规程的规定。

（8）矿山生产各种电气均应按照矿山安全生产规程的规定接地和不接地，接地方式、接地网络、接地线路及施工也应符合矿山安全生产规程的规定。

（9）矿山电工应按照矿山安全生产规程的规定对矿山用电电气及设施按期进行检查和维修，电工在工作过程中的操作应遵守矿山安全生产规程的规定。

（10）矿井电气工作人员，对重要线路和重要工作场所的停电和送电，以及对 700V 以上的电气设备的检修，应持有主管电气工程技术人员签发的工作票，方准进行作业；不应带电检修或搬动任何带电设备（包括电缆和电线）；检修或搬动时，应先切断电源，并将导体完全放电和接地；停电检修时，所有已切断的开关把手均应加锁，应验电、放电和将线路接地，并且悬挂"有人作业，禁止送电"的警示牌。只有执行这项工作的人员，才有权取下警示牌并送电；不应单人作业。

8.5.2 矿山电工安全工作

（1）上班时必须穿戴好防护用品，井下作业必须戴安全帽、穿胶靴和带手电筒。

（2）禁止单人作业，所有电气作业必须两人或两人以上。

（3）所有电工人员必须经过技术培训，并经过考试合格方可操作。

（4）电工必须对单位电器设备性能、原理、电源分布、安全知识了解清楚，禁止盲目停电和作业。

（5）经常检查使用的绝缘工器具的绝缘是否良好。禁止使用不良绝缘工器具和防护用品。

（6）任何电器设备，未经验电，一律视为有电，不准用手触及。井下电器设备禁止接零。

（7）保护接地损坏的电气设备不得继续使用。禁止非专业人员修理电气设备及线路。

（8）禁止使用裸露的刀闸开关和保险丝。

（9）禁止随便切断电缆，必须切断时需经有关人员同意。照明线路须单独安设，不得和动力供电线路混合使用。

（10）当有人在线路工作时，所有已切断的开关、把手需挂"有人作业，不准送电"的牌子，在作业期间要派专人监护。

（11）下列电气设备的金属部分必须接地：

机器与电器设备外壳；配电装置金属架和框架配电箱，测量仪表的外壳；电缆接线线盒和电缆金属外壳。

（12）井下所有工作地点，安全人行道和通往工作点的人行道，都应有足够的照明。

8.6 矿山生产设备安全管理

矿山的生产设备可以分为采矿设备、提升运输设备、井巷施工设备及水电空压通风辅助设备，采矿设备主要包括凿岩装药（浅孔、深孔、凿岩台车、装药机）设备、出矿设备（铲运机、装载机、电耙），提升运输设备包括井下窄轨铁路运输系统设备（铁路、电机车、矿车）、井下运输汽车、皮带运输系统、罐笼井提升系统设备、箕斗井提升系统设备，井巷施工设备包括装岩机、转运机、混凝土喷射器、吊罐、爬罐、钻机，水电空压通风辅助设备包括空压机、主扇、辅扇、水泵、变电电气等。

8.6.1 机械伤害的原因

机械伤害和其他事故一样，是由于人的不安全行为和物的不安全状态造成的，具体有以下几方面。

8.6.1.1 人的不安全行为

人的不安全行为是指作业人员违反安全操作规程或者是某些失误而造成不安全的行为，以及没有穿戴合适的防护用品而得不到良好的保护。常见的有下列几种情况：

（1）正在检修机器或者刚检修好尚未离开，因他人误开动而被机器伤害。

（2）在机器运转时进行检查、保养或做其他工作，因误入某些危险区域和部位造成伤害。例如人跌入破碎机内，手伸进皮带罩内等。

（3）防护用品没有穿戴好，衣角、袖口、头发等被转动的机械拉卷进去。

（4）设备超载运行造成断裂、爆炸等事故而伤人。如钢丝绳拉断弹击人员等。

（5）操作方法不当或不慎造成事故。如人被装岩机斗或所装的岩石伤害等。

8.6.1.2 设备安全性能不好

设备安全性能不好是指机械设备先天不足，缺乏安全防护装置，结构不合理，强度达不到要求；或者设备安装维修不当，不能保持应有的安全性能，常见的情况有：

（1）机械传动部分，如皮带轮、齿轮、联轴器等没有防护罩壳而轧伤人，或传动部件的螺丝松脱而飞击伤人。

（2）设备及其某些部件没有安装牢固，受力后拉脱、倾翻而伤人。如电耙绞车回绳轮的固定桩拉脱，链板运输机的机尾倾翻等。

（3）机械某些零件强度不够或受损伤，突然断裂而伤人。

（4）在操作时，人体与机械某些易伤害的部分接触。

（5）设备的防护栏杆、盖板不齐全，使人易误入或失足跌入危险区域而遭伤害。

（6）缺乏必要的安全保险装置，或保险装置失灵而不能起到应有的作用。

8.6.1.3 工作场所环境不良

机械设备所处的环境条件不好，如空间狭窄、照明不良、噪声大、物件堆放杂乱等，会妨碍作业人员的工作，容易引起操作失误，造成对人员的伤害。

8.6.2 机械伤害预防措施

8.6.2.1 正确的行为

要避免事故的发生，首先要求作业人员的行为要正确，不得有误。为此，要加强安全管理，建立健全安全操作规程并要严格对操作者进行岗位培训，使其能正确熟练地操作设备；要按规定穿戴好防护用品；对于在设备开动时有危险的区域，不准人员进入。

8.6.2.2 设备良好的安全性能

设备本身应具有良好的安全性能和必要的安全保护装置。主要有以下几点：

（1）操纵机构要灵敏，便于操作。

（2）机器的传动皮带、齿轮及联轴器等旋转部位都要装设防护罩壳；对于设备的某些容易伤人或一般不让人接近的部位要装设栏杆或栅栏门等隔离装置；对于容易造成失足的沟、堑，应有盖板。

（3）要装设各种保险装置，以避免人身和设备事故。保险装置是一种能自动清除危险因素的安全装置，可分为机械和电气两类。根据所起的作用可分为下列几种：

1）锁紧件。如锁紧螺丝、锁紧垫片、夹紧块、开口销等，以防止紧固件松脱。

2）缓冲装置。以减弱机械的冲击力。

3）防过载装置。如保险销（超载时自动切断的销轴）、易熔塞、摩擦离合器及电气过载保护元件等，能在设备过载时自动停机或自动限制负载。

4）限位装置。如限位器、限位开关等，以防止机器的动作超出规定的范围。

5）限压装置。如安全阀等，以防止锅炉、压力容器及液压或气动机械的压力超限。

6）闭锁装置。在机器的门盖没有关好或存在其他不允许开机的状况，使得设备不能开动；在设备停机前不能打开门盖或其他有关部件。

7）制动装置。当发生紧急情况时能自动迅速地使机器停止转动，如紧急闸等。

8）其他保护装置。如超温、断水、缺油、漏电等保护。

（4）要装设各种必要的报警装置。当设备接近危险状态，人员接近危险区域时，能自动报警，使操作人员能及时做出决断，进行处理。

（5）各种仪表和指示装置要醒目、直观、易于辨认。

（6）机械的各部分强度应满足要求，安全系数要符合有关规定。

（7）对于作业条件十分恶劣，容易造成伤害的机器或某些部件，应尽可能采用离机操纵或遥控操纵，以避免对人员伤害的可能性。

8.6.2.3 良好的作业环境条件

要为设备的使用和安装、检修创造必要的环境条件。如设备所处的空间不能过于狭小，现场整洁，有良好的照明等，以便于设备的安装和维修工作顺利进行，减少操作失误而造成伤害的可能性。

8.6.2.4 加强维修工作

要保证设备的安全性能，除了要设计、制造安全性能优良的设备外，设备的安装、维护、检修工作十分重要，尤其是对于移动频繁的采掘和运输设备，更要注意安装和维修工作质量。

8.6.3 安装检修安全

在设备的安装和检修工作中，机件的频繁拆装和起吊，机器的开动，场地杂乱，工人的流动等都存在着危险因素。因此，对安装和检修中的安全问题必须十分重视，要注意下列有关安全事项：

（1）设备在检修前必须切断电源，并挂上"有人工作，禁止送电"的标志牌；在机内或机下工作时，应有防止机器转动的措施。

（2）起吊设备的机具、绳索要牢固，捆扎要牢靠，起重杆、架要稳固，机件安放要稳实。

（3）设备的吊运要执行起重作业安全操作规程，要有人统一指挥。

（4）需要大型机件（如减速箱盖）悬吊状态下作业时，必须将机件垫实撑牢，需要垫高的机件，不准用砖头等易碎裂的物体垫塞。

（5）高空作业时，应扎好安全带，作好防护措施。

（6）设备安装和检修完后，必须经过认真的检查，确认无误后，方可开机试运转。

8.6.4 提升运输设备安全

矿山的主要物质流是矿石或废石从采场经巷道运送到井筒，提升到地面后再分别送到选矿厂或铁路装车站和废石堆场；另外寻支护用的坑木、充填材料、机电设备及其零部件，从地面运到井筒，然后再下放到井底，沿巷道运到采掘地点。

矿山物质流的运输方式有电机车的轨道运输，无轨车辆运输和皮带运输机运输；提升用罐笼或箕斗、吊罐吊桶和提升绞车。

8.6.4.1 巷道运输机械安全

井下巷道长、工作地点分散，运输支线多，加之井巷断面窄小，照明不足，易于发生事故。为此，必须遵守安全规程，设置足够的安全间距。严格控制车速、车距及信号灯，人推矿车前端挂上矿灯作为信号；电耙道应加强通风，车行进中要加强管理。加强溜矿井的管理，设置安全护栏和光度足够的照明，溜矿井和电耙道要洒水防止粉尘飞扬。柴油机车运输必须净化尾气，将尾气中的有害气体减到最少且应用大风量加以排出。

机车在运行中必须控制车速，遵守制动距离的安全要求，金属矿山运送人员时，其制动距离（由开始制动到停车的距离）不得超过20m；运送物料时，不得超过40m，电机车架线高度、运行速度要遵守安全规程的规定。

8.6.4.2 斜井提升机械安全

斜井运输必须设置常闭式阻车器和挡车栏（见图8-1），防止矿车意外进入斜井；竖井设置防坠器（安全卡）和防止过卷扬装置；钢丝绳要定期涂油保养。

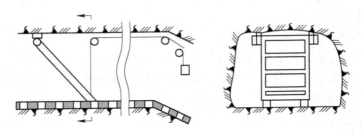

图8-1 斜井上部挡车栏

斜井主要不安全因素是跑车，产生跑车的原因有：设备不良、制动不灵；插销弯曲、矿井的连接器断裂；没有可靠的阻车器，斜井串车提升可以拴上保险绳（见图8-2），在矿车下端挂上阻车叉（见图8-3），在矿车上端挂上抓车钩（见图8-4）。行车道和人行道没有设置防护栏杆。

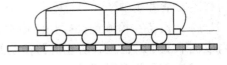

图8-2 串车保险绳

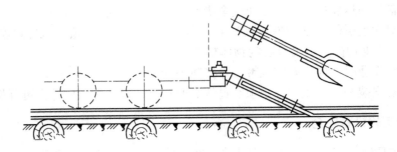

图8-3 阻车叉

运送人员使用的斜井人车应有顶棚，并有可靠的断绳保险器。断绳保险器既可以自动也可以手动，断绳或脱钩时执行机构插入枕木下或钩住枕木，或夹住钢轨阻止人车下滑。

各辆人车的断绳保险器要互相联结，并能在断绳瞬间同时起作用。

斜井内应设置捞车器（见图8-5），一旦发生跑车时捞车器挡住失控车辆，阻止矿车继续下滑。斜井提升应该有良好的声、光信号装置。

8.6.4.3 竖井提升机械安全

竖井提升罐笼为确保安全必须做到：装设能打

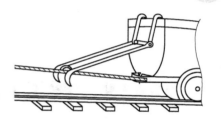

图8-4 抓车钩

开的顶盖。其底板应铺设坚固的无孔钢板。两端出入口应装设罐门，高度不小于1.2m；罐内应设有安全可靠的阻车器；不能同时提升人员、物料和爆破材料。

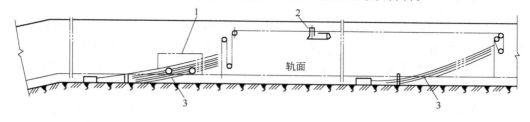

图8-5 双网捞车器

1—矿车；2—绳网提升系统；3—绳网

罐笼提升，须设有能从各个中段发给井口总信号工转给提升司机的信号装置。井口信号与提升机之间要设闭锁装置，提升信号系统包括：工作执行信号；各个中段分别提升的指示信号；不同种类货物提升信号；检修信号和事故信号。井下各中段在紧急事故停车时可设直接向卷扬司机发出的信号。

竖井提升应装置如下自动保护：过卷保护、限速装置、超速保护、过电流及无电压保护、闸瓦磨损保护、油压自动系统保护等。

防过卷装置，安装在提升装置的深度指示器及井架上部，这是一种电气连锁装置，当罐笼超过正常提升高度0.5m时立即切断电源，防止过卷。在井筒底部可以设过卷托台和过卷挡梁，在有井底水窝的情况下，可以在井底设弹性过卷托梁或钢丝绳网等防护措施。

防坠器的抓捕器、制动绳与缓冲绳要经常检查维护，按照安全规程的规定清洗检查和脱钩试验。

9 露天采矿生产与安全管理

9.1 露天生产安全管理

9.1.1 露天采矿安全常识

（1）新进露天矿山的作业人员，应接受不少于 40h 的安全教育，经考试合格，方可上岗作业。参加劳动、参观、实习人员，入矿前应进行安全教育，并有专人带领。

（2）露天采矿的爆破人员、钻孔、采装、运输司机等作业人员，应按照国家有关规定，经专门的安全作业培训，取得特种作业操作资格证书，方可上岗作业。

（3）露天采矿全部生产设备、地面工业场地都集中在范围不大的采空区内，通往各处的消防通道，宽度应不小于 3.5m，尽头式消防通道，应根据所选消防车型设置回车场或回车道。

运输线路应尽量采用立体交通，避免通过人流集中的场所，人员、运输设备要相互礼让。

（4）露天矿边界应设可靠的围栏或醒目的警示标志，防止无关人员误入。露天矿边界上 2m 范围内可能危及人员安全的树木及其他植物、不稳固材料和岩石等，应予清除。

（5）露天采场应有人行通道，并应有安全标志和照明。上、下台阶之间，可设带扶手的梯子、台阶（踏步）或路堑作人行通道。梯子下部临近铁路时，应在建筑接近限界处设置安全护栏。上、下台阶间的人行通道接近铁路时，其边缘应离铁路建筑接近限界0.5m 以上；接近道路时，应设在道路路肩以外。

9.1.2 露天采场安全条件

（1）露天矿山，应保存下列图纸，并根据实际情况的变化及时更新：地形地质图；采剥工程年末图；防排水系统及排水设备布置图。

（2）生产台阶高度应符合表 9-1 的规定。

表 9-1　生产台阶高度的确定

矿岩性质	采掘作业方式	台阶高度
松软的岩土	不爆破	不大于机械的最大挖掘高度
坚硬稳固的矿岩	机械铲装　爆破	不大于机械的最大挖掘高度的 1.5 倍
砂状的矿岩		不大于 1.8m
松软的矿岩	人工开采	不大于 3.0m
坚硬稳固的矿岩		不大于 6.0m

（3）挖掘机或装载机铲装时，爆堆高度应不大于机械最大挖掘高度的 1.5 倍。

（4）非工作台阶最终坡面角，一般与开采岩体硬度系数有关。硬度系数 8 以上，台阶坡面角 70°~75°；硬度系数 3~8，台阶坡面角 60°~70°；硬度系数 1~3，台阶坡面角 50°~60°。

（5）最小工作平台宽度：

1）铁路运输时的正常台阶工作平盘，如图 9-1 所示。

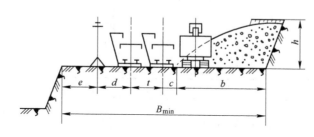

图 9-1 最小工作平盘宽度

b—爆堆宽度；c—爆堆与铁路中心线间距，一般取 c=3m；t—两条铁路中心线间距；
d—铁路中心线与动力电杆的间距，一般取 4~8m；e—动力线杆至台阶坡顶线间距，一般为 3~4m。

根据实际经验，最小工作平盘宽度约为台阶高度的 3~4 倍。如表 9-2 所示。

表 9-2 最小工作平盘宽度

矿岩硬度系数	台 阶 高 度			
	10	12	14	16
≥12	39~42	44~48	49~53	54~60
6~12	34~39	38~44	42~49	46~54
≤6	29~34	32~38	35~42	38~46

2）汽车运输根据调车方式不同最小平盘宽度也不同，铁路运输根据装车条件，如图 9-2 所示。

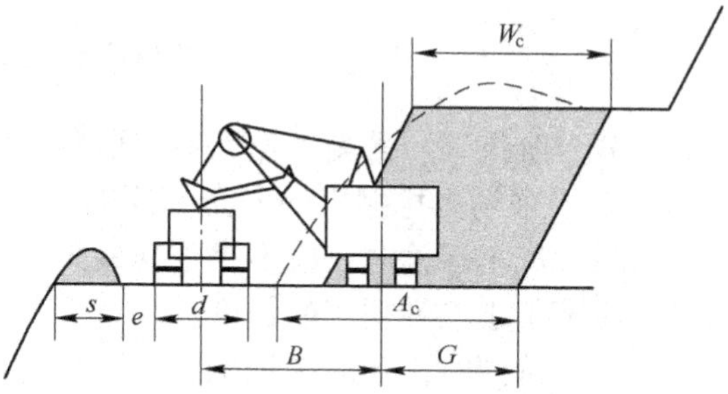

汽车运输根据调车方式采用折返调车单点装车，如图 9-3 所示。

$$W_{\min} = R + \frac{d}{2} + L + 2e + s$$

式中　R——汽车转弯最小半径，m。

d——车体宽度，m。

L——车体长度，m。

e——安全距离，m。

s——安全挡墙宽度，m。

图 9-2 根据装车条件确定最小平盘宽度

G—挖掘机站立水平挖掘半径；B—最大卸载高度时的卸载半径；
d—汽车车体宽度；e—汽车到安全挡墙距离；s—安全挡墙宽度

汽车运输采用折返调车双点装车，如图 9-4 所示。

$$W_{\min} = 2R + d + 2e + s$$

一般最小工作平盘在 30~40m 之间。

露天采场各作业水平上、下台阶之间的超前距离，应符合平盘宽度要求的规定。不应

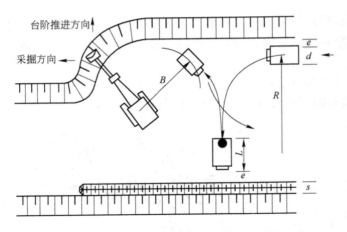

图 9-3   折返调车单点装车工作平盘宽度

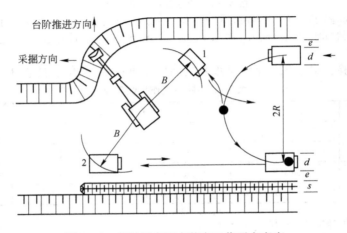

图 9-4   折返调车双点装车工作平盘宽度

从下部不分台阶掏采。采剥工作面不应形成伞檐、空洞等。

（6）露天采场内挖掘机的安全间距有，两台以上的挖掘机在同一平台上作业时，挖掘机的间距：汽车运输时，应不小于其最大挖掘半径的 3 倍，且应不小于 50m；铁路机车运输时，应不小于二列列车的长度。

上、下台阶同时作业的挖掘机，应沿台阶走向错开一定的距离；在上部台阶边缘安全带进行辅助作业的挖掘机，应超前下部台阶正常作业的挖掘机最大挖掘半径 3 倍的距离，且不小于 50m。挖掘机工作时，其平衡装置外型的垂直投影到台阶坡底的水平距离，应不小于 1m。操作室所处的位置，应使操作人员危险性最小。

（7）露天采场内钻机的安全间距有，钻机稳车时，应与台阶坡顶线保持足够的安全距离。千斤顶中心至台阶坡顶线的最小距离：台车为 1m，牙轮钻、潜孔钻、钢绳冲击钻机为 2.5m，松软岩体为 3.5m。千斤顶下不应垫块石，并确保台阶坡面的稳定。

钻机作业时，其平台上不应有人，非操作人员不应在其周围停留。钻机与下部台阶接近坡底线的电铲不应同时作业。钻机长时间停机，应切断机上电源。

钻机靠近台阶边缘行走时，应检查行走路线是否安全；台车外侧突出部分至台阶坡顶线的最小距离为 2m，牙轮钻、潜孔钻和钢绳冲击式钻机外侧突出部分至台阶坡顶线的最小距离为 3m。

（8）推土机作业时，刮板不应超出平台边缘。推土机距离平台边缘小于 5m 时，应低速运行。推土机不应后退开向平台边缘。

（9）采掘、运输等设备从架空电力线路下方通过时，其顶端与架空电力线路的距离，应符合下列规定：3kV 以下，应不小于 1.5m；3～10kV，应不小于 2.0m；高于 10kV，应不小于 3.0m。

9.1.3　采场内穿孔采装设备工作行走的安全规定

（1）露天开采应优先采用湿式作业。产尘点和产尘设备，应采取综合防尘技术措施。采掘设备与矿用自卸汽车的司机驾驶室，应配备空气调节装置，不应开窗作业。

（2）钻机移动时，机下应有人引导和监护。钻机不宜在坡度超过 15°的坡面上行走；如果坡度超过 15°，应放下钻架，由专人指挥，并采取防倾覆措施。行走时，司机应先鸣笛，履带前后不应有人；不应 90°急转弯或在松软地面行走；通过高、低压线路时，应保持足够安全距离。钻机不应长时间在斜坡道上停留；没有充分的照明，夜间不应远距离行走。起落钻架时，非操作人员不应在危险范围内停留。

（3）对应挖掘机作业的上部平盘边缘不应有钻机工作，挖掘机作业时，悬臂和铲斗下面及工作面附近，不应有人停留。发现悬浮岩块或崩塌征兆、盲炮等情况，应立即停止作业。

（4）运输设备不应装载过满或装载不均，也不应将巨大岩块装入车的一端，装车时铲斗不应压碰汽车车帮，铲斗卸矿高度应不超过 0.5m，不应用挖掘机铲斗处理粘厢车辆。

挖掘机、前装机铲装作业时，铲斗不应从车辆驾驶室上方通过。装车时，汽车司机不应停留在司机室踏板上或有落石危险的地方。

（5）挖掘机通过电缆、风水管、铁路道口时，应采取保护电缆、风水管及铁路道口的措施；在松软或泥泞的道路上行走，应采取防止沉陷的措施；上下坡时应采取防滑措施。

（6）推土机行走时，人员不应站在推土机上或刮板架上。发动机运转且刮板抬起时，司机不应离开驾驶室。

（7）打雷、暴雨、大雪或大风天气，不应上钻架顶作业。不应双层作业。高空作业时，应系好安全带。

9.1.4　采场用电安全

（1）露天采掘设备的供电电缆，应保持绝缘良好，应不与金属管（线）和导电材料接触，横过道路、铁路时，应采取防护措施。

（2）电力驱动的钻机、挖掘机和机车内，应备有完好的绝缘手套、绝缘靴、绝缘工具和器材等。停电、送电和移动电缆时，应按规定使用绝缘防护用品和工具。

（3）检修设备，应在关闭启动装置、切断动力电源和设备完全停止运转的情况下进行，并应对紧靠设备的运动部件和带电器件设置护栏。在切断电源处，电源开关应加锁或设专人监护，并应悬挂"有人作业，不准送电"的警示牌。

（4）移动电缆和停、切、送电源时，应严格穿戴好高压绝缘手套和绝缘鞋，使用符合安全要求的电缆钩；跨越公路的电缆，应埋设在地下。

（5）钻机发生电源接地故障时，应立即停机，同时任何人均不应上、下钻机。

（6）矿山企业电气工作人员应按规定实行持证上岗制度，工作时穿戴好劳动保护和安全防护，在电气线路上工作送电、停电、检修应严格执行工作票、悬挂标志标识、工具使用等安全规程的规定。

（7）矿山企业使用的电力装置及电力施工应符合矿山生产安全规程、矿山电力设计规范（GB50070）及电业安全工作规程（DL408）的规定，电力装置必须进行防护（保护罩遮拦）及警示，保险装置应认真核对。

（8）采场的每台设备，应设有专用的受电开关；停电或送电应有工作牌。矿山电气设备、线路，应设有可靠的防雷、接地装置。

（9）露天开采的矿山企业，架空线路的设计、敷设、检修应符合矿山安全规程和架空线路设计规范（GB50061）的规定。

（10）矿山企业的变电所建筑、防护应符合规定，门应向外开，窗户应有金属网栅，四周应有围墙或栅栏，有独立的防雷和防火、防潮、防侵入措施。

（11）变电所操作应注意，倒闸应该一人操作、一人监护，线路跳闸后，不应强行送电，应执行使用录音电话和工作票制度联系和办理停送电，停电、送电作业应按操作规程进行。

（12）夜间工作时，所有作业点及危险点，均应有足够的照明，使用 220V 电压，行灯或移动式电灯使用 36 V 电压，照明应执行建筑照明设计标准（GB50034）。

（13）矿山电气设备和装置的金属框架或外壳、电缆和金属包皮、互感器的二次绕组，应按有关规定进行保护接地。接地方式、方法、操作应符合安全规程。

（14）露天矿山的供配电系统的装置、设备、建设、安全防护、维护检修应符合矿山安全操作规程。

（15）采掘、运输、排土或其他设备，其主开关送电、停电或启动设备时，应由操作人员呼唤应答，确认无误方可进行操作。

9.1.5　边坡稳定

9.1.5.1　边坡稳定的规定

（1）正常生产时期对采场工作帮应每季度检查一次，高陡边帮应每月检查一次，不稳定区段在暴雨过后应及时检查，对运输和行人的非工作帮，应定期进行安全稳定性检查（雨季应加强）。

（2）邻近最终边坡作业，应采用控制爆破减震；应按设计确定的宽度预留安全平台、清扫平台、运输平台；应保持台阶的安全坡面角，不应超挖坡底；局部边坡发生坍塌时，应及时报告矿有关主管部门，并采取有效的处理措施；每个台阶采掘结束，均应及时清理平台上的疏松岩土和坡面上的浮石，并组织矿有关部门验收。

（3）临近边坡排弃废石时，应保证边坡的稳固，防止滚石、滑塌的危害。且注意废石场荷载对边坡的影响。

（4）应根据最终边坡的稳定类型、分区特点确定边坡各区监测级别。对边坡应进行定点定期观测，包括坡体表面和内部位移观测、地下水位动态观测、爆破震动观测等。

（5）遇有岩层内倾于采场，且设计边坡角大于岩层倾角；有多组节理、裂隙空间组合结构面内倾采场；有较大软弱结构面切割边坡、构成不稳定的潜在滑坡体的边坡，应事先采取有效的安全措施，管理边坡的稳定及安全。

9.1.5.2 边坡安全管理的措施

（1）确定合理的台阶高度和平台宽度，台阶高度与埋藏条件和矿岩力学性质、穿爆作业的要求、采掘工作的要求有关，一般不超过 15m。平台宽度影响边坡角的大小、边坡的稳定性。工作平台宽度一般为 30～40m。

（2）正确选择台阶坡面角和最终边坡角，台阶坡面角的大小与矿岩性质、穿爆方式、推进方向、矿岩层理方向和节理发育情况等因素有关，较稳定的矿岩，工作台阶坡面角不大于 55°；坚硬稳固的矿岩，工作台阶坡面角不大于 75°。

（3）选用合理的开采顺序和推进方向，坚持从上到下的开采顺序，坚持打下向孔或倾斜炮孔，杜绝在作业台阶底部进行掏底开采，避免边坡形成伞檐状和空洞。选用从上盘向下盘的采剥推进模式。

（4）合理进行爆破作业，减少爆破震动对边坡的影响，应采用微差爆破、预裂爆破、减震爆破等控制爆破技术，并严格控制同时爆破的炸药量。在采场内尽量不用抛掷爆破，应采用松动爆破，以防止飞石伤人，减少对边坡的破坏。

（5）有边坡滑动倾向的矿山，必须采取有效的安全措施。露天矿有变形和滑动迹象，必须设立专门观测点，定期观测记录变化情况。

9.1.5.3 边坡滑坡的治理措施

（1）对地表水和地下水进行治理，采取的一般措施为地表排水、水平疏干孔、垂直疏干井、地下疏干巷道。

地表排水，一般是在边坡岩体外面修筑排水沟，防止地表水流进边坡岩体表面裂隙中。地下水疏干，地下水是指潜水面以下即饱和带中的水，可采取疏干或降低水位，减少地下水的危害。水平疏干孔从边坡打入水平或接近水平的疏干孔，对于降低裂隙底部或潜在破坏面附近的水压是有效的。垂直疏干孔，在边坡顶部钻凿竖直小井，井中配装深井泵或潜水泵，排除边坡岩体裂隙中的地下水。地下疏干巷道，在坡面之后的岩石中开挖疏干水源巷道作为大型边坡的疏干措施。

（2）机械加固法，机械加固边坡是通过增大岩石强度来改善边坡的稳定性，方法有：

1）采用锚杆（索）加固边坡，用锚杆（索）加固边坡是一种比较理想的加固方法，可用于具有明显弱面的加固。锚杆是一种高强度的钢杆，锚索则是一种高强度的钢索或钢绳。锚杆（索）的长度从几米到几百米。

2）采用喷射混凝土加固边坡，喷射混凝土是作为边坡的表面处理。它可以及时封闭边坡表层的岩石，免受风化、潮解和剥落，同时又可以加固岩石提高岩石的强度。喷射混凝土可单独用来加固边坡，也可以和锚杆配合使用。

3）采用抗滑桩加固边坡，抗滑桩的种类很多，按其刚度的大小可分为弹性桩和刚性桩；按其材料不同可分为木材、钢材和钢筋混凝土，钢材可采用钢轨或钢管。一般多用钢筋混凝土桩加固边坡。

4）采用挡土墙加固边坡，挡土墙是一种阻止松散材料的人工构筑物，它既可单一的用作小型滑坡的阻挡物，又可作为治理大型滑坡的综合措施之一。

　　5）采用注浆法加固边坡，它是在一定的压力作用下通过注浆管，使浆液进入边坡岩体裂隙中。一方面用浆液使裂隙和破碎岩体固结，将破碎岩石黏结为一个整体，成为破碎岩石中的稳定固架，提高了围岩的强度；另一方面堵塞了地下水的通道，减小水对边坡的危害。

　　（3）爆破震动可能损坏距爆源一定距离的采场边坡和建筑物。对采场边坡和台阶比较普遍的爆破破坏形式是后冲爆破、顶部龟裂、坡面岩石松动。周边爆破技术就是通过降低炸药能量在采场周边的集中和控制爆破的能量在边坡上的集中，从而达到限制爆破对最终采场边坡和台阶破坏的目的。具体的周边爆破技术有减震爆破、缓冲爆破、预裂爆破等。

9.2　露天采矿运输

　　露天采矿使用的运输方式有铁路运输、汽车运输、溜槽溜井平硐运输、带式输送机运输、架空索道运输、斜坡卷扬运输。

9.2.1　铁路运输的规定

　　（1）矿山铁路运输应按《冶金露天矿准轨铁路设计规范》设置避让线和安全线；设置甩挂、停放制动失灵的车辆所需的站线和设备。

　　（2）铁路运输道岔设置、站场线路的长度应符合铁路建设的规定，铁路线的限界应符合铁路建设的规定，转弯曲线线路及调车线应有良好的瞭望条件。

　　（3）矿山铁路建设的最小曲线半径，如表9-3所示。

表9-3　最小曲线半径

线路名称	准轨铁路			窄轨铁路		
	机车、车辆类型			固定轴距/m		
				<1.4	1.4~2.0	2.1~3.0
	一类	二类	三类	铁路轨距/mm		
				600	762　900	762　900
最小曲线半径/m	120	120	150	30	60	80

　　（4）陡坡铁路运输应遵守以下规定：

　　线路坡度范围不应超过50‰；列车运行速度应不低于15km/h，不高于40km/h；线路建设等级应为固定式、半固定式；线路平面的圆曲线半径应不小于250m；直线与圆曲线间应采用三次抛物线形缓和曲线连接；缓和曲线的长度应不小于30m，超高顺坡率应不大于3‰；圆曲线或夹直线最小长度应不小于30m（小于列车长度时设置护轮轨）；竖曲线半径应不小于3000m；纵断面坡段长度应不小于200m；轨道类型应为次重型以上（轨型重量不小于50kg/m）；混凝土轨枕、弹条扣件铺设参数为1760根/km以上；道砟厚度应不小于350mm；线路应采用25m标准长度钢轨，钢轨接头采用对接；轨距1435mm，当曲线半径为300m≤R<350m时，曲线轨距应加宽5mm；当曲线半径为250m≤R<300m时，曲线轨距应加宽15mm；道床边坡坡度应不大于1:1.75；每25m应铺设2组防爬桩，

应双向安装 8 对防爬器，应安装 14 对轨撑；150t 电机车牵引 60t 重矿车数量应不超过 8 辆；224t 电机车牵引 60t 重矿车数量应不超过 12 辆。

（5）全长大于 10m 或桥高大于 6m 的桥梁（包括立交桥）和路堤道口铺砌的范围内，线路中心到跨线桥墩台的距离小于 3m 的桥下线，应设双侧护轮轨。固定线和半固定线采用最小曲线半径时，应在曲线内侧设单侧护轮轨。

（6）同一调车线路，不应两端同时进行调车。

（7）人流和车流的密度较大的铁路与道路的交叉口，应立体交叉。瞭望条件较差或人（车）流密度较大的平交道口，应设自动道口信号装置或设专人看守。

（8）列车运行速度，应保证能在准轨铁路 300m、窄轨铁路 150m 的制动距离内停车。

（9）采取溜放方式调车时，应有相应的安全制动措施。在运行区间内不准甩车。在站线坡度大于 2.5‰（滚动轴承车辆大于 1.5‰，窄轨大于 3‰）的坡道上进行甩车作业时，应采取防溜措施。

（10）装（卸）车线一般应设在平道或坡度不大于 2.5‰（窄轨不大于 3‰）的坡道上；对有滚动轴承的车辆，坡度应不大于 1.5‰。特殊情况下，机车不摘钩作业时，其装卸线坡度：准轨，应不大于 10‰；窄轨，应不大于 15‰。铁路线尽头应设安全车挡与警示标志。

（11）电气化铁路，应在道口处铁路两侧设置限界架；在大桥及跨线桥跨越铁路电网的相应部位，应设安全栅网；跨线桥两侧，应设防止矿车落石的防护网。列车通过电气化铁路、高压输电网路或跨线桥时，人员不应攀登机车、洒水车或装载敞车的顶部。电机车升起受电弓后，人员不应登上车顶或进入侧走台工作。

（12）列车通过繁忙道口、桥隧建构筑物等地方应根据安全规程的规定安设防护装置，设置信号控制系统。

9.2.2 汽车运输的规定

为了确保公路运输的安全，应做到下列几点：

（1）深凹露天矿运输矿岩的汽车，应采取废气净化措施。

（2）自卸汽车严禁运载易燃、易爆物品。

（3）驾驶室外平台、脚踏板及车斗不准载人。禁止在运行中升降车斗。

（4）露天矿的汽车道路曲率半径、路面宽度、纵向宽度与可见距离应与行车速度相适应。山坡填方的弯道、坡度较大的填方地段以及高堤路基路段外侧应设置护栏、挡车墙等。对主要运输道路及联络道的长大坡道，可根据行车安全需要设置汽车避让道。道路与铁路交叉的道口宜采用正交叉形式，如受地形限制必须斜交时，其交角应不小于 45°，道口必须设置警示牌。

（5）卸矿平台要有足够的调车宽度。卸矿地点必须设置坚固的挡车设施，并设专人指挥。挡车设施的高度不得小于该卸矿点各种运输车辆最大轮胎直径的五分之二。卸矿地点应有良好照明条件。

（6）正常作业条件下同类车严禁超车，前后保持适当车距。生产干线、坡道上禁止无故停车。雾天和烟尘弥漫影响能见度时，应点亮前黄灯与标志灯，并靠右侧减速行驶，前后车间距不得小于 30m。视距不足 20m 时，应靠右暂停行驶，并不得熄灭车前车后的警示灯。冰雪和多雨季节，道路较滑时，应有防滑措施并减速行驶；前后车距不得小于40m；禁止急转方向盘、急刹车、超车或拖挂其他车辆。

（7）自卸汽车进入工作面装车，应停在挖掘机尾部回转范围0.5m以外，防止挖掘机回转撞坏车辆。汽车在靠近边坡或危险路面行驶时，要谨慎通过，防止架头倒塌和崩落。汽车进入排卸场地要听从指挥，卸载完后应及时落下翻斗，务必确认翻斗已落后方可开动汽车，严防翻斗竖立刮坏高空线路和管道等设施。通向装卸点的道路坡度较大时（大于10%），不准倒车行驶装卸地点，以防发生意外。在工作面装车时，发动机不准熄火，关好驾驶室车门，不得将头和手臂伸出驾驶室外，禁止检查、维护车辆。装车后挖掘机司机或指挥人员发出信号，汽车才能驶出装车地点。自卸汽车在翻斗升起与降落时不准人员靠近，装卸工作完毕后应将操纵器放置空挡位置，防止行车翻斗自动升起引起事故。禁止采用溜车方式发动车辆，下坡行驶严禁空挡滑行。在坡道上停车时，司机不能离开，必须使用汽车制动并采取安全措施。

（8）机动车辆驾驶员必须严格执行交通规则和技术操作规程。车辆要按有关规定进行维修、保养，保证其安全性。出车前须对制动装置等进行检查，确认无误后方可开车，用挖掘机装车时，驾驶员不得将头和手臂伸出驾驶室外，也不要在驾驶室外检查维护车辆。

9.2.3　其他运输方式的安全规定

9.2.3.1　溜槽溜井平硐运输

（1）溜槽的位置和结构要合理选择。溜槽的倾角要从安全和放矿条件来考虑，一般为40°~60°，最大不得超过65°。溜槽底部周围应有标志，溜矿时不准人员靠近，避免滚石伤人。

（2）在设计选择溜井的位置时，要有可靠的工程地质资料，溜井要布置在坚硬、稳固、整体性好、地下水不大的地点。如果局部穿过不稳固的地层，应采取加固措施。

（3）放矿系统的操作室附近，要设安全通道，安全通道应高出运输平硐，并避开放矿口。

（4）溜井和溜槽的卸矿口应设有格筛和护栏，并设有明显标志、良好照明和牢固的车挡，以防工作人员卸矿车辆坠入溜井或溜槽发生意外。机动车辆卸矿时，应有专人指挥。

（5）不得将容易造成溜井堵塞的杂物，超规定的大块，废旧钢材、木材以及含水量较大的新质物料卸入溜井。溜井周围应有良好的防水、排水设施。

（6）在溜井的上下口作业时，非工作人员不要在附近逗留。禁止操作人员在溜井口对面或矿车上撬矿。当溜井发生堵塞、塌落、跑矿等事故时，应待情况稳定后再查明原因，制定专门的应急预案进行处理。严禁人员从下部进入溜井。

（7）加强平硐溜井系统的生产技术管理，定期进行维修。在雨季应减少溜井储矿量。溜井储水时，应停止放矿，以防跑矿事故发生。

9.2.3.2　带式输送机运输

露天矿皮带运输主要的安全措施有：

（1）禁止工人靠近运输机皮带行走；设置跨越皮带机的有栏杆路桥；机头、减速器及其他旋转部分应设防护罩；皮带运转时禁止注油、检查和修理。

（2）带式输送机两侧应设人行道，经常行人侧的道宽不小于1.0m；另一侧不小于0.6m。人行道坡度大于7°时，应设踏步。

（3）非乘人带式输送机严禁人员乘坐。

（4）带式输送机不得运送规定物料以外的其他物料及过长的材料和设备。物料的最大块度应不要大于350mm。堆料宽度应比胶带宽度小于至少200mm。应及时停车清除输送带、传动轮和改向轮向上的杂物，严禁在运行的输送带下清矿。

（5）各装料点和卸料点，应设固定保护装置、电气保护装置和信号灯。带式输送机应设有防止胶带跑偏、撕裂、逆转的装置，胶带和滚筒清理、过速保护、过载警报、防止大块冲击的装置，以及沿线路的启动、紧急停车等装置和良好的制动装置。

（6）更换栏板、刮泥板、托辊时必须停车，切断电源，并在专人监护下进行操作。

（7）胶带不能启动或打滑时，严禁用脚蹬踩、用手推拉或压杠子等办法进行处理。

9.2.3.3 架空索道运输

（1）架空索道运输，应遵守货运架空索道安全规范（GB12141）的规定。

（2）索道线路经过厂区、居民区、铁路、道路时，应有安全防护措施。

（3）索道线路与电力、通讯架空线路交叉时，应采取保护措施。

（4）遇有八级或八级以上大风时，应停止索道运转和线路上的一切作业。

（5）离地高度小于2.5m的牵引索和站内设备的运转部分，应设安全罩或防护网。高出地面0.6m以上的站房，应在站口设置安全栅栏。

（6）驱动机应同时设置工作制动和紧急制动两套装置，其中任一套装置出现故障，均应停止运行。

（7）索道各站都应设有专用的电话和音响信号装置，其中任一种出现故障，均应停止运行。

9.2.3.4 斜坡卷扬运输

（1）斜坡轨道与上部车场和中间车场的连接处，应设置灵敏可靠的阻车器。斜坡轨道应有防止跑车装置等安全设施。沿斜坡道应设人行踏步。斜坡轨道两侧应设堑沟或安全挡墙。

（2）斜坡卷扬运输速度，升降人员或用矿车运输物料的最高速度：斜坡道长度不大于300m时，3.5m/s；斜坡道长度大于300m时，5m/s；在甩车道上运行，1.5m/s；用箕斗运输物料和矿石的最高速度：斜坡道长度不大于300m时，5m/s；斜坡道长度大于300m时，7m/s；运输人员的加速度或减速度，0.5m/s^2。

（3）斜坡卷扬运输的机电控制系统，应有限速保护装置、主传动电动机的短路及断电保护装置、过卷保护装置、过速保护装置、过负荷及无电压保护装置、卷扬机操纵手柄与安全制动之间的连锁装置、卷扬机与信号系统之间的闭锁装置等。

（4）斜坡轨道道床的坡度较大时，应有防止钢轨及轨梁整体下滑的措施；钢轨敷设应平整、轨距均匀。斜坡轨道中间应设地辊托住钢丝绳，并保持润滑良好。

（5）矿仓上部应设缓冲台阶、挡矿板、防冲击链等防砸设施。矿仓闸门口下部应设置接矿坑或刮板运输机，以收集和清理撒矿。

（6）斜坡卷扬提升的卷筒、钢丝绳、安全系数的规定可以参考斜井提升的相关规定。

卷扬、信号、矿仓各工序之间应该有安全可靠的声光信号联络装置，钢丝绳及其相关部件，定期进行检查、调整与试验的规定参考斜井提升规定。

9.3 排土场的安全规定

9.3.1 排土场的建设

（1）排土场建设过程中和使用过程中，排土场排土工艺、排土顺序、排土场的阶段高度、总堆置高度、安全平台宽度、总边坡角、废石滚落可能的最大距离，及相邻阶段同时作业的超前堆置距离等参数，均应按排土场的设计规定执行。

（2）排土场进行排弃作业时，应圈定危险范围，并设立警戒标志，无关人员不应进入危险范围内。任何人均不应在排土场作业区或排土场危险区内从事捡矿石、捡石材和其他活动。

（3）未经安全论证，任何单位不应在排土场内回采低品位矿石和石材。

（4）排土场靠近最终境界20m内，最好排弃大块岩石。高台阶排土场，应有专人负责观测和管理。

9.3.2 排土场排土方式

9.3.2.1 铁路运输移动排土线的安全规定

（1）路基面向排土场内侧形成反坡。

（2）线路一般应该为直线，困难条件下，其最小曲线半径准轨铁路向曲线外侧翻卸为150m，向曲线内侧翻卸为250m，窄轨铁路向曲线外侧翻卸为正常运输最小曲线半径，向曲线内侧翻卸应该增加20m，并根据翻卸作业的安全要求设置外轨超高。

（3）线路尽头前的一个列车长度内，有不小于2.5‰~5‰的上升坡度。

（4）卸车线钢轨轨顶外侧至台阶坡顶线的距离准轨为0.75m、900轨距为0.45m、762轨距为0.43m、600轨距为0.37m。

（5）卸车线路的开始端设电源开关，便于停电移动线路。设置红色夜光警示牌；独头线的起点和终点，设置铁路障碍指示器。

9.3.2.2 铁路运输卸车线上卸载安全

（1）列车进入排土线后，应有排土人员指挥列车运行。

（2）卸车顺序从尾部向机车方向依次进行；必要时，机车以推送方式进入。

（3）列车推送时，有调车员在前引导指挥。

（4）列车在新移设的线路上首次运行时，不应牵引进入。

（5）翻车时由两人操作，且操作人员不应位于卸载侧。

（6）卸车完毕，排土人员发出出车信号后，列车方可驶出排土线。

9.3.2.3 汽车运输推土机排土

（1）汽车排土作业时，需专人指挥；非作业人员不应进入排土作业区，进入作业区内的工作人员、车辆、工程机械，应服从指挥人员的指挥。

（2）排土场平台平整；排土线整体均衡推进，坡顶线呈直线形或弧形，排土工作面向坡顶线方向有2%~5%的反坡。

（3）排土卸载平台边缘，有固定的挡车设施，其高度不小于轮胎直径的1/2，车挡顶宽和底宽分别不小于轮胎直径的1/4和3/4；设置移动车挡设施的，对不同类型移动车挡制定相应的安全作业要求，并按要求作业。排土安全车挡或反坡不符合规定、坡顶线内侧30m范围内有大面积裂缝（缝宽0.1~0.25m）或不正常下沉（0.1~0.2m）时，汽车不应进入该危险作业区。

（4）按规定顺序排弃土岩；在同一地段进行卸车和推土作业时，设备之间保持足够的安全距离。

（5）卸土时，汽车垂直于排土工作线；汽车倒车速度小于5km/h，不应高速倒车，以免冲撞安全车挡。

（6）在排土场边缘，推土机不应沿平行坡顶线方向推土。

（7）排土作业区照明系统应该完好，照明角度应符合要求，夜间无照明不应排土。遇到恶劣天气应停止作业。

（8）排土作业区应配备指挥工作间和通讯工具。同时配备事故救援使用的钢丝绳和大卸扣等应急工具。

（9）汽车进入排土场内应限速行驶，距排土工作面50~200m时速度低于16km/h，50m范围内低于8km/h；排土作业区设置一定数量的限速牌等安全标志牌。

9.3.2.4 排土机排土的安全

（1）排土机在稳定的平盘上作业，外侧履带与台阶坡顶线之间保持一定的安全距离。

（2）工作场地和行走道路的坡度，应符合排土机的技术要求。

（3）排土机长距离行走时，受料臂、排料臂应与行走方向成一直线，并将其吊起、固定；配重小车靠近回转中心的前端，到位后用销子固定；上坡不应转弯。

9.3.2.5 其他排土方式

（1）排土犁推排作业，推排作业线上、排土犁犁板和支出机构上，不应站人。

（2）排土犁推排岩土的行走速度，不超过5km/h。

（3）6单斗挖掘机排土时，受土坑的坡面角不应大于60°，不应超挖卸车线路基。

（4）人工排土时，人员不应站在车架上卸载或在卸载侧处理粘车。

9.3.3 排土场的安全管理

矿山企业应建立排土场监测系统，定期进行排土场监测。排土场发生滑坡时，应加强监测工作。发生泥石流的矿山，应建立泥石流观测站和专门的气象站。泥石流沟谷应定期进行剖面测量，统计泥沙淤积量，为排土场泥石流防治提供资料。

（1）排土场防洪的规定：

1）山坡排土场周围，修筑可靠的截洪和排水设施拦截山坡汇水。

2）排土场内平台设置2%~5%的反坡，并在排土场平台上修筑排水沟，以拦截平台表面及坡面汇水。

3）当排土场范围内有出水点时，应在排土之前采取措施将水疏出；排土场底层排弃大块岩石，以便形成渗流通道。

4）汛期前，疏浚排土场内外截洪沟，详细检查排洪系统的安全情况，备足抗洪抢险所需物资，落实应急救援措施。

5）汛期及时了解和掌握水情和气象预报情况，并对排土场，下游泥石流拦挡坝，通讯、供电及照明线路进行巡视，发现问题应及时修复。

6）洪水过后，对坝体和排洪构筑物进行全面认真的检查与清理。

（2）排土场防震的规定

1）处于地震烈度高于6度地区的排土场，应制定相应的防震和抗震的应急预案。

2）排土场泥石流拦挡坝，按现行抗震标准进行校核，低于现行标准时，进行加固处理。

3）地震后，对排土场及下游泥石流拦挡坝进行巡查和检测，及时修复和加固破坏部分，确保排土场及其设施的运行安全。

（3）排土场应由有资质条件的中介机构，每5年进行一次检测和稳定性分析。排土场的安全度分为危险级、病级和正常级三级。实行分级管理。严格按矿山安全规程的规定管理排土场。

9.3.4　排土场的环保

（1）排土场关闭。矿山企业在排土场服务年限结束时，整理排土场资料（排土场设计资料、排土场最终平面图、排土场工程地质与水文地质资料、排土场安全稳定性评价资料及排土场复垦规划资料等）、编制排土场关闭报告（结束时的排土场平面图、结束时的排土场安全稳定性评价报告、结束时的排土场周围状况及排土场复垦规划等）；排土场关闭前，由中介服务机构进行安全稳定性评价；不符合安全条件的，评价单位应提出治理措施；企业应按措施要求进行治理，并报省级以上安全生产监督管理部门审查；排土场关闭后，安全管理工作由原企业负责；破产企业关闭后的排土场，由当地政府落实负责管理的单位或企业；关闭后的排土场重新启用或改作他用时，应经过可行性设计论证，并报安全生产监督管理部门审查批准。

（2）排土场复垦。制定切实可行的复垦规划，达到最终境界的台阶先行复垦，复垦规划包括场地的整平、表土的采集与铺垫、覆土厚度、适宜生长植物的选择等；关闭后的排土场未完全复垦或未复垦的，矿山企业应留有足够的复垦资金。

9.4　露天采矿工作

9.4.1　穿孔爆破工作

9.4.1.1　钻机司机岗位安全操作规程

（1）钻机启动前，发出信号，做到呼唤应答，否则不准启动。

（2）起落钻架吊装钻杆，吊钩下面禁止站人，牵引钻杆时，应用麻绳远距离拉线。

（3）如遇突然停电，应及时与有关人员联系，拉下所有电源开关，否则不准做其他工作。

（4）夜间作业，禁止起落钻架，更换销杆。没有充足的照明不准上钻架。严禁连接加压链条。

（5）工作中发现不安全因素，应立即停机停电处理。

（6）人员站在小车上为齿条刷油时，不准用力提升。

（7）上钻架处理故障时，要戴好安全带，将安全带大绳拴在作业点上方，六级以上大风或雷雨天禁止上钻架。

（8）一切安全防护装置不准随意拆卸和移动。

（9）检查和移动电缆时，要用电缆钩子。处理电气故障时，要拉下电源开关。

（10）禁止在高压线及电缆附近停留或休息。

（11）配电盘及控制柜里禁止放任何物品。

（12）用易燃物擦车时，要注意防火。

（13）岗位必须常备灭火器和一切安全防护用品。

（14）钻机结束作业或无人值班时，必须切断所有电源开关，门上锁。

（15）钻机稳车时，千斤顶到阶段边缘线的最小距离为 2.5m。禁止千斤顶下垫石头。

9.4.1.2　露天爆破工作

A　露天爆破工安全操作规程

（1）爆破工必须进行专门培训，经过系统的安全知识学习，熟练掌握爆破器材性能，经有关业务部门考试取得爆破证者，方准进行爆破作业。

（2）运输爆破材料时，禁止炸药、雷管混装运输。

（3）严格遵守爆破材料的领取、保管、消耗和运输等项制度。

（4）爆破前必须抓好岗哨，加强警戒，点燃后立即退到安全地带。

（5）加工导爆索时，必须用刀切割，禁止用钳子和其他物品切割。

（6）采区放大炮时，其填塞物必须用沙土，不许用碎石充填。

（7）无论放大炮、小炮，必须在炮响 5min 后方准进入爆破现场，如有盲炮时，要及时采取安全措施处理。

（8）剩余的爆破材料，必须做退库处理，不准私存乱放。

（9）所有爆破材料库不得超量储存，不得发放、使用变质失效或外部破损的爆破材料。

（10）不得私藏爆破材料，不得在规定以外的地点存放爆破材料。

（11）丢失爆破材料，必须严格追查处理。进行爆破作业，必须明确规定警戒区范围和岗哨位置以及其他安全事项。

（12）爆破后留下的盲炮（瞎炮），应当由现场作业指挥人和爆破工组织处理。未处理妥善前，不许进行其他作业。

B　爆破工作其他注意事项

（1）领用爆破器材，要持有效证件、爆破器材领用单及规定的运输工具，要仔细核对品种、数量、规格。

（2）装卸爆破器材要轻拿轻放．严禁抛掷、摩擦、撞击。

（3）作业前要仔细核对所用爆破器材是否正确，数量是否与设计相符，核对无误后方可作业。

（4）装卸、运输爆破器材时及作业危险区内，严禁吸烟、动火。

（5）操作过程中，严禁使用铁器。

（6）爆破危险区禁止无关人员、机动车辆进入。

（7）多处爆破作业时，要设专人统一指挥，每个作业点必须两人以上方可作业。

（8）严禁私自缩短或延长导火索的长度。

（9）炸药和雷管不得一起装运，不能放在同一地点。

（10）爆破前，应确认点炮人员的撤离路线躲炮地点。采场内通风不畅时，采场内禁止留人。

C　二次爆破工岗位安全操作规程

（1）作业前，必须详细检查作业点及上部浮石情况，确认安全后方可作业。

（2）不准打残孔，打底根部位发现附近有残炮时，要在技术人员指导下并采取有效的安全措施方可作业。

（3）风水绳要连接可靠，连接前要吹净内部杂物。

（4）凿岩时，除开门把钎外，机器前面不准站人及通行。

（5）把钎人员不准戴手套，衣袖要绑紧。

（6）开动机器时，不准用扳手转动钎杆，不准骑在气腿上作业。

（7）参加爆破作业时，要遵守爆破工安全操作规程。

D　二次破碎凿岩工安全操作规程

（1）凿岩作业前，先用低压风净风管，以免异物进入机内损坏机器，同时认真检查各连接部件是否牢固，避免机件脱落伤人。

（2）接通气前，应将操纵阀回复零位。

（3）凿岩作业前要检查好脚下的大块是否稳固，禁止登上过高的大块堆进行作业。

（4）凿岩过程中，要注意突发的钎杆折断现象，以防伤人。

（5）要穿戴好必要的劳动保护用品，不准穿塑料底鞋及拖鞋进行作业。

（6）严禁雨雪天气进行凿岩作业，防止跌落摔伤。

9.4.2　采装工作

9.4.2.1　单斗挖掘机的操作程序

A　开车前的准备

（1）检查现场及室内外是否有不利作业的地方。

（2）检查各部抱闸是否灵活可靠。

（3）检查钢绳在卷筒上是否有混绕和脱落。

（4）检查操纵机构连锁装置是否灵活正常。

（5）检查各种仪表是否灵敏，指针是否正确，喇叭是否良好。

（6）检查行走拨轮是否灵活。

（7）机组启动前必须进行盘车检查。

（8）更换、包扎、倒电缆时必须作相序试验。

B　开车停车程序

a　开车给电顺序

（1）各控制器手柄必须处于零位。

（2）给柱上开关。

（3）合隔离开关。

（4）启动各风扇电机。

（5）启动空压机（压力达 $6kg/cm^2$）。

（6）合油开关，启动发电机组。

（7）合总励磁开关进行操作。

b 停车断电顺序

（1）各控制器手柄回到零位。

（2）关闭各分励磁开关。

（3）关闭总励磁开关。

（4）断开油开关，停发电机组。

（5）停各风扇电机。

（6）停空压机电机。

（7）切断隔离开关。

（8）切断柱上开关。

c 正常采装工作

（1）操作人员应根据采场具体条件，结合作业计划，进行合理采掘，挖平底板，保证装车质量。

（2）操作中不准扒、砸、压运输车辆。

（3）开始作业前、必须闸紧行走抱闸使电铲站稳，禁止三角着地。挖矿时不得同时加油回转，铲斗回转要平稳，非紧急情况下不得突然闸住回转。

（4）不得用摇摆铲斗的方法卸掉斗内矿物。

（5）不应将装满矿的铲斗悬在车道上方等待装车，车辆未对正铲位未停稳时不得装车，装车时鸣笛示意，严禁铲斗从车头上空经过。

（6）严禁向车上采装块度大于 1m 的矿石。

（7）卸货时应尽量降低卸货高度，铲斗底门不应高于车厢底板 300mm。不得触碰车厢。

（8）作业时不应碰撞前、后保险牙。

（9）遇死根底时、须扫尽浮石，经二次爆破松散后方可挖掘。挖掘根底，大块时，电机堵转不许超过 3s，不得连续堵转。

（10）直接挖掘不需爆破的矿岩时，挖掘的阶段高度不应超过电铲最大挖掘高度的 20%。

（11）移动电铲，改变作业方向或检查设备时，操作人应先与车下人员做到呼唤应答，鸣笛示意。

（12）移动电铲时，车下必须有人负责看管电缆，注意行程运转情况。掩车和处理电缆时，不许站在履带正前方。

（13）长距离移动电铲时必须扫平路基，拉开斗门，并有专人在车下监护和指挥，开动前负责清除履带滚道内的障碍物。

（14）电铲上下阶段时，走行抱闸及拨轮必须灵活可靠。上坡时牵引轮在后，下坡时牵引轮在前。而铲斗应在下坡方向，放到接近地面的位置。上下坡时，并应做好掩车准备。

（15）电铲回转时配重箱圆弧顶点与运输车辆或工作面的安全距离不应小于 500mm。

（16）扭车时，地面要平，严禁由下坡向上坡扭车。一次扭车量不准超过 30°角。

（17）在松软或易滑地点作业行走应事先采取防汛、防滑措施。

（18）电铲作业位置与工作面边缘，必须保证一定的安全距离。防止电铲偏帮滑下。

（19）电缆接头必须包扎好。拉电缆时必须使用专用绝缘工具，不得用手拿、用脚踢。雨天应盖、架好电缆接头。

（20）操作人员必须时刻注意掌子面变化情况，如发现崖塌等危险现象时，应立即停止作业并将电铲开至安全区。同时报告班长和调度，听候处理。

（21）处理工作面上的大块和崖头时，采取必要的措施，防止电铲被砸。

（22）电铲出现故障时必须及时排除，不得带病作业。各抱闸及安全装置必须灵活可靠，完整无缺，否则禁止作业。

（23）严禁无操作证的人员操纵设备，徒工必须在师傅直接监护下方可操作练习。

（24）不准在电铲作业时上下车，有人上下车时，车梯子应背向掌子面。

（25）当发生重大人身和设备事故时，应立即停止作业，采取紧急措施抢救或抢修。

（26）爆破时应将电铲开至安全区，将尾部朝向爆破区。并切断电铲上一切开关。

（27）严寒季节作业时，要注意操作方法防止各部齿轮掉牙，铲杆、大架子及各轴断裂。

D　单斗挖掘机操作注意事项

（1）上铲前必须检查各部销轴是否松动，电线接头是否漏电，作业面上部是否有大块，做到安全确认。

（2）起车前，正、副司机必须呼唤应答，操作前必须鸣笛示意。

（3）严禁无证人员操纵设备，徒工必须在师傅监护下方可练习操作。

（4）装车时，应鸣笛示意，严禁铲斗从车头上方经过。严禁扒、砸、压运输车辆。

（5）电铲作业回转时，配重箱圆弧顶点与运输车辆和工作面的安全距离不得小于 2m。

（6）电铲作业位置，距工作面外沿安全距离不得小于 3m，防止电铲片帮滑下。

（7）操作人员必须时刻注意掌子面变化情况。如发现崖头、大块等危险情况时，应停止作业，离开危险区。同时报告调度，听候指示。

（8）移动电铲改变作业方向时，铲下必须有人看管移动，清除履带轨道内的障碍物。

（9）长距离走铲时，必须有专人在铲下负责监护和指挥，铲下人员不准站在履带正前方。禁止用不带橡胶套的铲牙吊电缆。

（10）电铲升、降段时，行走抱闸及拨轮必须灵活可靠。上坡时，主动轮应在后，下坡时主动轮在前。铲斗应在下坡方向，并接近地面。下坡时铲下人员应做好掩车准备。

（11）爆破时，应服从警戒人员指挥，按要求将电铲开到安全区，将尾部朝向爆区，并切断铲上开关。

（12）高压线与电铲上部距离不准小于 4m，铲上无人时，必须拉下隔离开关。

（13）在松软、易滑地点作业时，也应事先采取防泥防滑措施。

（14）非本机台人员不准随意上铲，作业时严禁无关人员进入机棚、走台及操作室，不准堆放有碍行走的障碍物。

（15）电铲出现故障时，必须及时排除，严禁带病工作。各部抱闸及安全防护装置必须灵活可靠、完整无缺，否则禁止作业。

E 挖掘机行走注意事项

（1）挖掘机起步前应检查环境安全情况、清理道路上的障碍物，无关人员离开挖掘机，然后提升铲斗。

（2）准备工作结束后驾驶员应先按喇叭，然后操作挖掘机起步。

（3）行走杆操作之前应先检查履带架的方向，尽量争取挖掘机向前行走。如果驱动轮在前，行走杆应向后操作。

（4）如果行走杆在低速范围内挖掘机起步，发动机转速会突然升高，因此驾驶员要小心操作行走杆菌。

（5）挖掘机倒车时要留意车后空间，注意挖掘机后面盲区，必要时请专人指挥予以协助。

（6）液压挖掘机行走速度——高速或低速可由驾驶员选择。当选择开关在"0"位置时，挖掘机将低速、大扭矩行走；当选择开头在"1"位置时，挖掘机行走速度将根据液压行走回路工作压力而自动升高或下降。例如，挖掘机在平地上行走可选择高速；上坡行走时可选择低速。如果发动机速度控制盘设定在发动机中速（约 1400r/min）以下，即使选择开关在"1"位置上，挖掘机仍会以低速行走。

（7）挖掘机应尽可能在平地上行走，并避免上部转台自行放置或操纵其回转。

（8）挖掘机在不良地面上行走时应避免岩石碰坏行走马达和履带架。泥沙、石子进入履带会场影响挖掘机正常行走及履带的使用寿命。

（9）挖掘机在坡道上行走时应确保履带方向和地面条件，使挖掘机尽可能直线行驶；保持铲斗离地 20～30cm，如果挖掘机打滑或不稳定，应立即放下铲斗；当发动机在坡道上熄火时，应降低铲斗至地面，将控制杆置于中位，然后重新启动发动机。

（10）尽量避免挖掘机涉水行走，必须涉水行走时应先考察水下地面状况，且水面不宜超过支重轮的上边缘

9.4.2.2 其他挖掘设备工作

A 前端装载机操作

（1）工作前必须对本机全面检查保养，起步前必须让柴油机水温达到 55℃，气压表达到 4.4MPa 后方可起步行驶，不准出带病车。

（2）起步与操作前应发出信号，必须由操作人员呼唤应答，鸣喇叭，通知有妨碍的人和车辆走开，对周围作好瞭望，确认无误方可进行。

（3）行驶时，避免高速急转弯。

（4）驾驶室内不准乘坐驾驶员以外人员，驾驶室以外的任何部位都不准乘人，更不准坐在铲斗内。

（5）严禁下坡时熄火滑行。

（6）随时注意各种仪表、照明和应急的机械工作状态。

（7）装料时要求铲斗内物料均匀，避免斗内物料偏重，操作中进铲不得过深，提斗不应过急，一次挖土高度一般不得高于 4m。

（8）工作时严禁人员在升降臂及铲斗下走动。

（9）工作场地必须平整，不得在斜坡工作，防止在转运料与卸料时发生倾翻，作业

时发动机水温不得超过 80℃，变矩器温不超 120℃，重载作业超温时，应停车冷却。

（10）全载行驶转运物料时，铲斗底面与地面距离就高于 0.5m，必须低速行驶。

（11）不准装满物料后倒退下坡，空载下坡时也必须缓慢行驶。

（12）向汽车卸土，应待车停稳后进行，禁止铲斗从车辆驾驶室上方跳过。

（13）行驶时，臂杆与履带车体平行，铲斗及斗柄油缸安全伸出，铲斗斗柄和动臂靠紧，上下坡时，坡度不应超过 20°。

（14）停机时，必须将铲斗平放地面，关闭电源总开关；水箱水放净。

B　机械挖掘机操作

（1）司机必须经过安全技术培训，了解本机构造性能，并经考核后方可持证上岗。

（2）操作人员必须穿好工作服，女同志应将发辫扎在工作帽里。

（3）启动作业前，检查设备各工作装置行走，安全制动和防护装置，液压部件及电气装置是否完好，确认完好可靠后，方可开始作业。

（4）机上必须配备灭火器，不准用明火取暖，不准用明火检查燃油，不准用明火烘烤油水分离器等，油水冻结部位，排气管及电机附近，不准放易燃物品。

（5）行走时，工作装置放到离地面 0.4～0.5m 高度，主动轮应在后面，上下道不得超过本机允许坡度，下坡用慢速度，不得将发动机关闭，严禁坡道变速和滑行。

（6）跨越障碍物时，不得使机器倾斜 10°以上。其允许的涉水深度为托轮中心以下。

（7）作业区内严禁行人和障碍物品堆放，挖掘前应先鸣铃示警。

（8）作业时挖掘机必须停放稳固。保持水平位置，避免倾斜状态的装载作业，遇有较大的坚硬石块或障碍物时，须清除后方可开挖，不得用铲斗破碎石块和冻土，不准用单个斗齿硬啃底板。

（9）挖掘作业时，挖掘机距工作面至少保持 1m 的安全距离，作业面不准超过本机规定的最大开挖高度及深度，挖掘机任何部分与带电线路间安全距离不得少于 1kV 的 2m，3kV 以上的 4 米。

（10）作业时铲斗升降不许过猛，下降时不许碰撞车架或履带，铲斗未离开挖掘工作面时，不得回转及行走，回转制动时，应使用回转制动，而不得用反轮控制回转惯性。禁止在机上做修理和调整工作。

（11）装车时，铲斗应尽量放低，不得碰撞汽车的任何部位，在汽车未停稳时不得装车，严禁铲斗从车头上方经过，严禁扒砸压运输车辆，严禁用铲斗吊装人员作业。

（12）挖掘悬崖时，应采取防护措施，工作面不得留有松动的大石块，如发现塌方危险应立即处理并撤出挖掘机。

（13）夜间作业，机上及工作地点必须有足够的照明。

（14）作业结束后挖掘机应停放在坚实平坦的地带，将铲斗落地，并将安全锁置于锁紧位置，发动机冷却后关闭，关闭电源总开关。

C　液压挖掘机的操作规程

a　作业前的技术准备

（1）发动机部分，按通用操作规程的有关规定执行。

（2）发动机启动或操作前应发出信号。

（3）检查液压系统有无渗漏；轮胎式挖掘机应检查其轮胎是否完好、气压是否符合规定；检查传动装置、制动系统、回转机构及仪器、仪表、并经试运转，确认正常后方允许进入作业状态。

（4）详细了解施工任务和现场情况。检查挖掘机停机处土壤的坚实性和稳定性，轮胎式挖掘机应加支撑，以保持其平稳、可靠。检查路堑和沟槽边坡的稳定情况，防止挖掘机倾覆。

（5）严禁任何人员在挖掘机作业区内滞留。禁止无关人员进入驾驶室。

（6）挖掘机作业现场应有自卸车进出的道路。

b　作业与行驶中的技术要求

（1）挖掘机作业时禁止任何人上、下挖掘机和传递物品，不准边作业边保养、维修；不要随意调整发动机（调速器）以及液压系统、电控系统；要注意选择和创造合理的作业面，严禁掏洞挖掘。

（2）挖掘机卸料时应待自卸车停稳后进行；卸料时在不碰撞自卸车任何部位的情况下，应该降低铲斗高度；严禁铲斗从自卸车驾驶室上方越过。

（3）禁止利用铲斗击碎坚固物体；如遇到较大石块或坚硬物体时，应先清除后继续作业；禁止挖掘已经爆破的5级以上的岩石。

（4）禁止将挖掘机布置在上、下两个挖掘段内同时作业；挖掘机在工作面内移动时应先平整地面，并清除通道内的障碍物。

（5）禁止用铲斗油缸全伸出方法顶起挖掘机。铲斗没有离开地面时挖掘机不能作横行行驶或回转运动。

（6）禁止用挖掘机动臂横向拖拉他物；液压挖掘机不能用冲击方法进行挖掘。

（7）挖掘机在作回转运动时，不能对回转手柄作相反方向的操作。

（8）驾驶员应时刻注意挖掘机的运转情况，发现异常应立即停车检查，并及时排除故障。

（9）在挖掘机作业、运行过程中，应经常检查液压油温度是否正常。

（10）挖掘机运行中遇电线、交叉道、桥涵时，了解情况后再通过，必要时设专人指挥；挖掘机与高压电线的距离不得少于5m；应尽可能避免倒退行走。

（11）挖掘机运行时其动臂应与行走机构平行，转台应锁止，铲斗离地面1m左右。下坡运行时应使用低速挡，禁止脱挡滑行。

（12）挖掘机行走路线应与边坡、沟渠、基坑保持足够距离，以保证安全；越过松软地段时应使用低挡匀速行驶，必要时使用木板、石块等予以铺垫。

c　作业后的技术工作

（1）挖掘机应停放在平坦、坚实、不妨碍交通的地方，挂上倒挡并实施驻车制动。必要时如坡道上停车，其行走机构的前后垫置楔块。

（2）转正机身，铲斗落地，工作装置操纵杆置于中位，锁闭窗门后驾驶员方可离开挖掘机。

（3）按保修规程的规定，对挖掘机进行例行保养。

9.4.3 露天矿运输工作

9.4.3.1 机车运输工作

A 驾线电机车行驶操作工作

（1）司机、副司机必须掌握机车构造、性能，熟知线路、信号、场站设施状况。

（2）司机、副司机上岗前必须佩戴好劳动保护，持证上岗，并熟知机车安全技术操作规程，行车信号、运行线路状态，副司机不准操纵机车。

（3）出车前必须仔细检查机油、喇叭、气压、水、电气是否符合规定，各部件是否正常，不得开带病车上路作业。

（4）接班时司机必须检查、确认机车制动良好后方可出车，不得使用制动不良的机车。

（5）司机操纵车列时，必须按规定速度运行，时刻注意两车两线状态，严禁超速行车。

（6）运行操作时，司机、副司机必须集中精力，加强前后瞭望，机车在运行中要注意观察操作台上各种仪表、信号的显示，确认信号，严禁臆测行车，禁止他人进入驾驶室内。

（7）行车启动后，以低速运行，检查手脚制动器是否有效，仪表是否达到规定指数，运行中随时注意发动机及走行部的异常响声，检查仪表是否正常。

（8）正副司机要呼唤应答，加强瞭望，注意行人车辆动态。

（9）作业时要随时观察调车场线路状况及信号显示状态，发现紧急情况和信号不明时必须立即停车。

（10）集电器升降失灵时，必须用高压操作杆处理，严禁用不绝缘物体操作。

（11）进入高压室作业时，必须降下受电弓，确认电压表度数为零后，并切断低压电源，设专人监护。

（12）进入停电接触网路前，必须降下受电弓，并采取紧急制动。

（13）严禁在有电区段内蹬车棚维修保养，需要蹬车棚维修时，必须到安全检修区段内进行，蹬车棚前要验明无电后，挂好接地线，方可蹬棚作业，并设一人在车下监护。

（14）机车入库时，应降下集电器，佩戴好绝缘手套，挂库内电缆进入，严禁降弓滑行。

（15）列车通过道口、曲线、桥梁、隧道时，必须在 50m 以外提前鸣笛提示

（16）机械室内严禁存放易燃物品，并配备灭火器材，掌握防灭火知识。

（17）上下机车时应手把牢、脚站稳。登车顶检查作业时应在指定位置上下。

B 内燃机车行驶操作工作

（1）司机确认机车与第一辆车的车钩、制动软管连接和折角塞门状态（包括区间挂车）。

（2）上、下机车要站稳、抓牢，特别是清扫机车前后风挡玻璃更换灯泡时要站稳、抓牢，防止滑落、摔伤。

（3）机车运行中，严禁飞上、飞下，更不准蹬上机车顶部，防止高压线及架空线伤

人。

（4）启机前要检查确认水表水位、润滑油位、透平油位等符合规定标准，方可启动柴油机。

（5）动车前要一取铁鞋，二松手制动机，三缓解自动，四看风压表，五要试闸，六鸣停车时同时采取三道防溜措施。

（6）运行中按规定鸣笛，副司机一个区间要巡间两次，特别是在上坡关键地段，柴油机最大功率时，可及时发现故障，及时处理。

（7）检查承受压力的管子、部件、仪表等，不得用手捶，扁铲等敲打、紧固或松缓。

（8）处理压力部件、漏泄时必须首先遮断压力来源，待降温、降压放出余压后方可进行修理。

（9）副司机在车上、车下工作时，要告知司机，司机不经联系确认不得换向、动车，以防伤人（特别是手动换向时）。

（10）更换机车闸瓦或调整阀缸行程时，要做好防溜措施，工作完后要及时清除止轮器和开放闸缸塞门。

（11）安装、维修、更换电器设备，严禁带电操作，必须带电作业时要注意保护，高压电不得手触和短接，防止电火和烧损。

（12）启机水温不低于 40℃，滑油压力不低于 0.8kg/cm^2，加负荷时水温不低于 60℃，总风缸压力不低于 8kg/cm^2。

（13）列车编组摘挂作业时，一定要按调车员、连接员的信号动车，保证调车人员摘接风舌时的安全。

（14）要严格控制运行速度，区间运行时，正常天气不准超过 40km/h，雾天、大雪、大雨天行车不准超过 30km/h。站内调车作业不准超过 20km/h，推进作业不准超过 15km/h。

C　机车行驶操作注意事项

（1）出库前应检查变速、离合、刹车等装置是否良好，经调度准许后方可上道运行。

（2）运行中，要服从信号指挥，严禁超越调度指挥的运行线路以外行驶。

（3）运行中，操作者严禁与别人说笑，集中精力，认真瞭望。

（4）随车运载枕木及较大物件时，要装牢靠，不得超宽超高，严禁人物混载，避免滑线触电。

（5）在有机车供电网路的区段，严禁蹬在车顶棚上进行作业。

（6）操作人员班前严禁饮酒。

（7）作业前，对各润滑点要按规定注油，作业中注意杆的高度、方向和与建筑物的距离以及电缆状态，以防意外。

（8）操作室只允许一人操作，无关人员严禁进入操作室。操作时发现异常，应立即停止作业，关闭总电源开关。

（9）冬季把发动机冷却水放净。

（10）下坡时不准将发动机熄火溜车，以保证刹车时有足够的压缩空气。

（11）调车作业信号不清可拒绝作业。司机应与车站值班员保持联系，按规定给停、开车信号。

D 机车出入车库注意事项

（1）采用直流焊机二次驱动机车作业，必须经培训合格人员操作。

（2）采用直流焊机二次驱动机车时，必须两人配合作业，一人车上操作，一人车下监护指挥。

（3）机车出入库时，必须将电机车受电弓落靠挂牢，严禁降弓滑行入库。

（4）操作时，操作者必须听从监护人的指挥，做好"呼唤应答"。

（5）监护人确认环境无障碍后，将焊机电源调至最大后，合上焊机电源。

（6）操作者接到监护人的动车指令后，用焊把直接发碰触13号接触器动静触头，机车运行。

（7）机车行至预定地点后，操作者将焊把脱离接触器动静触头，采取制动措施停车，并做好防溜工作。

（8）停车后，将机车、焊机恢复原状。

9.4.3.2 车辆运行调度工作

A 行车调度安全职责

（1）调度员应严格要求，认真完成行车调度组织工作。

（2）应该掌握接触网供电及配电装置的分布情况，准确掌握柜号，网路上开关号和所在杆位及杆位号。

（3）在牵引变电所馈电柜二次合闸失败后，应立即通知该变电所供电系统内车站、电务等单位。

（4）在非电气专业人员办理接触网局部或全部停电施工作业时，必须派电气人员到现场采取安全技术措施及监护，没有电气人员参加不得下达停电及施工命令。

（5）在下达局部区段停电作业命令时，应同时下达给有关车站，并得到车站值班员认可后，方可下达给施工单位和维修单位。

（6）在下达牵引变电所对全线停电命令前，必须确认供电区段无电机车运行。

（7）向牵引变电所下达恢复送电命令前，必须在全线施工和维修工作负责人都亲自办理了工作终结手续或用电话亲自办理终结手续后，方可下达恢复送电命令。

（8）牵引网路上任何施工和维修工作负责人用电话办理停送电作业或工作终结手续（含局部线路）时，值班调度用规定的格式记录，经复诵确认后，方可下达停送电命令。

（9）值班调度无权下达牵引变电所一次系统倒闸命令。

B 调度值班安全职责

（1）在办理行车闭塞时，值班员亲自用电话向邻站办理闭塞。如发车站不能发出时，应通知邻站，取消闭塞。

（2）站内调车作业时，应注视操作台的显示，遇有故障显示不明确时，应及时通知调度及电务部门处理。

（3）要亲自办理接发列车手续，接车前要亲自检查接车线路空闲，及时检查站内停留车辆及编组取送情况。

（4）禁止向有供电网的线路上配置用人工装卸货物的列车，不得将装有超高货物的车辆编入电机车牵引的列车上，也不得编入有供电网的线路上。

（5）需要内燃机车越过禁止运行的地段或轨道、隧道去救援作业时，必须持有停电调度命令方可进行作业。

（6）站内供电电路停电时，应立即通知司机、调车员、调度员。

C 信号员安全职责

（1）班前严禁饮酒，工作时要佩戴好劳动保护用品，使用的工具要合乎绝缘要求。

（2）在高柱信号机作业，使用的工具和材料应距牵引网路带电体 0.7m 以上，机柱下方 2m 范围内不许站人，雷雨天气禁止登杆作业。

（3）维修信号设备、线路影响行车时，必须与车站或行车调度员联系，经允许后，方可作业。

（4）更换、维修轨道绝缘前，必须通知车站值班员，待允许并经过确认回流线可靠后，方可作业。

（5）在更换、维修轨道电路与回流线直接连接的线路及器件，必须戴手套和穿绝缘鞋。

（6）设备上 36V 以上电源，禁止带电作业。

9.4.3.3 车辆运行连接操作工作

A 车辆调车连接工作

（1）班前严禁饮酒，作业前穿好劳动保护用品，戴安全帽、穿绝缘鞋，不许穿硬底或带钉子的鞋，不得戴妨碍视听的帽子。

（2）调车人员在进行调车作业时，准确及时地显示各种调车信号执行行车作业标准。

（3）调车作业时备够良好的铁鞋，提前排风，摘管。核对计划，检查确认进路和停留车情况，做好手制动机的选择及试验工作。待装待卸车辆，必须手闸制动和铁鞋双配合使用，做好防溜止轮工作。

（4）调车作业时，要正确显示信号，要站稳把牢，转身换位要注意手脚动作，不得坐在车帮子上，必须跨车端部进入车厢，严禁非工作人员乘降车辆。

（5）蹬车站立的位置严禁超过机车、车辆脚踏板高度，注意电机车供电网高度，防止触电。

（6）在乘降机车、车辆时，要选好地形及位置，在机车减速后于车辆侧面乘降，不准在副司机一侧上下车，不得迎头抓车。在不得已的情况下，必须停车乘降，严禁飞乘飞降。

（7）在摘挂车辆时，要认真检查车辆的状态，严禁脚蹬连挂。

（8）作业时要注意邻线的来往车辆，严禁将身体探出车体外缘，以防碰伤。

（9）车下作业时，严禁站在线路上显示信号。

（10）连挂前要认真检查车辆防溜情况，无误后方可连挂。连接时，要正确及时地向司机显示车辆距离信号，没有机车司机回示，应立即显示停车信号不准挂车。牵引或推送车辆时，先进行试拉，检查车辆连挂状态，确认连挂好后，车再启动。摘、接风舌前要与司机联系准确，以免动车造成人员伤害。

（11）执行车辆排风，摘管及提钩的铁路作业标准，准确摘挂车辆。

（12）在尽头线上调车时，距线路终端应有 10m 的安全距离，遇特殊情况，应严格控制速度，做好随时可以停车的准备。

（13）在坡度超过 2.5‰ 的线路进行调车作业时，应有安全措施。

（14）线路两旁堆放的货物，危及行车安全时不得进行调车作业。

（15）调车组人员上车前要提前做好准备，注意车辆的把手，脚梯有无损坏，在安全信号显示后上车作业。

（16）作业中不能骑车帮或跨越车辆。不能站在装载易于窜动货物空隙之间作业。连挂车辆时不能从车辆中间通过。

B　车辆调车连接注意事项

（1）作业前，穿戴好劳动保护用品。

（2）严禁站立在行驶列车的车厢连接器上，禁止跨越连接器，禁止手拉帆布或坐在车帮及闸盘上。

（3）机车牵引调车时，应在尾部指挥调车，推进运行应前方引导，正确显示信号和使用标准口语、指令。

（4）车辆连接后，应先检查大钩是否落锁，确认落锁后，方可连接风管，不得在运行中连接。

（5）严禁溜放作业，为防止溜车事故，坡道甩车时，应穿好铁鞋，拧好手制动。

（6）在矿仓作业时，必须严密注意抓斗的运行及矿仓大门的闭合。

（7）上下车时要选择地形及位置，注意积雪和障碍物，严格执行停稳上、停稳下的原则，严禁飞乘飞降。

（8）调车作业时严格控制各区段规定速度，不得超速。

（9）推进作业时应密切注意信号显示状态及线路和行人状况，随时准备停车。

9.4.3.4　线路畅通工作

A　过路道口畅通操作

（1）道口员对道口辅面、警标、护桩、栏杆、报警设施、通讯照明等设备要保持良好状态，发现不良时要先做防护处理并及时报告有关人员。

（2）道口员在列车到达道口前 5min 放杆。

（3）严禁其他人员替岗，坚守岗位、精神集中，加强瞭望，不准与他人闲谈。

（4）应正确使用信号迎车，在接送列车时，要站在钢轨外侧限界以外随时向通过道口的车辆、行人进行安全教育。

（5）雨雪天要及时清理道口，保障畅通。

（6）在工作中不得擅离职守或其他人替其工作，要集中精力认真瞭望，安全接送过往列车。

（7）接送列车时，要手持信号旗，关闭自动栏杆或手动栏杆，列车未全部通过前，禁止解除公路信号或开放栏杆。

（8）当列车到来前，关闭栏杆要注意公路上的车、马、行人，防止打伤人，严禁将车、马、行人关在栏杆内。

（9）道口发生妨碍安全行车的意外情况，要立即向列车显示停车信号，避免发生事故。

（10）工作中要经常巡视来往车辆，发现车辆货物超过规定高度欲通过道口时，应制止通过，防止触电。

（11）在视线不清，听到机车提示警笛时，要及时放下栏杆，显示信号。

B 行车道岔畅通操作

（1）严格执行值班员下达的接发车和调车作业计划，及时、正确、准备进路，并正确显示信号。

（2）操纵道岔时，认真核对计划，严格执行"一看、二扳、三确认，四显示"的操作规程，并正确显示信号。

（3）经常保持道岔清洁，使用良好，负责管区内道岔清扫、清雪及涂油工作。

（4）发现管区道岔技术状态异常时报告值班员，确保行车安全。

（5）调车作业时，扳道员必须根据调车作业通知单及调车指挥人所显示的信号要求，正确、及时地扳动道岔。并认真执行"要道还道"制度。

（6）认真执行交接班制度，由交班值班员向接班人员交清工作内容及注意事项，交清道岔状态，停留车情况，线路空闲情况及其他设备的完好情况，回到各扳道房要对口交接，做好交接班记录。

C 行车线路养护工作

（1）作业前要穿戴齐全劳动保护用品，对使用的工器具进行检查确认作业区间要设标志，用撬棍起道钉时，禁止用脚踩或腹压，手使撬棍时，应将手躲开轨面，防止压伤。

（2）打道钉时，禁止使用抡锤方式，要使锤在面前举起上下打，并应使之准确，不得两人同时站在一根枕木上打道钉。栽钉时要栽牢，禁止在轨面上修正道钉。

（3）捣固作业时，两人不得相对站在2m以内作业。

（4）换轨前，要在衬换钢轨两端的相邻轨间各安装一条横向连接线，用夹轨钳接到钢轨上，连接线要在换轨完毕后方可拆除。

（5）抬钢轨时要步调一致，注意脚下障碍物，防止扭伤、碰伤。

（6）串轨时要在拉开的轨缝间预先装设临时连接线，其连接长度必须满足串动长度。

（7）搬运铁路器材要放平搬运，不得竖起器材，装运货物高度不得超过2.5m。

（8）在休息或来车时，禁止靠近接触网立柱，距离不得少于3m，工具要放在线路以外。

（9）在巡视线路时，必须按规定佩带信号旗，不得戴妨碍视听的帽子，随时注意来往车辆，发现来车时应立即停止作业，撤出线路。

（10）在巡视线路时要精神集中，确保人身安全。

D 线路养护工作注意事项

（1）工区在线路上作业时必须先与车站值班员联系并经同意后持作业票作业，并按规定做好防护工作。

（2）在线路上休息时不准坐、卧钢轨、枕木头以及道床边坡上。

（3）捣固作业时，捣固机应与起道工前后保持5m以上的安全距离。

（4）钉道钉时要稳、准、狠，分组打道钉时，其距离应保持5m远。

（5）巡道时必须按路线行走，携带必备的配件和工具，注意前后来车，做到眼看耳听，做到人身安全。

（6）在区间巡道时，木枕地段走枕木头左侧，混凝土地段走道心。

（7）迎、送列车应站在距钢轨不少于2m的路肩上，发现危及行车安全的处所，要在距该处500m外拦截列车。

（8）检查钢轨时，看轨面"白光"有无扩大，"白光"中有无暗光或黑线，轨头是否扩大、是否下垂，轨头侧面有无上锈，轨腰有无裂纹或变形。

9.4.3.5 线路日常维护工作

A 机车日常维护工作

（1）工作前，穿戴好劳动保护用品，检查电源，气源是否断开，使用工具设备是否完好，作业场地有无障碍物、易燃易爆物品等。

（2）检修各种设备，必须将设备垫牢后方可作业，拆装弹性机件时，应注意操作位置防止机件弹出伤人。

（3）清洗零部件时，严禁吸烟和进行其他明火作业。

（4）在机车上部检修作业时，要站稳扶好，工具和物件要放置稳固牢靠，防止落下伤人。

（5）用人力移动机件时，人员要妥善配备，动作要一致，吊运较大部件时，应严格遵守起重工安全操作规程，注意安全。

（6）使用各种工具设备时，要严格执行各工具设备安全操作规程。

（7）刮研工件时，被刮工件必须稳固，不得吊动，两人以上做同一工件时，必须注意刮刀方向，不准对人操作。

（8）检修人员，在修理机车过程中搬运零部件时，严禁跨越地沟。

（9）在库外检修时，必须进入安全检修区段或请求停电，方可进行检修作业。

（10）进入高压室处理故障时，必须降下受电弓，设专人监护。

（11）机车检修落成试运时，必须要有持执照驾驶员驾驶，无证及修理人员不许驾车，并要有关人员参加，无关人员严禁乘车。

（12）装铆工件时，孔对不准严禁用手操作，必须尖顶穿杆找正，然后穿钉。打冲时冲子穿出的方向不准站人。

（13）捻钉及捻缝时，必须戴好防护眼镜。打大锤时，不准戴手套，注意锤头甩落范围。

（14）机器设备上的防护装置未安装好之前不准试车或移交生产。

B 车辆日常维护工作

（1）工作前，穿戴好劳动保护用品，使用工具设备是否完好，作业场地有无障碍物、易燃易爆物品等。

（2）攀登车辆上部检修时，要站稳抓牢防止坠车摔伤，严禁随意向下抛掷工具，零部件，以免打伤他人。

（3）搬运，安装大部件时，要统一指挥协调作业。

（4）架落车辆时，必须有专人指挥，车辆架起后，要用木马或上部加装木柱的铁马架牢放稳，方可进行检修作业，架起的车辆，在没采取安全措施前，车辆下部严禁有人，或进行作业。

（5）更换三通阀或清洗制动缸时，要先关闭折断塞门，将副风缸排风。清洗制动缸要先装好安全套，插好安全销并将头部闪开。

（6）车辆制动试风时，严禁检修制动装置，防止发生挤伤事故。

（7）使用大锤或进行铲、剁、铆时，要戴好防护眼镜，严禁对面站人，打大锤时，注意周围人员，不准戴手套。

（8）车厢侧翻换连杆销，洗风缸时，必须用枕木支牢，并有一人监护。

C　线路日常维护检修工作

（1）作业前要穿戴齐全劳动保护用品，对使用的工器具进行检查确认作业区间要设标志，用撬棍起道钉时，禁止用脚踩或腹压，手使撬棍时，应将手躲开轨面，防止压伤。

（2）打道钉时，禁止使用抡锤方式，要使锤在面前举起上下打，并应使之准确，不得两人同时站在一根枕木上打道钉。栽钉时要栽牢，禁止在轨面上修正道钉。

（3）捣固作业时，两人不得相对站在2m以内作业。

（4）换轨前，要在衬换钢轨两端的相邻轨间各安装一条横向连接线，用夹轨钳接到钢轨上，连接线要在换轨完毕后方可拆除。

（5）抬钢轨时要步调一致，注意脚下障碍物，防止扭伤、碰伤。

（6）串轨时要在拉开的轨缝间预先装设临时连接线，其连接长度必须满足串动长度。

（7）搬运铁路器材要放平搬运，不得竖起器材，装运货物高度不得超过2.5m。

（8）在休息或来车时，禁止靠近接触网立柱，距离不得少于3m，工具要放在线路以外。

（9）在巡视线路时，必须按规定佩带信号旗，不得戴妨碍视听的帽子，随时注意来往车辆，发现来车时应立即停止作业，撤出线路。

（10）在巡视线路时要精神集中，确保人身安全。

9.4.4　排土工作

9.4.4.1　汽车运输排土

A　推土机工作操作规程

（1）上机前，应将设备各部件检查一遍，确认安全，方可上机。

（2）行驶时，操作人员和其他人员不准上、下，不准在驾驶室外坐人，不准与地面人员传递物件。

（3）行驶作业时，驾驶员要经常观察四周有无障碍和人员。刮板不能超出平台边缘。推土机距离平台边缘小于5m时必须低速行驶。禁止推土机后退开到平台边缘。

（4）夜间作业时，前后灯必须齐全。

（5）牵引机械和设备时，必须用牵引杆连接，并有专人指挥。

（6）驾驶员离开操作位置、保养、检修、加油时，应摘挡、熄火、铲刀落地。

（7）起步前要检查现场，给发车信号。

（8）当必须在斜坡上停车时，必须使用制动锁，防止车辆自动下滑。

（9）冬季禁止用明火烤车。

（10）冬季禁止在斜坡上行驶。

（11）如在坡上停车时，要放下铲刀，熄火，踏下制动踏板，并掩车履带。

（12）行驶时最大允许坡度，上下坡不得超过30°，横坡不得超过25°。在陡坡上纵向行驶时，不准拐死弯。

（13）作业时最大允许坡度，上坡不得超过25°，下坡为30°，横坡为6°。

B 推土机工作注意事项

（1）工作前做好各项准备工作，佩戴好劳动保护用品。

（2）发动机启动时，不可将摇把迅速的整周转动。

（3）启动机动转时，夏季不准超过10min，冬季不得超过15min。

（4）主发动机低速空转5min后，再以高速空转5min，待主发动机工作平稳后，方能持续带负荷工作。

（5）行走前必须将铲刀提到最高位置，并前后左右瞭望，若在5m之内没有人或障碍物方可行走。

（6）行驶时不准将离合器处于半结合状态（转弯或过障碍物时例外）。

（7）推土机作业时，推土机不得超过平台边缘，如果平台边缘出现裂缝应采取安全措施。推土机距离平台边缘小于5m时，必须低速运行。禁止推土机后退开向边缘。

（8）推土机作业时，铲刀上禁止站人，排除障碍时要将铲刀放在地面上，禁止铲刀悬空，探身向上观察。

（9）推土机司机离开作业点时，要将发动机熄火。

（10）推土机牵引车辆和其他设备时，被牵引车辆必须有制动措施，并有人操纵；推土机行走速度不得超过5kg/h；下坡时禁止用绳牵引。

（11）推土机工作必须指定专人指挥。

（12）推土机发动以后，严禁任何人在机体下面工作。发动机未熄火、推土板未放下，司机不得远离驾驶室。行走时，禁止人员站在推土机上或机架上。

（13）对推土机进行修理、加油和调整时，应将其停在平整地面上。从下部检查推土板时，应将其放稳在垫板上，并关闭发动机。禁止人员在提起的推土板上停留或检查。

（14）过桥时，要注意桥梁负重能力，无标志桥梁不能通过，过桥时要用1挡行驶。

（15）拉变压器和移动电柱时，要有人指挥，防止空中高压线被刮断伤人。

9.4.4.2 铁路运输排土

A 前装机（铲运机）操作规程

（1）工作前必须对本机全面检查保养，起步前必须让柴油机水温达到55℃，气压表达到4.4MPa后方可起步行驶，不准出带病车。

（2）起步与操作前应发出信号，必须由操作人员呼唤应答，鸣喇叭，通知有妨碍的人和车辆走开，对周围作好瞭望，确认无误方可进行。

（3）行驶时，避免高速急转弯。

（4）驾驶室内不准乘坐驾驶员以外人员，驾驶室以外的任何部位都不准乘人，更不准坐在铲斗内。

（5）严禁下坡时熄火滑行。

（6）随时注意各种仪表、照明等应急机械的工作状态。

（7）装料时要求铲斗内物料均匀，避免铲斗内物料偏重，操作中进铲不得过深，提斗不能过急，一次挖掘高度在4m以内。

（8）工作时严禁人员站在升降臂及铲斗下。

（9）工作场地必须平整，不得在斜坡工作，防止在转运料与卸料时发生倾翻。

（10）作业时发动机水温不得超过80℃，变矩器油温不超120℃，重载作业超温时，应停车冷却。

（11）全载行驶转运物料时，铲斗底面与地面距离应高于0.5m，必须低速行驶。

（12）不准装满物料后倒退下坡，空载下坡时也必须缓慢行驶。

（13）向汽车卸土，应待车停稳后进行，禁止铲斗从车辆驾驶室上方越过。

（14）行驶时，臂杆与履带车体平行，铲斗及斗柄油缸安全伸出铲斗斗柄和动臂靠紧，上下坡时，坡度不应超过20°。

（15）停机时，必须将铲斗平放地面，关闭电源总开关；水箱水放净。

B　前装机（铲运机）工作注意事项

（1）作业前认真检查机车的机械润滑、液压是否正常，作业场所周边环境，对要进行铲装物品、材料的前进后退等要进行确认。

（2）车辆检查维护时，必须使车辆各部位都处于静止状态，注意刹车、液压的日常维护保养。

（3）停车时铲斗必须落地，非司机不准操纵。行车时铲斗车外踏板不准站人。

（4）铲装时思想要集中，注意与被装车辆或场地的距离，铲斗起落要平稳。

（5）行车时遵守交通规则，注意瞭望，保持中速行驶。

C　排土场排土注意事项

（1）排土车辆进入排土场排弃岩土时要有专任指挥。

（2）移道机移道时，工作人员一定要站在移道机上，严禁站立在地面上。

（3）铁路运输自翻车向受土坑翻卸时，要注意路基的稳定，时刻观察路基的沉降。

（4）电铲排土时，电铲司机要遵守电铲的操作规程。

10　矿山地面工程及安全管理

10.1　矿山地面工业场地

10.1.1　采矿工业场地

（1）采矿工业场地的选择应该考虑周围环境的安全，不要受到山崩、雪崩、垮山、滚石及洪水、泥石流等的威胁。要求井（硐）口标高高出历史最高洪水位3m。

新建矿山企业的办公区、工业场地、生活区等地面建筑，应选在危崖、塌陷、洪水、泥石流、崩落区、尘毒、污风影响范围和爆破危险区之外。

（2）矿山企业的地面工业建（构）筑物，应符合建筑设计防火规范（GBJ16）的规定。凡有人通过或工作的地点，建筑物均应设置安全进出口，并保持畅通。

（3）需离地面2m以上操作设备或阀门时，应设置固定式平台。佩戴安全带或设置安全网、护栏等防护设施。高处作业时，不应抛掷物件，不应上下垂直方向双层作业。遇有六级以上强风时，不应在露天进行起重和高处作业。

采用钢平台时，有跌落危险的平台、通道、走梯、走台等，均应设置护栏或扶手，并有足够的照明。栏杆、钢直梯、钢斜梯设置应遵守固定式钢梯及平台安全要求（GB4053）规定。通道、斜梯的宽度不宜小于0.8m，直梯宽度不宜小于0.6m。常用的斜梯，倾角应小于45°；不常用的斜梯，倾角应小于60°。天桥、通道、斜梯踏板和平台，应采取防滑措施，或用防滑钢板、格栅板制作。

（4）主要开拓巷道及井口各种建筑物、构筑物等，为确保其安全，免遭破坏，一定要布置在移动带以外的安全地带。至于这些设施在地表移动界线以外应保持多大的安全距离，视建筑物和构筑物的用途、服务年限以及保护要求等作具体决定。根据地表移动所引起的后果性质，将要保护的各种设施划分为两个保护等级。凡因受到土岩移动破坏致使生产停顿，或可能发生重大人身伤亡事故、造成重大经济损失的，列为Ⅰ级保护；其余的被列为Ⅱ级保护。受Ⅰ级保护的建筑物和构筑物，其移动界线外的安全距离应不小于20m；受Ⅱ级保护的建筑物和构筑物，安全距离为不小于10m，如地表有河流、湖泊，则安全距离应在50m以上。

每一等级的具体保护对象，列于表10-1中。

表10-1　地表建筑物和构筑物保护等级表

保护等级	建筑物和构筑物的名称
Ⅰ	提升井筒、井架、卷扬机房； 发电厂、中央变电所、中央机修厂、中央空压机站、主扇风机房； 车站、铁路干线路基、索道装载站、锅炉房； 储水池、水塔、烟囱、多层住宅和多层公共建筑物

保护等级	建筑物和构筑物的名称
Ⅱ	未设提升装备的井筒——通风井、充填井、其他次要井筒、架空索道支架、高压线塔、矿区专用铁路线、公路、水道干线、简易建筑物

（5）采用崩落采矿法的开始，圈定的移动带范围应该用铁丝网围起来，并设置明显的警示标志，任何人及动物不许进入，以免发生危险。

（6）采用抽出式通风的出风井，一般应该将出风井设计在矿山常年主导风流的下侧，避免排除的污风污染生活区和生产区。

（7）地面空压机房的位置选择应该远离生产区和生活区，使空压机噪声不致影响人们的工作和生活，应该位于主导风流上风侧，离废石场、出风井、烟囱、有毒气体场所150m以远。远离污染源是保证空压机吸入的空气的洁净度，提高设备的效率和寿命。

（8）露天采矿的工业场地应该布置在移动范围以外，不受爆破危害的区域，也就是说为露天采矿服务的各建（构）筑物的布置，应位于最终开采境界线及爆破危险区范围以外。爆破安全距离要求见表 10 – 2。

表 10 – 2　爆破安全距离

爆 破 方 法	最小安全距离/m
裸露药包二次爆破大块岩矿	400
浅孔二次爆破大块岩矿，浅孔药壶爆破、蛇穴爆破	300
硐室爆破，深孔药壶爆破	按设计，但不小于300
深孔爆破	按设计，但不小于200
浅孔爆破	200

注：1. 同时起爆或毫秒延期起爆的裸露爆破装药量（包括同时使用的导爆索装药量），不应超过20kg。
　　2. 沿山坡向下坡方向爆炸时，上表数据应增大50%。

10.1.2　矿区炸药库的安全

地面炸药库（加工厂）和矿山炸药库（加工厂）危险性较大，安全要求必须十分严格，选择其场地时，应认真遵守防爆、防火、防洪的有关规定，充分满足下述各项要求：

（1）厂、库场址宜选择在矿区边缘偏僻的荒山沟谷内，并要求该处工程地质条件好、地下水位低、不受山洪与泥石流威胁，应有山岭、岗峦作为天然屏障，以减少对外的安全距离。

（2）厂、库场址距离矿区、村镇、国家铁路、公路、高压输电线等建筑物、构筑物要达到规定的安全距离。

（3）与外部应有良好的运输条件，以便运出炸药成品，运入加工炸药用的原材料。

（4）炸药库和炸药加工厂是互相联系又互相影响的两个组成部分，既不应离得太远，又不能紧邻设置在一起，其间要求有一定的安全距离，通常选择在一个山沟内的两个沟岔里，或者选择在相距不远的两个独立的山沟内，使厂、库之间有天然的山峦隔开。

（5）库区内布置各库房位置时，应符合库房之间的殉爆安全距离的要求。

（6）总库库区应设刺网和围墙，其高度不低于2m，距炸药库的距离不小于40m，在刺网 10m 外设沟宽 1～3m，沟深不小于 1m 的防火沟。

（7）库区值班室布置在围墙外侧，距围墙不小于 50m；岗楼布置于周围。库区办公室、生活设施等服务性建筑物应布置在安全地带。

（8）库区对矿区、居住区、村镇、国家铁（公）路及高压输电线等建（构）筑物的安全距离的起算点是库房的外墙根。

10.1.3　选矿工业场地

（1）选择厂址，应有完整的地形、工程地质、水文地质、地震、气象及环境影响评价等方面的资料作依据。

（2）选择厂址，宜避开岩溶、流沙、淤泥、湿陷性黄土、断层、塌方、泥石流、滑坡等不良地质地段；否则，应采取可靠的安全措施。

（3）厂址不应选择在地下采空区塌落界限和露天爆破危险区以内，也不应选择在炸药加工厂、爆破器材库及油库最小安全距离范围内。

（4）厂址应避免选在地震断层带和基本烈度高于 9 度的地区；否则应按国家有关抗震规定进行设防。

（5）厂址应避免洪水淹没。场地的设计标高，应高出当地计算水位 0.5m 以上。

（6）在居民区建厂时，厂址应位于居民区常年最小风频方向的上风侧。在山区建厂时，应根据当地小区气象，确定厂区与居民区的位置。

（7）选矿厂的场址最好位于 10°～25°的山坡地形，并且朝阳。山坡上建选厂便于利用重力运输可以节省提升矿石的费用。到目前为止国内多选用这种地形建选矿厂。

（8）尾矿库应尽可能远离人口稠密区或有重要设施的地方，尾矿不应直接排入江、河、湖、海。

10.2　尾矿库的安全

10.2.1　尾矿库的安全管理

（1）省级安全生产监督管理部门负责总库容 100 万立方米（含 100 万）以上尾矿库的安全监督管理；地（市）级安全生产监督管理部门负责总库容 100 万立方米以下尾矿库的安全监督管理，并可以结合实际情况委托县级安全生产监督管理部门进行监督管理。

（2）从事尾矿库放矿、筑坝、排洪和排渗设施操作的专职作业人员必须取得特种作业人员操作资格证书，方可上岗作业。

（3）对生产运行中的尾矿库，未经技术论证和安全生产监督管理部门的批准，任何单位和个人不得对筑坝方式、坝型、坝外坡坡比、最终堆积标高和最终坝轴线的位置、坝体防渗、排渗及反滤层的设置、排洪系统的形式、布置及尺寸进行变更。

（4）未经容许，任何单位和个人不得在库区从事爆破、采砂等危害尾矿库安全的活动。

（5）被确定为危库、险库和病库的，生产经营单位应当根据尾矿库安全监督管理规定和尾矿库安全技术规程采取相应的安全措施，恢复尾矿库的安全。

（6）生产单位应该做好尾矿库放矿筑坝、回水排水、防汛、抗震等安全管理工作。

做好日常巡检和定期观测，做好记录。

（7）生产企业应该根据尾矿库安全技术规程规定的应急救援预案种类、应急救援预案内容编制应急救援预案，并组织演练。

（8）尾矿排放与筑坝，包括岸坡清理、尾矿排放、坝体堆筑、坝面维护和质量检测等环节，必须严格按设计要求和作业计划及安全规程精心施工，并做好记录。

（9）尾矿库的尾矿坝滩顶高程、筑坝方法、放矿口管理、尾矿坝参数必须符合尾矿库安全技术规程的规定，不同季节、不同筑坝时期的尾矿库安全也应符合尾矿库安全技术规程的规定。

（10）尾矿库水位控制、渗流控制、防震抗震严格按尾矿库安全技术规程执行。

10.2.2 尾矿库安全检查

10.2.2.1 防洪安全检查

（1）检查尾矿库设计的防洪标准是否符合本规程规定。当设计的防洪标准高于或等于本规程规定时，可按原设计的洪水参数进行检查；当设计的防洪标准低于本规程规定时，应重新进行洪水计算及调洪演算。

（2）尾矿库水位检测，其测量误差应小于20mm。

（3）尾矿库滩顶高程的检测，应沿坝（滩）顶方向布置测点进行实测，其测量误差应小于20mm。

当滩顶一端高一端低时，应在低标高段选较低处检测1~3个点；当滩顶高低相同时，应选较低处不少于3个点；其他情况，每100m坝长选较低处检测1~2个点，但总数不少于3个点。

各测点中最低点作为尾矿库滩顶标高。

（4）尾矿库干滩长度的测定，视坝长及水边线弯曲情况，选干滩长度较短处布置1~3个断面。测量断面应垂直于坝轴线布置，在几个测量结果中，选最小者作为该尾矿库的沉积滩干滩长度。

（5）检查尾矿库沉积滩干滩的平均坡度时，应视沉积干滩的平整情况，每100m坝长布置不少于1~3个断面。测量断面应垂直于坝轴线布置，测点应尽量在各变坡点处进行布置，且测点间距不大于10~20m（干滩长者取大值），测点高程测量误差应小于5mm。尾矿库沉积干滩平均坡度，应按各测量断面的尾矿沉积干滩平均坡度加权平均计算。

（6）根据尾矿库实际的地形、水位和尾矿沉积滩面，对尾矿库防洪能力进行复核，确定尾矿库安全超高和最小干滩长度是否满足设计要求。

（7）排洪构筑物安全检查主要内容：构筑物有无变形、位移、损毁、淤堵，排水能力是否满足要求等。

（8）排水井检查内容：井的内径、窗口尺寸及位置，井壁剥蚀、脱落、渗漏、最大裂缝开展宽度，井身倾斜度和变位，井、管联结部位，进水口水面漂浮物，停用井封盖方法等。

（9）排水斜槽检查内容：断面尺寸、槽身变形、损坏或坍塌、盖板放置、断裂，最大裂缝开展宽度，盖板之间以及盖板与槽壁之间的防漏充填物，漏砂，斜槽内淤堵等。

（10）排水涵管检查内容：断面尺寸，变形、破损、断裂和磨蚀，最大裂缝开展宽度，管间止水及充填物，涵管内淤堵等。

（11）对于无法入内检查的小断面排水管和排水斜槽可根据施工记录和过水畅通情况判定。

（12）排水隧洞检查内容：断面尺寸，洞内塌方，衬砌变形、破损、断裂、剥落和磨蚀，最大裂缝开展宽度，伸缩缝、止水及充填物，洞内淤堵及排水孔工况等。

（13）溢洪道、截洪沟检查内容：断面尺寸，沿线山坡滑坡、塌方，护砌变形、破损、断裂和磨蚀，沟内淤堵等，对溢洪道还应检查溢流坎顶高程，消力池及消力坎等。

10.2.2.2 尾矿坝安全检查

（1）尾矿坝安全检查内容：坝的轮廓尺寸，变形，裂缝、滑坡和渗漏，坝面保护等。尾矿坝的位移监测可采用视准线法和前方交汇法；尾矿坝的位移监测每年不少于 4 次，位移异常变化时应增加监测次数；尾矿坝的水位监测包括洪水位监测和地下水浸润线监测；水位监测每季度不少于 1 次，暴雨期间和水位异常波动时应增加监测次数。

（2）检测坝的外坡坡比。每 100m 坝长不少于 2 处，应选在最大坝高断面和坝坡较陡断面。水平距离和标高的测量误差不大于 10mm。尾矿坝实际坡比陡于设计坡比时，应进行稳定性复核，若稳定性不足，则应采取措施。

（3）检查坝体位移。要求坝的位移量变化应均衡，无突变现象，且应逐年减小。当位移量变化出现突变或有增大趋势时，应查明原因，妥善处理。

（4）检查坝体有无纵、横向裂缝。坝体出现裂缝时，应查明裂缝的长度、宽度、深度、走向、形态和成因，判定危害程度。

（5）检查坝体滑坡。坝体出现滑坡时，应查明滑坡位置、范围和形态以及滑坡的动态趋势。

（6）检查坝体浸润线的位置，应查明坝面浸润线出逸点位置、范围和形态。

（7）检查坝体排渗设施。应查明排渗设施是否完好、排渗效果及排水水质。

（8）检查坝体渗漏。应查明有无渗漏出逸点，出逸点的位置、形态、流量及含沙量等。

（9）检查坝面保护设施。检查坝肩截水沟和坝坡排水沟断面尺寸，沿线山坡稳定性，护砌变形、破损、断裂和磨蚀，沟内淤堵等；检查坝坡土石覆盖保护层实施情况。

10.2.2.3 尾矿库库区安全检查

（1）尾矿库库区安全检查主要内容：周边山体稳定性，违章建筑、违章施工和违章采选作业等情况。

（2）检查周边山体滑坡、塌方和泥石流等情况时，应详细观察周边山体有无异常和急变，并根据工程地质勘察报告，分析周边山体发生滑坡可能性。

（3）检查库区范围内危及尾矿库安全的主要内容：违章爆破、采石和建筑，违章进行尾矿回采、取水，外来尾矿、废石、废水和废弃物排入，放牧和开垦等。

11 矿山安全生产管理

11.1 矿山企业安全生产

11.1.1 矿山企业准入条件

矿山开采的对象是埋藏在地下的自然矿产资源。在我国，矿产资源属国家所有。矿产资源是不可能再生的，是国家的宝贵财富。矿山开采，尤其是地下开采，生产条件复杂，作业环境差，影响安全的因素很多。因此，珍惜矿产资源、保证矿山生产安全，是矿山企业应该注重的头等大事。

我国矿山法规规定，无论是集体或个体进行采矿生产，都必须在具备一定的生产条件和技术基础的前提下，依法取得采矿生产资格。对于金属非金属矿山开采，只有具备了《采矿许可证》和《企业营业执照》，才可以开办集体矿山企业和个体采矿。矿山基建完成后，只有在矿山建设工程安全设施经过矿山企业主管部门和安全监督管理部门验收合格，负责管理矿山企业的矿长和主管安全、生产、技术工作的副矿长取得《矿长资格证》，特种作业人员经培训、考试等合格并取得操作资格证书。在上述所有证件均得到核准，并向同一级别政府有关部门提出安全生产许可证申请，经审查符合安全生产条件的企业颁发《安全生产许可证》后，才可进行采矿生产。

11.1.1.1 《采矿许可证》

《矿产资源法》规定："矿产资源属国家所有，地表或者地下的矿产资源的国家所有权，不因其所依附的土地的所有权或者使用权的不同而改变。"这就是说，有些土地虽然依法划给了个人或企业使用，但依附在这些土地地表或地下的矿产资源仍然属国家所有。因此，任何地方的矿产资源，不经过国家批准，都不能开采。

《矿产资源法》还规定，开采矿产资源必须依法取得采矿权。国家保护合法的采矿权不受侵犯。

为了保护资源，使其得到合理的开发利用，国家建立了开发矿产资源的申请、审批和颁发《采矿许可证》制度。办矿首先必须申请取得《采矿许可证》。

经审查批准的集体矿山企业或个体采矿单位，由审查批准部门的同级地质矿产主管部门进行复核并签署意见后，填写《采矿申请登记表》，由地质矿产主管部门根据批准文件颁发《采矿许可证》。《采矿申请登记表》和《采矿许可证》由省国土资源部门统一印制。地质矿产管理部门有监察检查权，对不符合办矿规定的，有权吊销《采矿许可证》。

依法取得的《采矿许可证》，不得买卖、转让、出租和用作抵押，否则将吊销，并给予经济处罚。凭《采矿许可证》，可向当地工商行政主管机关申请办理营业执照。此外，还应到当地公安机关办理《爆破作业许可证》。

11.1.1.2 《矿长安全资格证》

矿山企业或个体采矿单位在取得《采矿许可证》和营业执照后，负责管理矿山企业的矿长和主管安全、生产、技术工作的副矿长还必须持有《矿长安全技术资格证书》（即《矿长资格证》）。

获得《矿长资格证》，要求矿长达到以下标准：

（1）认真执行国家有关全生产的方针、政策和法规、规章，履行安全生产职责，接受矿山安全监察机构的检查监管和主管部门的安全技术指导。

（2）熟悉本企业生产工艺过程和开采矿床的地质条件，能够看懂生产常用图纸。

（3）熟悉并能运用矿山安全管理知识对企业实行有效的安全管理，熟练掌握通风、瓦斯、顶板、机电、运输、火工品、爆破、边坡、防灭火、防水和防尘管理技术。

（4）了解本企业主要生产设备、仪器、仪表的性能和安全操作技术。

（5）了解同类矿山企业各类事故的典型案例，掌握本企业主要事故发生的规律，并能组织制定、实施灾害预防和处理计划。

（6）具有初中以上文化程度或同等学力，从事矿山工作 3 年以上，身体健康，并能经常深入现场指挥生产。

11.1.1.3 《安全生产许可证》

2004 年 1 月，国务院发布的《安全生产许可证条例》和 2004 年 5 月制定的《非煤矿矿山企业安全生产许可证实施办法》明确规定未取得《安全生产许可证》的矿山企业、建筑施工企业和危险化学品、烟花爆竹、民用爆破器材生产企业，"不得从事生产活动"。

（1）非煤矿矿山企业取得安全生产许可证，应当具备下列安全生产条件：

1）建立健全主要负责人、分管负责人、安全生产管理人员、职能部门、岗位安全生产责任制；制定安全检查制度、职业危害预防制度、安全教育培训制度、生产安全事故管理制度、重大危险源监控和重大隐患整改制度、设备安全管理制度、安全生产档案管理制度、安全生产奖惩制度等规章制度；制定作业安全规程和各工种操作规程。

2）安全投入符合安全生产要求，依照国家有关规定足额提取安全生产费用、缴纳并专户存储安全生产风险抵押金。

3）设置安全生产管理机构，或者配备专职安全生产管理人员。

4）主要负责人和安全生产管理人员经安全生产监督管理部门考核合格，取得安全资格证书。

5）特种作业人员经有关业务主管部门考核合格，取得特种作业操作资格证书。

6）其他从业人员依照规定接受安全生产教育和培训，并经考试合格。

7）依法参加工伤保险，为从业人员缴纳保险费。

8）制定防治职业危害的具体措施，并为从业人员配备符合国家标准或者行业标准的劳动防护用品。

9）新建、改建、扩建工程项目依法进行安全评价，其安全设施经安全生产监督管理部门验收合格。

10）危险性较大的设备、设施按照国家有关规定进行定期检测检验。

11）制定事故应急救援预案，建立事故应急救援组织，配备必要的应急救援器材、设备；生产规模较小可以不建立事故应急救援组织的，应当指定兼职的应急救援人员，并与邻近的矿山救护队或者其他应急救援组织签订救护协议。

12）符合有关国家标准、行业标准规定的其他条件。

（2）非煤矿矿山企业申请领取安全生产许可证，应当提交下列文件、资料：

1）安全生产许可证申请书。

2）工商营业执照复印件。

3）采矿许可证复印件。

4）各种安全生产责任制复印件。

5）安全生产规章制度和操作规程目录清单。

6）设置安全生产管理机构或者配备专职安全生产管理人员的文件复印件。

7）主要负责人和安全生产管理人员安全资格证书复印件。

8）特种作业人员操作资格证书复印件。

9）足额提取安全生产费用、缴纳并存储安全生产风险抵押金的证明材料。

10）为从业人员缴纳工伤保险费的证明材料；因特殊情况不能办理工伤保险的，可以出具办理安全生产责任保险或者雇主责任保险的证明材料。

11）危险性较大的设备、设施由具备相应资质的检测检验机构出具合格的检测检验报告。

12）事故应急救援预案，设立事故应急救援组织的文件或者与矿山救护队、其他应急救援组织签订的救护协议。

13）矿山建设项目安全设施经安全生产监督管理部门验收合格的证明材料。

（3）安全生产许可证的有效期为3年。安全生产许可证有效期满后需要延期的，非煤矿矿山企业应当在安全生产许可证有效期届满前3个月向原安全生产许可证颁发管理机关申请办理延期手续，并提交下列文件、资料：

1）延期申请书。

2）安全生产许可证正本和副本。

3）本实施办法第二章规定的相应文件、资料。

（4）依法取得《安全生产许可证》，不得转让、冒用、买卖、出租、出借、或者伪造，或则将注销《安全生产许可证》，并给予行政、经济处分，构成犯罪的，将追究其刑事责任。

11.1.2　矿山企业安全生产责任制

矿山不同类型、不同层次、不同部门安全生产管理的重点及主要内容不尽相同，但大致包括以下范围：

（1）贯彻执行国家有关矿山安全生产工作的方针、政策、法律、法规和标准。

（2）设置矿山安全生产管理机构或配备专职安全管理人员，建立健全矿山安全生产管理网络，保持安全管理人员队伍的相对稳定性。

（3）建立健全以安全生产责任制为核心的各项安全生产管理制度。

（4）加强安全生产宣传教育和技术培训，做好职工安全教育、技术培训和特种作业人员持证上岗工作。

（5）辨识评价安全生产中的危险性，提出系统控制与管理措施。

（6）制定安全生产目标、规划及组织措施。

（7）矿山建设工程项目必须有安全设施，并经"三同时"审查、验收，改、扩建工程具备安全生产条件和较高的抗灾能力。

（8）制定和落实安全技术措施计划，确保矿山企业劳动条件不断改善。

（9）进行矿山安全科学技术研究，积极推广各种现代安全技术手段和管理方法，抓好危险源的控制管理，控制生产过程中的危险因素，改进安全设施，消除事故隐患，不断提高矿山抗灾能力。

（10）采用职业安全健康管理体系标准，推行职业安全健康管理体系认证，提高矿山企业的安全管理水平。

（11）制定事故防范措施和灾害预防、应急救援预案并组织落实。

（12）做好职工的劳动保护工作，按规定向职工发放合格的劳动防护用品。

（13）做好女职工和未成年工的劳动保护工作。

（14）做好职工伤亡事故和职业病管理，执行伤亡事故报告、登记、调查、处理和统计制度，对接尘、接毒职工进行定期身体检查，建立职工健康档案，按照规定参加工伤社会保险。

为了实现以上安全管理的基本内容，需建立集中领导与分级负责的安全生产责任制。

11.1.2.1 矿山主要负责人的安全生产职责

矿长、经理、董事长、局长是矿山企业安全生产第一责任人，对矿山企业安全生产工作负全面领导责任。

（1）认真贯彻执行《安全生产法》、《矿山安全法》和其他法律、法规中有关矿山安全生产规定。

（2）领导本单位安全生产委员会，检查指导副职及下属各单位领导分管范围内的安全生产工作。

（3）主持召开重要的安全生产工作会议，及时研究解决安全生产方面的重大问题，相应作出决策，组织实施。

（4）按权限审定安全生产规划和计划，根据国家的规定保证所需的经费开支。

（5）组织制定本企业安全生产管理制度和安全技术操作规程。

（6）审定本单位安全工作机构和安全管理干部的编制，根据需要配备合格的安全管理人员。

（7）采取有效措施，改善职工劳动条件，保证安全生产所需要的材料、设备、仪器和劳动保护用品的及时供应。

（8）组织对职工进行安全教育培训，审定安全生产的表扬、奖励与处分。

（9）组织制定矿山灾害的预防和应急计划。

（10）积极组织伤亡事故抢救及事故后的调查、分析和处理；及时、如实地向安全生产监督管理部门和企业主管部门报告矿山事故。

11.1.2.2 主管安全生产的企业副职安全责任制

主管安全生产的企业副职领导是指副矿长、副经理、副董事长、副局长，其安全生产职责：

（1）协助矿长抓好全面的安全生产工作，对安全生产负具体领导责任。

（2）组织领导安全生产检查，落实整改措施等。

（3）及时采取措施，处理矿山存在的事故隐患。

（4）按权限组织调查分析、处理伤亡事故和重大险肇事故，拟定改进措施并组织落实。

（5）检查车间主任（或相当于车间主任）的安全生产工作情况和安全技术科（处）室的工作。

（6）主持召开每周一次的安全生产工作会议。

（7）组织安全教育培训，有计划地对各类人员进行安全技术培训考核工作。

11.1.2.3　总工程师的安全生产责任

（1）对本矿的安全环保和工业卫生工作在技术上负全面责任，直接领导安全技术部门积极开展安全技术工作。

（2）根据安全生产方针和国家技术政策，组织研究生产及安全工作中新技术的采用和革新项目的试验。

（3）组织、领导制订、审批各种安全规章制度和防止事故、防尘毒的技术措施。

（4）发生伤亡和重大未遂事故时，要亲临现场指挥抢救，参加调查分析，并负责采取有效措施消除事故隐患。

（5）参加全矿的安全大检查及有关专业性检查，对检查出的重大问题，要及时组织制订有效措施加以解决。

（6）经常检查生产现场的作业条件、工艺流程、操作方法，发现问题从技术上采取针对性措施，确保安全生产。

（7）负责按"三同时"原则和安全防尘、环境保护有关规定组织有关部门审批各种工程设计，组织施工和进行工程验收。

（8）组织生产、地测、安全有关部门根据生产单位提出的安全隐患问题制定整改计划，提供技术支持，并负责检查和验收。

11.1.2.4　矿工会主席安全生产责任制

（1）积极宣传教育员工执行安全生产政策法规及各项安全制度。

（2）参加矿、工区安全大检查、安全例会等安全活动。

（3）深入工区，抓好员工的安全培训、考核、评定、原始记录、安全标准化班组等一系列安全活动。

（4）审定、推荐矿安全生产先进集体、先进个人，不断总结安全生产经验和教训。

（5）根据上级规定和要求为员工办好健康疗养，参加保险，硅肺普查，充分维护员工劳动保护、安全生产的合法权利。

（6）深入工作现场督促有关单位改进劳动条件和环境，了解员工在安全生产中的反映和要求，收集员工安全生产合理化建议，协助解决生产中的安全隐患。

11.1.2.5　安全管理部门的职责

（1）当好矿山企业领导在安全生产工作方面的助手和参谋，协助矿山企业领导做好安全生产工作。

（2）对矿山安全法律、法规、规程、标准及规章制度的贯彻执行情况，会同各单位进行监督检查，协同生产单位及时解决检查出的问题。

（3）制定和审查本企业的安全生产规章制度，审查各单位安全规章制度，制订全矿性的安全环保工作计划和安全环保技术措施计划，并督促贯彻执行。

（4）组织审查改善劳动条件、消除危险源、清除安全隐患，经常进行现场检查，及时掌握危险源动态，研究解决事故隐患和存在的安全问题，遇到有危及人身安全的紧急情况，应采取应急措施，有权指令先行停止生产，后报告领导研究处理。

（5）参加新建、扩建、改建工程及新产品、新工艺设计的审查和验收工作，提出有关安全方面的意见和要求。

（6）组织推动安全生产宣传教育和培训工作；组织进行全矿性的安全训练及新工人入矿的矿级安全教育，督促各单位做好经常性的安全教育和新工人参加生产前的安全教育，指导各单位做好业务保安工作。定期进行经验交流、分析提高。

（7）参加伤亡事故的调查处理，对伤亡事故和职业病进行统计分析和报告，并提出防范措施，监督贯彻执行。

（8）制定劳动防护用品管理制度，监督劳动防护用品的供给和使用。

（9）领导矿（工区）专职安全员和班组兼职安全员，指导工段、班组安全员的工作，改进和提高安全员工作水平，发动群众搞好安全工作。

（10）定期开展对提升、运输、采矿、通风、爆破以及易燃物品、矿区交通运输、机电设备、降温防护的检查，发现问题及时处理，并提出预防措施和改进意见。

11.1.2.6　安全部门负责人安全生产责任制

（1）协助主管矿长认真贯彻执行党和国家的劳动保护法令、制度、规范、标准和矿安全生产各项制度，并检查、督促各基层单位其执行情况，及时向领导汇报。

（2）协助主管矿长组织全矿性的安全大检查，对检查出来的安全隐患，组织有关部门采取有效措施，并督促其实施。

（3）负责安全部门工作，拟定矿安全工作计划，对安全管理人员的安全管理技术、业务工作进行指导，提高安全管理的水平。

（4）主持召开安全部门会议，督促和检查安全管理人员的工作及任务完成情况，计划和解决工作中的重大问题，研究布置下一步工作。

（5）负责全矿的安全事故统计分析工作，并参加对重大交通、火灾、设备事故的检查处理工作。

（6）组织人员深入一线调查研究、了解、发现事故隐患，及时处理，把隐患消灭在萌芽之中，确保生产顺利进行。

（7）起草安全生产责任制，落实经济责任制，健全考核办法，并监督执行。

（8）明确年度安全生产奋斗目标，加强班组标准化管理，组织好现场安全检查。

（9）参加和组织开展各种形式的安全活动，参加各类分析会，负责调查工作。

（10）做好各种记录、台账的填写工作，负责工伤报表、工伤介绍信和下发安全指令书。

11.1.2.7　矿山安全员岗位责任制

（1）安全员是安全生产法规、规范、规章的执行者，贯彻安全生产方针、政策，并指导工区（班组）的专兼职安全员的工作。

（2）组织学习有关安全生产的规章制度，监督检查工人遵守规章制度和劳动纪律，督促工区（班）长严格执行安全管理制度和安全技术操作规程。

（3）经常检查设备设施和工作地点的安全状况，值班安全员负责本班全矿安全生产的监督、巡回检查，对问题进行改进、处理。

（4）发现危及人身安全的紧急情况时，停止其作业，并立即报告，对技术难度大的重大问题及时汇报，由安全部门、技术部门决定处理、解决的方案。

（5）参与本单位制订、修改有关安全技术规程和安全生产管理制度。

（6）监督、教育职工正确使用个人防护用品，检查生产过程中存在的违反安全规程和操作规程的行为，及时纠正。

（7）负责职工安全教育工作，对安全规程规定的人员进行三级安全教育。

（8）负责工伤事故、职业病的管理。协助制定矿山重大事故应急救援预案，协助分析伤亡事故原因，制定防范措施。

11.1.3 矿山安全生产管理人员培训

11.1.3.1 培训目的

通过培训，使培训对象熟悉矿山安全的有关法律、法规、规章和国家标准，掌握矿山安全管理、安全技术理论和实际安全管理技能，了解职业卫生防护和应急救援知识，具备一定的矿山安全管理能力，达到《金属非金属矿山安全生产管理人员考核标准》的要求。

11.1.3.2 时间要求

《生产经营单位安全培训规定》规定煤矿、非煤矿山、危险化学品、烟花爆竹等生产经营单位主要负责人和安全生产管理人员安全资格培训时间不得少于48学时；每年再培训时间不得少于16学时。

11.1.3.3 培训内容

培训内容涵盖，国家安全生产方针、政策和有关安全生产的法律、法规、规章及标准；安全生产管理、安全生产技术、职业卫生等知识；伤亡事故统计、报告及职业危害的调查处理方法；应急管理、应急预案编制以及应急处置的内容和要求；国内外先进的安全生产管理经验；典型事故和应急救援案例分析。

（1）安全管理：

1）金属非金属矿山安全生产概况，金属非金属矿山安全生产形势以及安全生产的特点，国外有关矿山安全生产情况。

2）安全生产方针、政策和有关矿山安全法律、法规、标准，主要包括《安全生产法》、《矿山安全法》、《劳动法》、《职业病防治法》、《刑法》、《矿山安全法实施条例》以及《金属非金属矿山安全规程》、《爆破安全规程》等。

3）矿山安全管理的目的、意义和任务。

4）矿山安全管理制度包括：安全生产责任制；安全检查制度；安全教育培训与特种作业人员管理制度；"三同时"与安全评价制度；安全技术措施计划制度；重大危险源管理制度；伤亡事故和职业病统计报告管理制度，工伤保险制度；劳动防护用品发放与使用制度；锅炉压力容器与特种设备管理制度；安全生产考评奖惩制度。

5）矿山从业人员的安全生产责任、权利与义务。

6）现代安全管理技术。包括安全目标管理、危险源辨识、安全评价、职业安全健康管理体系等。

7）案例分析与讨论。

（2）安全技术理论：

1）矿山地质安全包括：矿床的基本概念；矿岩的基本性质，包括矿岩的物理力学、化学性质及其与矿山安全生产的关系;矿床地质构造,如裂隙、断层、褶皱等及其对矿山安全生产的影响;矿床水文地质,如岩溶水、裂隙水、老窿水、大气水、地表水等及其对矿山安全生产的影响;矿山地质环境及地质灾害(如地热、岩爆、地震、泥石流、滑坡、坍塌等)。

2)露天矿山开采安全包括:露天矿山开采安全生产基本条件;露天矿山开采工艺安全,包括穿孔、铲装、运输、排土作业及其安全技术要求;露天矿山防尘防毒,包括尘毒的来源、危害及其预防措施;露天矿山防排水与防火要求;露天矿山边坡管理,及包括边坡破坏机理及主要形式、影响边坡稳定的主要因素、预防边坡坍塌及加固措施;露天矿山典型事故案例分析与讨论。

3)地下矿山开采安全包括:地下矿山开采安全生产基本条件;井巷工程安全,包括平巷、竖井、斜井、天井的掘进施工、支护、维护及其安全技术要求;常用采矿方法的安全要求,矿柱回采的安全要求;矿山地压形成机理及其对安全生产的影响,顶板、采空区的管理,采空区处理方法及安全要求;地下矿山回采工艺,凿岩、铲装、运输、提升的安全要求;地下矿山通风安全要求以及矿井通风系统评价;地下矿山防尘防毒,包括尘毒的来源、危害及其预防措施;地下矿山防排水,包括矿井水的来源、危害,防排水安全要求,工作面突水预兆;地下矿山防灭火,包括矿井外因火灾和内因火灾的原因、防灭火措施等;地下矿山典型事故案例分析与讨论。

4)矿山爆破安全包括:爆炸基本理论;矿山常用爆破器材、起爆方法以及起爆系统连接的安全要求;露天矿山爆破方法;地下矿山爆破方法;爆破作业安全要求,包括凿岩、装药、警戒、起爆、爆后检查、残盲炮处理等的安全要求;爆破有害效应及爆破安全范围的圈定;爆破器材有关安全管理规定及储存、运输、使用、销毁爆破器材的安全要求;矿山爆破典型事故案例分析与讨论。

5)矿山机电安全包括:矿山电气安全技术,包括电气伤害的方式、矿山供电和电气线路、电气安全保护、电气工作安全措施;矿山机械安全;电气火灾及机电事故案例分析与讨论。

6)矿山工业场地与地面生产系统安全包括:地面生产系统和工业场地的安全要求;排土场安全,包括排土场的选择、堆筑、维护和排土作业安全要求及排土场典型事故案例分析与讨论;尾矿库安全,包括尾矿库、尾矿坝、排洪系统安全要求及尾矿库运行的安全要求、尾矿库的安全监测与安全评价、尾矿库常见病害及防治措施、尾矿库典型事故案例分析与讨论。

(3)矿山事故的应急预案与应急处理:

1)矿山事故应急救援的原则。包括定义、基本任务、基本形式、组织、主要救护装备和设施及实施。

2)矿山重大灾害事故应急救援预案的编制。包括目的、基本要求、编制程序、主要内容、编写提纲。

3)矿山事故报告和上报程序。

4)矿山事故的应急处理。包括火灾事故、透水事故、冒顶片帮事故、中毒窒息事故、滑坡与坍塌事故的应急处理。

5)现场急救技术。包括创伤、触电、中毒窒息、溺水、烧伤急救和伤员的运送等技术。

6）案例分析与讨论。

（4）职业病的管理与矿山职业危害及其预防。

（5）实际操作培训内容。包括各种实际安全管理要领和实际管理技能。贯彻执行国家安全生产方针、政策和安全生产法律、法规、标准的程序和要点；有关新、改、扩建工程的设计会审、竣工验收工作安全要点；制定矿山安全管理规章制度的方法；组织进行矿山安全检查和事故隐患整改的程序、方法和内容；安全教育培训的基本要求、方法和内容；安排、使用安全技措经费的程序、方法和项目；编制矿山重大事故应急救援预案的基本内容；矿山事故抢险救灾要点；伤亡事故调查处理的程序、方法以及责任认定的原则。

（6）再培训内容。包括有关安全生产的法律、法规、标准，有关采矿业新技术、新工艺、新设备及其安全技术要求，矿山安全生产管理经验，矿山典型事故案例分析与讨论。

11.1.4　其他从业人员职责与培训

生产经营单位其他从业人员是指除主要负责人、安全生产管理人员和特种作业人员以外，该单位从事生产经营活动的所有人员，包括其他负责人、其他管理人员、技术人员和各岗位的工人以及临时聘用的人员。

11.1.4.1　生产调度部门安全生产责任制

（1）负责监督、执行矿安全生产的决定和计划，协助矿长、安全部门监督、检查矿属各单位及各操作岗位执行安全操作规程的情况。

（2）随时掌握全矿安全生产的状态及环节，协调安全与生产的关系，确保安全，促进生产。

（3）经常深入现场，了解并提出解决生产中安全隐患的技术措施和建议，供矿长和安全部门参考。

（4）负责安全事故的抢救与现场处理的指挥与实施。

（5）发生事故后及时向上级有关部门汇报。

11.1.4.2　生产调度部门负责人安全生产责任制

（1）负责全矿日常安全生产的指挥与协调，平衡矿属各单位安全与生产的关系，做到全矿安全有保障，生产有秩序。

（2）经常深入现场，了解生产各环节存在的安全问题，协助安全科监督、检查矿属各单位安全工作，帮助、督促工区解决安全生产的关键和抢险工程的组织与管理。

（3）发生事故后，负责事故现场抢救与处理的组织与联络。

（4）参加矿属各单位周一安全活动日。

（5）参加矿组织的周一安全大检查。

（6）参加矿有关部门主持的安全、设备、交通事故分析会。

11.1.4.3　生产单位负责人的安全生产职责

（1）贯彻执行安全生产规章制度，对本采区职工在生产过程中的安全健康负全面责任。

（2）合理组织生产，在计划、布置、检查、总结、评比生产的各项活动中都必须包括安全工作。

（3）经常检查现场的安全状况，及时解决发现的隐患和存在的问题。

（4）经常向职工进行安全生产知识、安全技术、规程和劳动纪律教育，提高职工的安全生产思想认识和专业安全技术知识水平。

（5）负责提出改善劳动条件的项目和实施措施。

（6）对本采区伤亡事故和职业病登记、统计、报告的及时性和正确性负责，分析原因，拟定改进措施。

（7）对特殊工种工人组织训练，并必须经过严格考核合格后，持合格证方能上岗操作。

11.1.4.4　生产技术部门安全生产责任制

（1）认真贯彻执行上级有关安全生产环境保护的政策、法令及各项安全生产环境保护的政策、法令及各项安全规章制度并组织所属单位的技术人员对安全技术知识的学习、检查及执行情况。

（2）在计划、布置、检查、总结、评比生产工作时，要同时计划、布置、检查总结、评比安全工作，在编制计划、工程设计及施工管理中，认真贯彻"三同时"的原则。

（3）工程设计时要全面考虑安全生产的有关事宜（安全环保技术措施、施工顺序、安全注意事项等），在设计、施工、验收等技术工作中做到"三同时"，并负责监督实施。

（4）认真参加日常生产调度会议，检查、掌握安全生产及作业计划执行情况。协助安全管理人员做好施工过程中安全生产及安全技术操作规程执行情况的监督与管理。

（5）协助检查各单位爆破器材的加工、运输、使用、保管、发放、销毁等情况，从技术上解决爆破方面的不安全因素，会同安全部门对爆破人员进行安全技术知识教育和爆破权的审批等管理工作。

（6）按时参加矿部组织的安全大检查，对检查出重大隐患一时解决不了又需要资金的要列入工程计划并组织实施，负责组织有关抵制、测量、采矿、掘进、爆破方面的专业安全检查，发现问题及时提出整改意见。

（7）对有关单位提出的井巷、采场检查意见要及时向总工程师汇报，对隐患部位及时进行检查，提出技术改进措施。

（8）负责督促、检查各工区工程的设计与施工情况，提高作业质量，贯彻正规文明生产。

11.1.4.5　技术人员安全生产责任制

（1）认真执行采掘技术政策，采矿规程和安全生产规章制度，加强技术管理，从技术上对安全工作负责。

（2）根据本矿职工提出的有关安全技术方面的合理化建议，从生产技术上改进设计和施工管理。

（3）在矿长主持下参加安全检查活动并从技术上解决不安全问题，提出改善作业条件的意见。

（4）在编制计划和进行设计时，必须有安全防尘措施及安全注意事项的说明。

（5）加强施工指导，在本职范围内杜绝无计划、无设计、无审批手续、无地质资料、无测量放线施工。

（6）对与安全有关的情况（如空区、断裂、岩石性质与四邻关系等）要详细标明并用文字说明。

（7）负责检查井巷掘进及采矿工程质量的验收，必须按设计、计划验收，对矿山资源和保安矿柱的设置有监督、检查的责任。

（8）加强关键工程、关键部位的安全管理，与生产单位紧密配合。

11.1.4.6　班组长、工段长安全生产职责

（1）组织矿工学习安全操作规程和矿山企业及本采区的有关安全生产规定，教育工人严格遵守劳动纪律，按章作业。

（2）经常检查本工段、班组矿工使用的机器设备、工具和安全卫生装置，以保持其安全状态良好。

（3）对本工段、班组作业范围内存在的危险源进行日常监控管理和检查。

（4）整理工作地点，以保持清洁文明生产。

（5）组织工段、班组安全生产竞赛与评比，学习推广安全生产经验。

（6）及时分析伤亡事故原因，吸取教训，提出改进措施。

（7）有权拒绝上级的违章指挥。

11.1.4.7　工人安全生产责任制

（1）自觉遵守矿山安全法律、法规及企业安全生产规章制度和操作规程，不违章作业，并要制止他人违章作业。

（2）接受安全教育培训，积极参加安全生产活动，主动提出改进安全工作的意见。

（3）有权对本单位安全生产工作中存在的问题提出批评、检举、控告。

（4）有权拒绝违章指挥和强令冒险作业。

（5）发现隐患或其他不安全因素应立即报告，发现直接危及人身安全的紧急情况时，有权停止作业或采取应急措施后撤离作业现场，并积极参加抢险救护。

11.1.5　安全生产检查

安全检查是消除隐患、防止事故、改善劳动条件的重要手段，是矿山企业安全生产管理工作的一项重要内容。通过安全检查可以及时发现矿山企业生产过程中的危险因素及事故隐患和管理上的缺欠，以便有计划地采取措施，保证安全生产。

11.1.5.1　安全检查的内容

（1）查思想。检查各级领导对安全生产的思想认识情况，以及贯彻落实"安全第一，预防为主"方针和"三同时"等有关情况。

（2）查制度。检查矿山企业中各项规章制度的制定和贯彻执行情况。

（3）查管理。检查各采场、工段、班组的日常安全管理工作的进行情况，检查生产现场、工作场所、设备设施、防护装置是否符合安全生产要求。

（4）查隐患和整改。检查重大危险源监控和事故隐患整改的落实情况及存在的问题。

（5）查事故处理。检查企业对伤亡事故是否及时报告、认真调查、严肃处理。

11.1.5.2　安全检查的形式

安全检查可分为日常性检查、定期检查、专业性检查、专题安全检查、季节性检查、节假日前后的检查和不定期检查。

（1）日常性检查。即经常性的、普遍的检查。班组每班次都应在班前、班后进行安全检查，对本班的检查项目应制定检查表，按照检查表的要求规范地进行。专职安全人员的日常检查应该有计划，针对重点部位周期性地进行。

（2）定期检查。矿山企业主管部门每年对其所管辖的矿山至少检查一次，矿部每季至少检查一次，坑口（车间）、科室每月至少检查一次。定期检查不能走过场，一定要深入现场，解决实际问题。

（3）专业性检查。由矿山企业的职能部门负责组织有关专业人员和安全管理人员进行的专业或专项安全检查。这种检查专业性强，力量集中，利于发现问题和处理问题，如采场冒顶、通风、边坡、尾矿库、炸药库、提升运输设备等的专业安全检查等。

（4）专题安全检查。针对某一个安全问题进行的安全检查，如防火检查、尾矿库安全度汛情况检查、"三同时"落实情况的检查、安措费及使用情况的检查等。

（5）季节性检查。根据季节特点，为保障安全生产的特殊要求所进行的检查。如夏季多雨，要提前检查防洪防汛设备，加强检查井下顶板、涌水量的变化情况；秋冬季天气干燥，要加强防火检查。

（6）节假日前后的检查。包括节假日前进行安全综合检查，落实节假日期间的安全管理及联络、值班等要求；节假日后要进行遵章守纪的检查等。

（7）不定期检查。指在新、改、扩建工程试生产前以及装置、机器设备开工和停工前、恢复生产前进行的安全检查。

11.1.5.3　安全检查的要求

（1）不同形式的安全检查要采用不同的方法。安全生产大检查，应由矿山企业领导挂帅，有关职能部门及专业人员组成检查组，发动群众深入基层、紧紧依靠职工，坚持领导与群众相结合的原则，组织好检查工作。安全检查可以通过现场实际检查，召开汇报会、座谈会、调查会以及个别谈心、查阅资料等形式，了解不安全因素、生产操作中的异常现象等方法进行。

（2）做好检查的各项准备工作，其中包括思想、业务知识、法规政策和物资准备等。

（3）明确检查的目的和要求，既要严格要求，又要防止一刀切，要从实际出发，分清主、次矛盾，力求实效。

（4）把自查与互查有机结合起来，基层以自查为主，企业内相应部门间要互相检查，取长补短，相互学习和借鉴。

（5）坚持查改结合，检查不是目的，只是一种手段，整改才是最终目的，一时难以整改的，要采取切实有效的防范措施。

（6）建立安全检查网络、危险源分级检查管理制度。

（7）安全检查要按安全检查表法进行，实行安全检查的规范化、标准化。在制定安全检查表时，应根据检查表的用途和目的具体确定安全检查表的种类。安全检查表的主要种类有设计用安全检查表、厂级安全检查表、车间安全检查表、班组及岗位安全检查表、专业安全检查表等。

（8）建立检查档案，结合安全检查表的实施，逐步建立健全检查档案，收集基本的数据，掌握基本安全状况，实现事故隐患及危险点的动态管理，为及时消除隐患提供数据，同时也为以后的安全检查及隐患整改奠定基础。

11.1.5.4　安全生产检查表

A　露天采矿安全检查表实例

露天采矿安全检查表，如表11-1所示。

表11-1 金属非金属矿山安全检查表（露天开采）

矿山企业名称：　　　　检查时间：

序号	检查项目	检查内容	依据标准	检查方法	检查结果 年 月 日
一	规章制度	1. 安全生产责任制： (1) 主要负责人、分管负责人、安全生产管理人员责任制； (2) 职能部门责任制； (3) 岗位安全生产责任制	GB 16423—2006 4.1	查看人员任命文件及有关资料，有制度汇编并上墙	
		2. 安全生产有关制度： (1) 安全检查制度；(2) 职业危害（粉尘、有毒有害气体等）预防制度；(3) 安全教育培训制度；(4) 生产安全事故管理制度；(5) 危险源监控和安全隐患排查制度；(6) 设备安全管理制度；(7) 安全生产档案管理制度；(8) 安全生产奖惩制度等；(9) 安全活动日制度；(10) 安全目标管理制度；(11) 安全办公会议制度；(12) 值班和交接班制度；(13) 安	安全生产法第17条 GB 16423—2006 4.1	查看有关文件资料，制度编制成册	
		3. 作业规程及操作规程。采剥和排土作业规程、凿岩工、爆破工、挖掘机工、装载机工、空压机工、电工、焊工、场内机动车辆、现场安全管理人员必须有操作规程	安全生产法第17条	查看有关文件资料，制度上墙，制度编制成册	
二	安全投入	1. 有安全投入计划，并按计划实施； 2. 交纳风险抵押金	安全生产法第18条	查看安全投入计划和使用情况记录	
三	安全机构及人员	1. 依法设置安全生产管理机构或配备专职安全管理人员	GB 16423—2006 4.2	检查安全生产管理机构设置文件、任命文件，以及合法有效证件	
		2. 各队、班组应设立专（兼）职安全员，跟班作业	GB 16423—2006 4.3	查看安全员任命文件及跟班检查记录。主要负责人下井检查记录	
		3. 主要负责人要定期跟班现场检查			

续表 11－1

序号	检查项目	检查内容	依据标准	检查方法	检查结果
四	安全教育和培训	1. 主要负责人必须取得安全资格证书，分管安全、生产、技术的负责人也应经过安全培训取得安全资格证书	安全生产法第20条	查看有效证书	
		2. 安全生产管理人员资格证书	安全生产法第20条	查看有效证书	
		3. 特种作业人员资格证书爆破操作员、爆破押运员、爆破管理员、爆破安全员、电工、金属焊接（切割）工、压力容器操作工、场内机动车辆司机等特种作业人员	GB 16423—2006 4.4	查持证上岗情况	
		4. 从业人员安全教育培训	GB 16423—2006 4.4	查看入厂三级教育卡片、培训计划、记录及考核结果	
五	工伤保险	依法参加工伤保险或与工伤保险赔付同等数额的其他保险，为所有从业人员缴纳保险费	安全生产法第43条	查看缴纳保险费用的证明	
六	劳动防护	为从业人员提供符合国家标准或行业标准的劳动防护用品，并监督、教育从业人员正确佩戴使用（安全帽、防尘口罩、安全带、防护服、胶鞋、手套等）	安全生产法第37条	按标准发放，建立发放台账合账	
七	"三同时"审批	改建、扩建建设项目依法履行"三同时"审批手续	国家总局18号令	查看有关批材料	
八	应急救援	1. 有滑坡、洪水、泥石流等事故的应急救援预案，并定期进行演练	GB 16423—2006 4.8	查看应急救援预案及演练记录	
		2. 对存在的各类事故隐患，及时进行整改，整改完成的档案。对暂时无法完成整改的，必须有切实可行的监控和预防措施	非煤矿矿山安全生产许可证实施办法第5条	查档案、措施	
		3. 要害岗位、重要设备和设施及危险区域，应严加管理，应对露天边坡、排土场、爆破器材库等危险源登记建档，有检测、监控和防范措施	非煤矿矿山安全生产许可证实施办法第5条	查档案、措施	
九	技术资料	有具有资质设计单位设计的开采设计和附图，图纸包括地质地形图，采剥工程年末图；防排水系统及排水设备布置图	GB 16423—2006 4.15	查看设计及生产图件	

续表 11-1

序号	检查项目	检查内容	依据标准	检查方法	检查结果
十	采场和边坡	1. 露天开采应遵循自上而下的开采顺序，分台阶开采，并坚持"采剥并举，剥离先行"的原则	GB 16423—2006 5.1.2	查现场	
		2. 台阶高度必须符合有关规定的要求，其中最大开采高度小于50m，年开采总量小于50万吨的小型露天采石场，应当自上而下分层，按顺序开采，分层高度根据岩性确定，浅孔爆破时分层高度不超过6m，中深孔爆破时分层高度不超过20m。分层留岩石平台宽度不得小于4m。最终边坡角最大不得超过60°	小型露天采石场安全生产暂行规定	查现场	
		3. 台阶开采高度： 1) 台阶高度不大于最大挖掘高度的1.5倍（爆破后机械铲装）； 2) 台阶高度不大于最大挖掘高度（不爆破机械铲装）； 3) 坚硬稳固岩石台阶高度不大于6m（人工开采） 4) 松软岩石台阶高度不大于3m（人工开采） 5) 砂状岩石台阶高度不大于1.8m（人工开采）	GB 16423—2006 5.2.1.1	查现场	
		4. 非工作阶段的最终坡面角和最小工作平台的宽度，应在设计中规定	GB 16423—2006 5.2.1.3	查设计及现场	
		5. 露天采石场各作业水平上，下台阶之间的超前距离，应在设计中明确规定。采剥工作面不应形成伞檐、空洞等	GB 16423—2006 5.2.5.7	查看现场	
		6. 边坡浮石清除完毕前，其下方不应生产；人员和设备不应在边坡底部停留	GB 16423—2006 5.2.5.8	查看现场	
十一	爆破作业	1. 爆炸物品的生产、储存、购买、运输、使用符合《民用爆炸物品管理条例》规定，有严格的管理、领用和清退登记制度	民用爆炸物品安全管理条例	查制度、台账	
		2. 露天爆破作业，必须按审批的爆破说明进行。爆破设计书应由单位主要负责人批准	爆破安全规程实施手册	检查爆破设计和审批手续	
		3. 实行定时爆破制度，明确爆破时的警戒范围，并设置明显的标志和岗哨，有明确的警戒信号	爆破安全规程实施手册	现场查看警戒线	

续表 11-1

序号	检查项目	检查内容	依据标准	检查方法	检查结果
十一	爆破作业	4. 露天爆破作业必须遵守 GB6722 和 GB13349。爆破作业现场必须设置坚固的人员避炮设施，其设置地点、结构及拆移时间，应在采掘计划中规定，并经矿长或总工程师批准	GB 16423—2006 5.1.21	现场查看避炮设施	
十二	穿孔作业	移动钻机电缆和停、切、送电源时，应严格勿戴好高压绝缘手套和绝缘鞋；使用符合安全要求的电缆，跨越公路的电缆应设在地下。钻机发生接地故障时，应立即停机，同时任何人均不应上、下钻机。打雷、暴雨、大雪或大风天气，不应工作业。高空作业时，不应双层作业	GB 16423—2006 5.2.2.4	现场检查	
十三	铲装作业	1. 挖掘机作业时，悬臂和铲斗下面工作面附近，不应有人停留； 2. 挖掘机、前装机铲装作业时，铲斗不应从车辆驾驶室上方通过，装车时，汽车司机不应停留在司机室踏板上或者有落石危险的地方； 3. 推土机不应在机体下面和近旁有人作业或停留，推土机行走时，人员不应站在推土机上或刮板拾起时，发动机运转目刮板拾起时，司机不应离开驾驶室 4. 推土机作业时，刮板不应超出平台边缘。推土机距离平台边缘小于5m时，应低速运行。推土机不应后退开向平台边缘	GB 16423—2006 5.2.3.3、5.2.3.12、5.2.4.4、5.2.4.2	现场检查	
十四	防洪排水	有完善的防洪措施。对开采境界上方汇水影响安全的，应当设置截水沟；有可能滑坡的，应当采取防洪排水措施	GB 16423—2006 5.9.1.1、5.9.1.2、5.9.1.3	现场查看及应急措施	
十五	排土场	排土场位置的选择，应保证排弃土岩时不致因滚石、滑坡、塌方等威胁采矿场、工业场地（厂区）、居民点、道路、铁路、输电网线和通讯干线、耕种区、水域、旅游洞、固定标志物等安全。其安全距离应在设计中规定	GB 16423—2006 5.7.2	查看图纸对照现场	
十六	电气安全	1. 在电源线路上断电作业时，该线路的电源开关把手，应加锁或设专人看护，并悬挂"有人作业，不准送电"的警示牌	GB 16423—2006 5.8.1.7	现场查看	

续表 11－1

序号	检查项目	检查内容	依据标准	检查方法	检查结果
十六	电气安全	2. 安装在室外的落地配电变压器，四周应设置安全围栏，围栏高度不低于1.8m，栏条间净距不大于 0.1m，围栏距变压器的外廓净距不应小于 0.8m，各侧悬挂"有电危险，严禁入内"的警告牌。变压器底座基础应高于当地最大洪水位，但不得低于 0.3m	DL/T 499—2001 3.2.4	现场查看	
		3. 电气设备和装置的金属框架或外壳、电缆和金属包皮、互感器的二次绕组，应按有关规定进行保护接地	GB 16423—2006 5.8.5.1	现场查看	
		4. 采场内的架空线路宜采用钢芯铝绞线，其截面积应不小于 35mm²。排土场的架空线路宜采用铝绞线。由分支线向移动式供电设备供电，应采用矿用橡套软电缆	GB 16423—2006 5.8.6.9	现场检查	
		5. 采矿场和排土场低压配电力网的配电电压，宜采用 380V 或 380/220V。手持移动式电气设备电压，应不高于 220V	GB 16423—2006 5.8.6.13	现场查看	
		6. 向低压移动设备供电的变压器，其中性点宜采用非直接接地方式，应采用中性点直接接地方式	GB 16423—2006 5.8.6.11	现场查看	
		7. 电气设备可能被人触及的裸露带电部分，必须设置保护罩或遮拦及警示标志	GB 16423—2006 5.8.1.5	现场查看	
		8. 移动式电气设备，应使用矿用橡套电缆	GB 16423—2006 5.8.2.1	现场查看	
		9. 配电箱不采用可燃材料制作。室外安装的配电箱采用防尘、防雨型	GB 50254—96 2.0.6	现场查看	
		10. 露天矿照明使用电压，应为 220V；行灯或移动式电灯的电压，应不高于 36V；在金属容器内和潮湿地点作业，安全电压应不超过 12V；380/220V 的照明网络，熔断器或开关应安装在火线上，不应装在中性线上	GB 16423—2006 5.8.4.4、5.8.4.6	现场查看	
		11. 露天矿采矿场和排土场高压电力网的配电电压，应采取 6kV 或 10kV。当有大型采矿设备或采用连续采用工艺并经技术经济比较合理时，可采用其他等级的电压	GB 16423—2006 5.8.6.1	现场查看	

续表 11-1

序号	检查项目	检查内容	依据标准	检查方法	检查结果
十七	运 输	道路运输： (1) 双车道的路面宽度，应保证会车安全。陡长坡道的会车视距若不能满足要求，则应分设车道。急弯、陡坡、危险地段应有警示标志； (2) 装车时，不应离人，维护车辆；驾驶员不应离开驾驶室，不应将头和手臂伸出驾驶室外； (3) 卸矿平台应有足够的调车宽度。卸矿地点应设置牢固可靠的挡车设施，并设专人指挥。挡车设施的高度应不小于该卸矿点各种车辆最大轮胎直径的2/5	GB 16423—2006 5.3.2.3、5.3.2.11、5.3.2.12	查看设计及现场	
		溜槽、平硐溜井运输： (1) 应合理选择溜槽的结构和位置。从安全和放矿条件考虑，溜槽坡度以45°~60°为宜，应不超过65°。溜槽底部接台阶间应有明显警示标志，溜矿时人员不应靠近，以防滚石伤人； (2) 溜矿的卸矿口应设挡墙，并设明显标志、良好照明和安全护栏，以防人员和矿石坠入。机动车辆卸矿时，应有专人指挥； (3) 溜井上、下口作业时，无关人员不应在溜井口对面或卸矿上撬矿。溜井发生堵塞、跑矿、塌落、等事故时，应待其稳定后再查明处理事故的地点和原因，并制定处理措施；事故处理后人员方应从下部进入溜井	GB 16423—2006 5.3.3.1、5.3.3.5、5.3.3.9	现场检查	
		斜坡卷扬运输： (1) 斜坡轨道与上部车场和中间车场的连接处，应设置灵敏可靠的阻车器； (2) 斜坡轨道应有防止跑车等安全设施； (3) 斜坡卷扬运输的机电率制系统应有限速保护装置、主传动电动机的短路及断电保护装置、过卷保护装置、过速保护装置、过负荷及无电电压保护装置、卷扬机操纵手柄与安全制动之间的连锁装置、卷扬机与信号系统之间的闭锁装置等	GB 16423—2006 5.3.6.1、5.3.6.2、5.3.6.4	现场检查	

续表 11-1

序号	检查项目	检查内容	依据标准	检查方法	检查结果
十七	运车	其他运输形式，严格遵守 GB 16423—2006 中 5.3 的规定	GB 16423—2006 5.3		
		检查人员签字：			被检查单位主要负责人签字：
检查总体结论					

B 地下采矿安全检查表实例

地下采矿安全检查表，如表 11-2 所示。

表 11-2 金属非金属矿山安全检查表（地下开采）

矿山企业名称：　　　　　　　　　　检查时间：　　　年　　　月　　　日

序号	检查项目	检查内容	依据标准	检查方法	检查结果
一	安全管理制度	1. 安全生产责任制： (1) 主要负责人、分管负责人、安全生产管理人员责任制； (2) 职能部门责任制； (3) 岗位安全生产责任制	GB 16423—2006 4.1	查看人员任命文件及有关资料，有制度汇编并上墙	

续表 11-2

序号	检查项目	检查内容	依据标准	检查方法	检查结果
一	安全管理制度	2. 安全生产有关制度： (1) 职业危害（粉尘、有毒有害气体等）预防制度；(2) 职业危害检查制度；(3) 安全教育培训制度；(4) 生产安全事故管理制度；(5) 危险源监控和安全隐患排查制度；(6) 设备（指主提升机、绞车、主扇、局扇、水泵、电机车等）安全管理制度；(7) 安全生产档案管理制度；(8) 安全生产奖惩制度；(9) 安全活动日制度；(10) 安全目标管理制度；(11) 安全技术审批制度；(12) 安全办公会议制度；(13) 值班和清退岗登记制度；(14) 爆炸物品的储存、购买、运输、使用和清退岗登记制度	安全生产法第 17 条 GB 16423—2006 4.1	查看有关文件资料、制度编汇成册	
		3. 作业安全规程。包括掘进作业规程和采矿作业规程（掘进、运输、通风、顶板管理、采矿、压气、供电、供排水、尾矿库等等作业规程）	非煤矿山企业安全生产许可证实施办法第 5 条	查看有关文件资料、组织学习记录、制度编汇成册	
		4. 操作规程。主提升机司机、空压机工、绞车操作工、爆破工、凿岩工、金属料接（切割）工、信号工、通风工、输送机操作工、罐笼操作工、电工、矿井供排水工、现场安全检查工和厂内机动车司机必须有各有操作规程	安全生产法第 17 条 GB 16423—2006 4.2	查看有关文件资料、制度编汇成册	
二	安全投入	1. 有安全投入计划，并按计划实施； 2. 交纳风险抵押金	安全生产法第 18 条	查安全投入计划和使用情况记录	
三	安全机构及人员	1. 依法设置安全生产管理机构或配备专职安全管理人员	GB 16423—2006	检查安全生产管理机构设置文件或安全管理人员任命文件，以及合法有效证件	
		2. 各队、班组应设立专（兼）职安全员，跟班作业	GB 16423—2006 4.3	查看安全员任命文件及跟班检查记录。主要负责人下井检查记录	
		3. 主要负责人要定期跟班下井检查			
四	安全培训	1. 主要负责人必须取得安全资格证书。分管安全、生产、技术的负责人也应经过安全培训取得安全资格证书	安全生产法第 20 条	查看有效证书	

续表 11－2

序号	检查项目	检查内容	依据标准	检查方法	检查结果
四	安全培训	2. 安全生产管理人员安全资格证书	安全生产法第20条	查看有效证书	
		3. 特种作业人员安全资格证书。[爆破操作员、爆破管理员、爆破押运员、爆破安全员、信号工、电工、金属焊接（切割）工、矿井供排水工、风机操作工、绞车操作工、压力容器操作工和企业厂内机动车司机等特种作业人员]	GB 16423—2006 4.4	查持证上岗情况	
		4. 从业人员安全教育培训	GB 16423—2006 4.4	查看入厂三级教育卡片、培训计划、记录及考核结果	
五	工伤保险	依法参加工伤保险或与工伤保险赔付同等数额的其他保险，为所有从业人员缴纳保险费	安全生产法第43条	查看缴纳保险费用的证明	
六	职业危害场所检测	1. 跟班作业安全员要配带检测仪器； 2. 矿井总进、排风量每季度测定一次； 3. 矿井空气中有害有毒气体的浓度，应每月测定一次； 4. 普查工作面每月测定两次，其他工作面每月测定一次； 5. 含放射性元素的作业地点，粉尘浓度应每月至少测定三次；氡及其子体浓度，每周测定三次；度，应每周测定一次，浓度变化较大时，每周测定三次	GB 16423—2006 7.15、7.17、7.18	有合格的测风压、风量、粉尘、有毒有害气体等检测仪表、查登记档案和检测检验记录	
七	劳动防护	为从业人员提供符合国家标准或行业标准的劳动防护用品，并监督、教育从业人员正确佩戴使用（安全帽、防尘口罩、安全带、防护服、胶鞋、手套等）	安全生产法第37条	按标准发放、建立发放台账	
八	"三同时"审批	改建、扩建建设项目是否依法履行"三同时"审批手续	国家总局18号令	查看有关审批材料	
九	设备设施检验检测	竖（斜）井提升设备、压力容器等特种设备以及爆破器材库等易发生事故的场所、设施、设备有容记档案和检测检验检修记录	安全生产法第29、30条	查看有效的检验报告、矿山内部检测检验检修记录	
十	应急救援	1. 有透水、冒顶片帮（特别是大面积冒顶）、火灾、中毒窒息及坠井等事故的应急救援预案，并定期演练	GB 16423—2006 4.8	查看应急救援预案	

序号	检查项目	检查内容	依据标准	检查方法	检查结果
十	应急救援	2. 建立专职或兼职应急救援组织，也可与邻近的事故应急救援组织签订救护协议，配备必要的应急救援器材、设备（通讯电话、急救车辆、急救药品、自救器等）	GB 16423—2006 4.20	查看有关文件资料及器材、设备	
十一	技术资料	有具有资质的设计单位设计的开采设计。图纸包括矿区地形地质和水文地质图；井上、井下对照图；中断平面图；通风系统图；提升运输系统图；风、水管网系统图；充填系统图；井下通讯系统图；井上、井下配电系统图和井下电气设备布置图；绘制避灾线路图	GB 16423—2006 4.16	查看有资质的设计及图件	
十二	安全出口	1. 每个矿井至少有两个独立的直达地面的安全出口，安全出口间距不得少于30m。每个生产水平（中段），均应至少有两个便于行人的安全出口并应同通往地面的出口相通	GB 16423—2006 6.1.1.3	检查符合要求的安全出口	
		2. 装有两部在动力上互不依赖的罐笼设备，且提升机均为双回路供电的竖井，可作为安全出口。其他竖井作为安全出口时，应备有装备完好的梯子间。梯子间[竖井梯子间要求：(1) 梯子的倾角不大于80°；(2) 上下相邻两个梯子孔、平台相邻两个梯子孔要错开；(3) 上下相邻平台间的垂直距离不大于8m；(4) 梯子上端高出平台1m，下端距井壁不小于0.7m和0.6m；(5) 梯子宽度不小于0.4m，梯蹬间距不大于0.3m；(6) 梯子间的长和宽，分别不小于0.7m和0.6m；与提升间应全部隔开]	GB 16423—2006 6.1.1.4、6.1.1.6	检查是否符合规程要求	
		3. 行人的运输斜井应设人行道。人行道应符合下列要求：(1) 人行道的有效宽度不小于1.0m；(2) 人行道的有效净高不小于1.9m；(3) 斜井坡度为7°~15°时，应设人行踏步；15~13°时，应设人行踏步及扶手；大于30°时，应设梯子；(4) 运输物料的斜井，车道与人行道之间，应设置牢固的隔墙	GB 16423—2006 6.1.1.7	检查是否符合规程要求	
		4. 行人的水平运输巷道应设人行道，其有效净高不得小于1.9m，有效宽度不小于1.7m，斜井坡度为10°~15°时，设人行踏步；15°~35°时设踏步及扶手；大于35°时，设梯子；有轨运输时应有人员通行。运输物料的斜井，车道与人行道之间宜设坚固的隔离设施，未设隔离设施的，车道与人行道之间应有人员通行	GB 16423—2006 6.1.1.8	检查是否符合规程要求	

续表 11-2

序号	检查项目	检查内容	依据标准	检查方法	检查结果
十二	安全出口	5. 井巷的分道口应有路标，注明其所在地点及通往地面出口的方向。所有井下作业人员，均应熟悉安全出口	GB 16423—2006 6.1.1.3	检查各分道口的标志和照明	
十三	通风防尘	1. 矿井应建立机械通风系统。对于自然通风压较大的矿井，当风速和作业场所空气质量能够达到规程中 6.4.1 的规定时，允许暂用自然通风替代机械通风	GB 16423—2006 6.4.2.1	检查通风系统，检测风量、风速和作业场所空气质量	
		2. 井下各用风地点风速、风量和风质必须满足安全规程要求。 (1) 井下采掘作业面进风流的空气成分，$O_2 \geq 20\%$，$CO_2 < 0.5\%$（体积）； (2) 井下供风量不得小于 $4m^3/(min \cdot 人)$； (3) 硐室风速不小于 0.15m/s； (4) 掘进巷道和二次破碎型采场风速不小于 0.25m/s； (5) 电耙道和二次破碎巷道采场风速不小于 0.5m/s	GB 16423—2006 6.4.1.1、6.4.1.5	现场检测，或查看检测记录等资料	
		3. 井下炸药库，应有独立的回风道，充电室空气中氢气的含量，应不超过 0.5%（按体积计算），井下所有机电硐室都应供给新鲜风流	GB 16423—2006 6.4.2.6	现场检查并检测	
		4. 掘进工作面通风不良采场，应安装局部通风设备。局扇风量不超过装置	GB 16423—2006 6.4.4.1	查看现场	
		5. 局部通风的风筒口与工作面的距离：压入式通风应不超过 10m；抽出式通风风筒的入口应不超过 10m；混合式通风，压入风筒的出口应离后压入风筒的出口 5m 以上	GB 16423—2006 6.4.4.2	检查现场局部通风风筒口与工作面的距离	
		6. 报废的井巷和硐室的入口，应及时封闭。封闭之前，入口处应设有明显标志，禁止人员入内。报废的竖井、斜井和平巷，地面入口周围应设有高度不低于 1.5m 的栅栏，并标明原来井巷的名称	GB 16423—2006 6.1.6.5	查看明显警示标志和不低于 1.5m 的栅栏	
		7. 风筒应吊挂平直，牢固，接头严密，避免车碰和炮崩，并应经常维护，以减少漏风，降低阻力	GB 16423—2006 6.4.4.5	查看现场	
		8. 凿岩必须采取湿式作业。湿式凿岩有困难的地方应采取干式捕尘或有效防尘措施	GB 16423—2006 6.4.5.1	查看水箱、水管、防护用具和现场	
十四	提升运输	1. 用于升降人员和物料的罐笼的安装和运行必须符合 GB 16423—2006 中 6.3.2 和 6.3.3 的规定	GB 16423—2006 6.3.2、6.3.3	现场检查	

续表 11-2

序号	检查项目	检查内容	依据标准	检查方法	检查结果
		2. 提升系统的各部分，包括提升容器、连接装置、防坠器、阻车器、罐座、摇台、装卸矿设施、天轮和钢丝绳、以及提升机各部分，包括卷筒、罐道、罐耳、制动装置、深度指示器、防过卷装置、限速器、调绳装置、传动装置、电动机和控制设备以及各种保护装置和闭锁装置等，每天应由矿机电部门组织有关人员检查一次，每月应由矿机电部门组织有关人员检查一次，并将检查结果和处理情况记录存档	GB 16423—2006 6.3.3.23	查看检查记录和现场设备	
		3. 提升矿车的斜井，应设常闭式防跑车装置，并经常保持完好。斜井上部和中间车场，须设阻车器或挡车栏。阻车器或挡车栏在车辆通过后关闭。斜井下部车场须设躲避硐过后关闭。斜井下部车场须设躲避硐	GB 16423—2006 6.3.2.6	查看现场	
十四	提升运输	4. 竖井提升运输有防过卷和防坠等安全保护装置	GB 16423—2006 6.3.3.21	查看现场	
		5. 提升运输信号设施齐全，灵敏、可靠、安全标志齐全	GB 16423—2006 6.3.3.26	现场检查	
		6. 提升设备必须有能独立的工作制动和紧急制动的系统，其操作系统必须设在司机操作台	GB 16423—2006 6.3.5.13	检查深度指示器、刹车装置及检修记录	
		7. 提升钢丝绳定期检测	GB 16423—2006 6.3.4.2	查看记录	
十五	防排水	1. 矿井井口的标高必须高于当地历史最高洪水位 1m 以上，并有防止地表水进入井口的措施	GB 16423—2006 6.6.2.3	对照设计资料检查现场	
		2. 对接近水体而又有断层通过或与水体有联系的可疑地段，必须有探放水措施	GB 16423—2006 6.6.3.4	查看有无探放水作业规程和探放水记录	
		3. 水文地质条件复杂的矿山，应在关键巷道内设置防水门，防止泵房、中央变电所等井下关键设施被淹	GB 16423—2006 6.6.3.3	查看资料和现场	

续表11-2

序号	检查项目	检查内容	依据标准	检查方法	检查结果
十五	防排水	4. 井下主要排水设备，至少应由同类型的三台泵组成，其中任一台的排水能力，必须能在20h内排出一昼夜的正常涌水量；两台同时工作时，能在20h内排出一昼夜的最大涌水量。井筒内应装设两条相同的排水管，其中一条工作，一条备用	GB 16423—2006 6.6.4.1	查看资料和现场排水设备	
十六	爆破作业	1. 民用爆炸物品的储存、使用要取得公安部门的许可证	民用爆炸物品安全管理条例	查看现场和资料记录	
		2. 井下爆破作业，必须按审批他的爆破说明进行。爆破设计书应由单位主要负责人批准	爆破安全规程实施手册	检查爆破设计和审批手续	
		3. 爆破前必须有明确的声、光警收信号，与爆破无关的人员必须撤离作业地点	爆破安全规程实施手册	查看爆破安全员工作记录	
		4. 爆破后，爆破员和安全员必须按规定等待时间进入爆破地点，检查有无冒顶、危石、支护破坏和盲炮，如有以上现象及时处理，经当班安全员确认安全后，方可进入作业地点	爆破安全规程实施手册	检查当年事故记录，现场抽查爆破员和安全员业务知识	
		5. 有相邻作业单位的爆破前要按规定做好信息沟通			
十七	保安矿柱	应严格保持矿柱（含顶柱、底柱和间柱等）的尺寸、形状和直立度，应有专人检查和管理，以保证其在整个用期间间内的稳定性	GB 16423—2006 6.2.1.4	对照图纸检查现场	
十八	采掘作业	1. 在松软或流砂岩层中掘进，应进行支护。任松软或流砂岩层中掘进，应采设临时支护或特殊支护	GB 16423—2006 6.1.5.1	查看现场	
		2. 井巷断面能满足行人、运输、通风和安全设施、设备的安装、维修及施工的需要	GB 16423—2006 6.1.7、6.1.1.8、6.1.1.9	查看图纸及现场	
		3. 竖井与各中段的连接处，应有足够的照明和设置高度不小于1.5m的栅栏或金属网，进出口设栅栏门。栅栏门只准在通过人员或车辆时打开。井筒水平大巷连接处，应设绕道，人员不得通过提升间、天井、溜井、地井和漏斗口，应设车挡、护栏或格筛、照明，应设标志、盖板等防坠措施	GB 16423—2006 6.1.7.1、6.1.7.2	查看现场	
十九	供配电	1. 矿山工程的一级负荷应由两个电源供电	GB 50070—1994 2.0.4	查看设计图纸及现场	

续表 11-2

序号	检查项目	检查内容	依据标准	检查方法	检查结果
		2. 地面上中性点直接接地的变压器或发电机严禁直接向井下供电	GB 50070—1994 3.1.3	查看设计图纸及现场	
		3. 井下各级配电标称电压，应遵守下列规定： (1) 高压网络的配电电压，应不超过 10kV； (2) 低压网络的配电电压，应不超过 1140V； (3) 照明电压，井下运输巷道，采掘工作面、出矿巷道，天井和天井至回采工作面之间，应不超过 220V；采掘工作面，井底车场应不超过 36V；行灯电压应不超过 36V； (4) 手持式电气设备的电压，应不超过 127V； (5) 电机车牵引网络电压，采用交流电源时应不超过 380V；采用直流电源时应不超过 550V	GB 16423—2006 6.5.1.2	现场查看	
十九	供配电	4. 电气线路： (1) 水平巷道或倾角 45°以下的巷道，应使用钢带铠装电缆； (2) 竖井或倾角大于 45°的巷道，应采用钢丝铠装电缆； (3) 移动式电力线路，应采用井下矿用橡套电缆； (4) 井下信号和控制用线路，应使用铠装电缆； (5) 井下固定敷设的照明电缆，如有机械损伤可能，应采用钢带铠装电缆	GB 16423—2006 6.5.2.1	现场查看	
		5. 不应将电缆悬挂在主风、水管上；电缆上不准悬挂任何物件。电缆与风、水管平行敷设时，电缆应敷设在管子的上方，其净距应不小于 300mm	GB 16423—2006 6.5.2.6	现场检查	
		6. 巷道内的电缆每隔一定距离和在分路点上，应悬挂注明编号、用途、电压、型号、规格、起止地点等的标志牌	GB 16423—2006 6.5.2.8	现场检查	
		7. 井下所有作业地点、安全通道和通往作业地点的人行道，都应有照明	GB 16423—2006 6.5.5.1	现场查看	
		8. 无爆炸危险的矿井，应采用矿用一般型或带防水灯头的普通型灯具	GB 50070—1994 3.5.5	现场查看	

续表 11-2

序号	检查项目	检查内容	依据标准	检查方法	检查结果
十九	供配电	9. 井下所有电气设备的金属外壳及电缆的配件、金属外皮等部应接地	GB 16423—2006 6.5.6.1	现场查看	
		10. 接地装置所用的钢材必须镀锌或镀锡。接地装置的连接线应采取防腐措施	GB 16423—2006 6.5.6.8	现场查看	
		11. 对重要线路和重要工作场所的停电和送电，以及对700V以上的电气设备的检修，须持有主管电气工程技术人员签发的工作票，方准进行作业。配电箱不采用可燃材料制作。室外安装的配电箱采用防雨型、防雨型	GB 16423—2006 6.5.7.3	查看有关记录	
二十	空气压缩机	1. 定期检测合格方可使用	GB 50029—2003 3.0.14	查看定期检验证明	
		2. 安全阀、压力调节器、断水（油）保护装置			
二十一	消防措施	1. 地面防火，应遵守 GB 16423—2006 中 5.9.2 的规定	GB 16423—2006 6.7.1.1	现场查看	
		2. 井下主要进风巷道、进风井筒及其井架和井口建筑物、主要风机房和压入式辅助风机房、风硐及暖风道，井下电机室、机修室、变电所、电机车库、炸药库和油库等，均应用非可燃性材料建筑，室内应有醒目的防火标志和防火注意事项，并配备相应的灭火器材	GB 16423—2006 6.7.1.5	现场查看	
检查总体结论		检查人员签字：			被检查单位主要负责人签字：

C　尾矿库安全管理检查表和尾矿库安全生产基本条件安全检查表实例

尾矿库安全管理检查表和尾矿库安全生产基本条件安全检查表，如表11 – 3 和表11 – 4 所示。

表11 – 3　尾矿库安全管理检查表

企业名称：　　　　　　　　　　　　　　　　　　　　　　　　　检查时间：

序号	检查内容	检查标准或依据	法规依据	检查方法	检查结果	执法建议
1	依法建设	依法立项审批，履行建设项目审批、核准或备案手续	《矿山安全法实施条例》第6条	查建设项目审批、核准或者备案文件		
		尾矿库的勘察、设计、安全评价、施工及施工监理等应当由具有相应资质的单位承担	《尾矿库安全监督管理规定》第10条	查看资质证书		
		可行性研究阶段，由具有资质的安全评价机构进行安全预评价	《非煤矿矿山建设项目安全设施设计审查与竣工验收办法》第8条	查安全预评价报告书及其备案文件		
		初步设计应按规定编制安全专篇；尾矿库建设项目应当进行安全设施设计并经审查合格，方可施工。安全设施的设计应由具有资质的设计单位承担，并经安全生产监督管理部门审查同意；有重大变更的，应经原设计单位同意，并报原审查部门审查同意	《尾矿库安全监督管理规定》第13条　《非煤矿矿山建设项目安全设施设计审查与竣工验收办法》第3、5、14、15、21条	查安全设施设计审查合格及设计修改的有关文件、资料		
		投入生产或使用前，由具有资质的安全评价机构进行安全验收评价	《非煤矿矿山建设项目安全设施设计审查与竣工验收办法》第8条	查安全验收评价报告书及其备案文件		
		建设项目竣工投入生产或者使用前，必须依照有关法律、行政法规的规定对安全设施进行验收，验收合格后，方可投入生产和使用	《安全生产法》第27条	查安全验收批复文件资料		
		尾矿库应当每三年至少进行一次安全评价	《尾矿库安全监督管理规定》第18条	查阅安全现状评价报告资料		
2	证照齐全	生产经营单位应当按照《非煤矿矿山企业安全生产许可证实施办法》的有关规定，为其尾矿库申请领取安全生产许可证。未依法取得安全生产许可证的尾矿库，不得生产运行	《尾矿库安全监督管理规定》第16条	查安全生产许可证照及其有效性		
		生产经营单位主要负责人、安全管理人员安全资格证、各类特种作业人员的资格证书	《矿山安全法》第26、27条	查证书及其有效性		

序号	检查内容	检查标准或依据	法规依据	检查方法	检查结果	执法建议
3	规章制度	生产经营单位负责组织建立、健全尾矿库安全生产责任制，制定完备的安全生产规章制度和操作规程，实施安全管理。规章制度主要包括：安全奖惩制度、安全隐患排查治理制度、安全检查制度、安全教育培训制度、工伤事故上报与事故调查制度	《尾矿库安全监督管理规定》第5条	检查是否建立安全生产责任制度；查阅制度和规程的制定情况		
4	管理机构	生产经营单位应当配备相应的安全管理机构或者安全管理人员，并配备与工作需要相适应的专业技术人员或者具有相应工作能力的人员	《尾矿库安全监督管理规定》第6条	查安全机构和安全管理人员是否设（配）置；查人员培训教育与资格证书		
		车间应设置专职或兼职安全员；班组应设置兼职安全员	《选矿安全规程》第4.2条	查安全机构和安全员设（配）置情况		
5	工程档案资料	生产经营单位应当建立尾矿库工程档案，特别是隐蔽工程的档案，并长期保管。尾矿库施工应当执行有关法律、法规和国家标准、行业标准的规定，严格按照设计施工，做好施工记录，确保工程质量。尾矿库工程建设档案包括：地形测量、工程地质及水文地质勘察、设计、施工及竣工验收、监理、安全预评价及安全验收评价、审批等文件、图纸、资料	《尾矿库安全监督管理规定》第8条《尾矿库安全技术规程》第12.2条	查档案资料是否建立和保存		
		尾矿库生产运行档案包括：年度计划、生产记录（入库尾矿量、堆坝高程、库内水位）、坝体位移及浸润线观测记录、安全隐患检查记录及处理、事故及处理、安全现状评价等	《尾矿库安全技术规程》第12.3条	查生产运行档案资料		
		尾矿库初步设计应编制安全专篇，并包括：尾矿库区存在的安全隐患及对策；尾矿库初期坝和堆积坝的稳定性分析；尾矿库动态监测和通讯设备配置的可靠性分析；尾矿库的安全管理要求	《尾矿库安全技术规程》第5.2.5条	查初步设计资料及内容是否俱全		
		编制年、季作业计划和详细运行图表，统筹安排和实施尾矿输送、分级、筑坝和排洪的管理工作	《尾矿库安全技术规程》第6.1.2条	查有无年、季作业计划资料		

序号	检查内容	检查标准或依据	法规依据	检查方法	检查结果	执法建议
6	教育培训	生产经营单位应当对从业人员进行安全生产教育和培训，保证从业人员具备必要的安全生产知识，熟悉有关的安全生产规章制度和安全操作规程，掌握本岗位的安全操作技能。未经安全生产教育和培训合格的从业人员，不得上岗作业	《安全生产法》第21条	查教育培训记录及档案资料		
		从事尾矿库放矿、筑坝、排洪和排渗设施操作的专职作业人员必须取得特种作业人员操作资格证书，方可上岗作业	《尾矿库安全监督管理规定》第9条	查特种作业现场持证上岗情况		
7	安全投入	生产经营单位应当保证尾矿库具备安全生产条件所必需的资金投入	《尾矿库安全监督管理规定》第6条	查安全技术措施计划及其所需费用、材料、设备等供需状况		
8	隐患排查与处理	做好日常巡检和定期观测，并进行及时、全面的记录，发现安全隐患时，应及时处理并向企业主管领导报告	《尾矿库安全技术规程》第6.1.4条	查观测记录资料		
		尾矿坝的位移监测每年不少于4次，位移异常变化时应增加监测次数；尾矿坝的水位监测包括库水位监测和浸润线监测；水位监测每月不少于1次，暴雨期间和水位异常波动时应增加监测次数	《尾矿库安全技术规程》第7.2.1条	查制度和观测记录资料		
9	应急救援	生产经营单位应当针对垮坝、漫顶等生产安全事故和重大险情制定应急救援预案，并进行预案演练	《尾矿库安全监督管理规定》第7条	查应急预案是否制定		
		应急救援预案种类： (1) 尾矿坝垮坝； (2) 洪水漫顶； (3) 水位超警戒线； (4) 排洪设施损毁、排洪系统堵塞； (5) 坝坡深层滑动； (6) 防震抗震； (7) 其他	《尾矿库安全技术规程》第6.2.2条	查各类应急预案是否制定		

序号	检查内容	检查标准或依据	法规依据	检查方法	检查结果	执法建议
9	应急救援	应急救援预案内容： （1）应急机构的组成和职责； （2）应急通讯保障； （3）抢险救援的人员、资金、物资准备； （4）应急行动； （5）其他	《尾矿库安全技术规程》第6.2.3条	查应急预案内容是否俱全		
		生产经营单位应当制定本单位的应急预案演练计划，根据本单位的事故预防重点，每年至少组织一次综合应急预案演练或者专项应急预案演练，每半年至少组织一次现场处置方案演练	《生产安全事故应急预案管理办法》第26条	查应急预案演练计划和执行情况		
		应急预案演练结束后，应急预案演练组织单位应当对应急预案演练效果进行评估，撰写应急预案演练评估报告，分析存在的问题，并对应急预案提出修订意见	《生产安全事故应急预案管理办法》第27条	查应急预案演练效果评估报告		
10	事故处理	事故发生单位应当按照负责事故调查的人民政府的批复，对本单位负有事故责任的人员进行处理	《生产安全事故报告和调查处理条例》第32条	查负有事故责任的人员处理情况		
		事故发生单位应当认真吸取事故教训，落实防范和整改措施，防止事故再次发生	《生产安全事故报告和调查处理条例》第33条	查落实防范措施和整改措施的情况		
11	劳动保护	生产经营单位应向从业人员如实告知作业场所和工作岗位存在的危险因素、防范措施以及事故应急措施	《安全生产法》第38条	询问作业人员对作业场所危险有害因素是否知情		
		生产经营单位必须为从业人员提供符合国家标准或者行业标准的劳动防护用品，并监督、教育从业人员按照使用规则佩戴、使用	《安全生产法》第36条	检查作业现场、查阅资料		
		生产经营单位与从业人员签订劳动合同，说明有关保障从业人员劳动安全、防止职业危害的事项，以及依法为从业人员办理社会保险事项	《安全生产法》第44条	查劳动合同和社会保险		

检查总体结论：

检查人员签字：

被检查单位
主要负责人签字：

表 11 - 4　尾矿库安全生产基本条件安全检查表

企业名称：　　　　　　　　　　　　　　　　　　　检查时间：

序号	检查内容	检查标准或依据	法规依据	检查方法	检查结果	执法建议
1	库区环境	未经尾矿库管理单位同意、技术论证及原尾矿库建设审批的安全生产监督管理部门批准，任何单位和个人不得在库区从事爆破、采砂等危害尾矿库安全的活动	《尾矿库安全监督管理规定》第22条	查阅有无批准文件，检查库区现状		
		矿山企业应当根据国家有关规定，按照不同作业场所的要求，设置矿山安全标志	《矿山安全法实施条例》第40条	检查库区现场，有无安全警示标志		
2	尾矿坝	初期坝上下游坡比应满足规程要求，同时不陡于设计规定的坡度	《尾矿库安全技术规程》第5.3.15和5.3.23条	查阅设计资料，检查初期坝		
		坝下渗水量正常，水质清澈，无混水渗出	《尾矿库安全技术规程》第6.5.4条	检查坝体渗水量和是否浑浊		
		堆积坡比符合设计要求，不应陡于设计规定	《尾矿库安全技术规程》第6.3.2和5.3.19条	检查尾矿坝现场，查阅设计资料		
		下游坡面无严重冲沟、裂缝、塌坑和滑坡等不良现象	《尾矿库安全技术规程》第6.3.13条	检查尾矿坝下游坡面		
		尾矿坝下游坡面上不得有积水坑	《尾矿库安全技术规程》第6.3.10条	检查尾矿坝下游坡面		
		堆积坝下游坡面上宜用土石覆盖或用其他方式植被绿化，并可结合排渗设施每隔6~10m高差设置排水沟	《尾矿库安全技术规程》第5.3.25条	检查尾矿坝下游坡面有无绿化和排水沟		
		尾矿堆积坝下游坡与两岸山坡结合处应设置截水沟	《尾矿库安全技术规程》第5.3.24条	检查尾矿坝有无截水沟		
		严格按设计要求控制坝体浸润线埋深	《尾矿库安全技术规程》第6.5.1、6.5.2和6.5.4条	查阅设计资料、浸润线观测资料、现场检查		
		4级以上尾矿坝应设置坝体位移和坝体浸润线观测设施	《尾矿库安全技术规程》第5.3.26条	检查尾矿库现场、查阅监测资料		
		副坝坝高、坝型、上下游坡比应满足设计要求	《尾矿库安全技术规程》第5.5.1条	现场检查和查看设计资料		

续表 11 – 4

序号	检查内容	检查标准或依据	法规依据	检查方法	检查结果	执法建议
2	尾矿坝	建设单位应组织施工、监理、设计等单位的人员组成交工验收机构，进行初期坝、副坝、观测设施等工程验收，并编写验收报告	《尾矿设施施工及验收规程》第 2.8.9 条	查阅验收报告资料		
		尾矿初期坝与堆积坝坝坡的抗滑稳定性系数应满足规程关于抗滑稳定安全系数要求	《选矿厂尾矿设施设计规范》第 3.4.3 条	查阅有无坝体稳定性计算资料		
3	排洪防汛	根据设计或尾矿库安全生产年度计划，应保证在洪水来临并达到最高洪水水位时，滩顶安全超高和干滩长度满足规程和设计要求	《尾矿库安全技术规程》第 7.1.1 – 7.1.6 条	现场检查、查阅设计资料及安全生产年度计划		
		防洪标准应满足规程中有关不同级别尾矿库防洪标准的要求	《尾矿库安全技术规程》第 5.4.2 条	查阅设计报告		
		排洪系统现状能够满足设计要求的泄水能力，当24h洪水总量小于调洪库容时，洪水排出时间不宜超过72h	《尾矿库安全技术规程》第 5.4.6 和 5.4.7 条	查阅设计资料、检查排洪设施是否完好		
		在排水构筑物上或尾矿库内适当地点，应设置清晰醒目的水位标尺，标明正常运行水位和警戒水位	《尾矿库安全技术规程》第 5.4.12 条	检查尾矿库有无设置明显水位标尺		
		汛期前应对排洪设施进行检查、维修和疏浚，确保排洪设施畅通。根据确定的排洪底坎高程，将排洪底坎以上1.5倍调洪高度内的挡板全部打开，清除排洪口前水面漂浮物	《尾矿库安全技术规程》第 6.4.3 条	现场检查排洪设施和查阅记录		
		洪水过后应对排洪构筑物进行全面认真的检查与清理，发现问题及时修复，同时，采取措施降低库水位，防止连续降雨后发生垮坝事故	《尾矿库安全技术规程》第 6.4.7 条	查阅检查记录		
		尾矿库排水构筑物停用后，必须严格按设计要求及时封堵，并确保施工质量。严禁在排水井井筒顶部封堵	《尾矿库安全技术规程》第 6.4.8 条	现场检查和查阅封堵记录		

214

序号	检查内容	检查标准或依据	法规依据	检查方法	检查结果	执法建议
4	排放筑坝	上游式筑坝法, 应于坝前均匀放矿, 维持坝体均匀上升, 不得任意在库后或一侧岸坡放矿	《尾矿库安全技术规程》第6.3.4条	现场检查是否均匀放矿		
		坝体较长时应采用分段交替作业, 使坝体均匀上升, 应避免滩面出现侧坡、扇形坡或细粒尾矿大量集中沉积于某端或某侧	《尾矿库安全技术规程》第6.3.5条	检查尾矿坝现场		
		每期子坝堆筑完毕, 应进行质量检查, 检查记录需经主管技术人员签字后存档备查	《尾矿库安全技术规程》第6.3.12条	查阅堆坝记录		
检查总体结论:			检查人员签字:		被检查单位主要负责人签字:	

D　矿井建设安全检查表实例

矿井建设安全检查表, 如表 11 - 5 所示。

表 11 - 5　矿井建设安全检查表

序号	检查内容	依据标准	检查结果	整改意见
1	在天井、地井、溜井、漏斗口必须设置照明、护栏或格筛、盖板	GB 16423—2006 6.1.7.2		
2	井下必须建立完善通风系统	GB 16423—2006 6.4.2.1		
3	采掘作业面和通风不良的采场应安装局部通风设备	GB 16423—2006 6.4.4.1		
4	定期监测矿井总进风量, 总排风量, 各尘点的空气含尘浓度, 空气中有害气体的浓度	GB 16423—2006 6.4.1		
5	应设专门供水方式, 保障防尘用水, 其水质符合工业卫生标准要求	GB 16423—2006 6.4.5.4		
6	矿井井口标高必须高于当地历史最高洪涨水位1m以上	GB 16423—2006 6.6.2.3		
7	矿井下应建设水仓, 水仓的容量应保证6~8h的正常渗水量	GB 16423—2006 6.6.4.3		
8	井下排水设备至少应由同类3台泵组成, 并装设两条相同的排水管 (一条各用) 并满足水泵排水要求	GB 16423—2006 6.6.4.1		
9	有详细的水文、地质勘察资料, 并绘制矿区水文地质图	GB 16423—2006 6.6.3.1		
10	提升矿车的斜井设有常闭式防跑车装置	GB 16423—2006 6.3.2.6		
11	斜井上部和中间车场, 需设阻车器和拦车栏, 车通过打开, 车过后关闭	GB 16423—2006 6.3.2.6		
检查总体结论:		检查人员签字:		被检查单位主要负责人签字:

E 巷道掘进施工安全检查表实例

巷道掘进施工安全检查表，如表 11-6 所示。

表 11-6 巷道掘进工作面安全检查表

班（组）名称：　　　　　　　　　　　　　　　　　作业（监察）地点：

序号	检查内容	检查结果	检查标准	处理意见
1	劳保用品是否佩戴齐全		应符合要求	
2	携带火工用品是否符合规定		雷管、炸药应分别装箱，携带要符合要求	
3	交接班是否正常		应有现场交接班制度	
4	局部通风设施是否正常		风扇安装运行、风筒悬挂、风流质量应符合要求	
5	电器设备安装是否合格		风电闭锁装置、线路、开关应完好可靠	
6	顶班、支护是否完好		要敲帮问顶，不空顶、空帮、支架应稳固	
7	风、水管路和钻孔器具是否完好		风、水压及管路铺设应符合规定	
8	工作面有无透水征兆		有疑必探，先探后掘	
9	炮孔布置、凿孔顺序是否合理		应按作业规程规定	
10	装药、联线、放炮等程序是否符合规定		应按作业规程规定	
11	放炮后，通风时间是否足够		应不少于 10min	
12	装渣前是否洒水降尘、敲帮问顶		应喷雾洒水，冲洗岩帮，湿式作业，敲帮问顶	
13	瞎炮处理是否符合要求		要按《规程》311 条规定处理	
14	临时或永久支护是否符合要求		要牢固可靠	
15	装、排渣操作和运输是否符合操作规定		装渣、运输、提升应符合作业规程	
16	施工后的巷道工程质量是否符合设计		应符合作业规程要求	

F 采场安全生产检查表实例

采场安全生产检查表，如表 11-7 所示。

表 11-7 采场安全生产检查表

项　目	检查内容	依据标准	检查结果	整改意见
设计	每个采场都有经审查批准的单体设计和作业规程	GB 16423—2006 6.2.1.1		
	每个采场（盘区、矿块），都必须有两个出口，许连通上、下中段巷道	GB 16423—2006 6.2.1.2		
	矿柱回采和采空区处理方案，必须在回采设计中同时提出	GB 16423—2006 6.2.1.2		

项 目	检 查 内 容	依据标准	检查结果	整改意见
顶板管理	必须建立顶板管理制度，对顶板不稳定的采场，应指定专人负责检查	GB 16423—2006 6.2.1.8 6.2.1.2		
	所有采场都必须实行光面控制爆破，达到顶板平整，半面孔完好率达60%以上	GB 6722—2003		
	必须事先进行敲帮问顶，处理顶板和两帮的浮石，确认安全后方准进行作业	GB 16423—2006 6.2.1.7		
	禁止在同一采场同时进行凿岩和处理浮石	GB 16423—2006 6.2.1.7		
出口管理	禁止放空溜矿井。溜矿井必须架设格筛	GB 16423—2006 6.2.1.5		
	严禁人员直接站在溜矿井、漏斗的矿石上或进入漏斗内处理堵塞	GB 16423—2006 6.2.1.5		
	行人井、充填井和通风井，都必须保持畅通	GB 16423—2006 6.2.2.10		
	放矿人员和采场内的人员要密切联系，在放矿影响的范围内，不准上下同时作业	GB 16423—2006 6.2.2.4		
	禁止人员在充填井下方停留和通行	6.2.2.10		
照明通风	采场必须有良好的照明；线路架设整齐无明线头	GB 16423—2006 6.2.2.10		
	采场应利用贯穿风流通风，通风不良的采场，必须安装局部通风设备	GB 16423—2006 6.4.4.1 6.4.1.7		
	采场内必须坚持湿式作业，矿毛堆要洒透水；接尘作业人员必须佩戴防尘口罩	GB 16423—2006 6.4.5		
施工管理	采用上向分层充填法采矿，必须先进行充填井及其联络道施工	GB 16423—2006 6.2.2.10		
	电耙耙矿时，禁止人员跨越钢丝绳	GB 16423—2006 6.2.3.1		
	禁止用铲斗或站在铲斗内撬浮石，禁止用铲斗破大块	GB 16423—2006 6.2.3.2		
	禁止人员从升举的铲斗下通过和停留	GB 16423—2006 6.2.3.2		
	铲运机驾驶座上方，应设牢固的防护篷	6.2.3.2		

检查人员签字： 被检查单位主要负责人签字：

G 提升系统安全检查表实例

提升系统安全检查表，如表 11 - 8 所示。

表 11-8 提升系统安全检查表

项 目	检查内容	依据标准	检查结果	整改意见
钢丝绳	（1）选用钢丝绳的安全系数必须符合规定要求，载人时大于9，载物时大于7	GB 16423—2006 6.3.4.3		
	（2）钢丝绳应定期检查并有记录； 1）每日进行检查； 2）每周进行一次检查； 3）每月进行一次全面检查； 所有检查结果，全部记入检查记录簿	GB 16423—2006 6.3.4.6		
	（3）在下列情况下应更换： 1）一个捻距内的断丝数与钢丝总数之比，提升钢丝绳达5%；平衡钢丝绳达10%； 2）外层钢丝直径减少30%或出现严重锈蚀； 3）钢丝绳直径缩小10%	GB 16423—2006 6.3.4.6		
罐笼	（1）载人罐笼必须设能开启的顶盖，罐内装设扶手	GB 1654—1996 4.2.3		
	（2）罐笼应设高度不小于1.2m的安全门，罐门不得向外开	GB 1654—1996 4.2.4		
	（3）升降人员的罐笼，必须装设安全可靠的防坠器。新安装或大修后的防坠器，必须进行脱钩试验；在用的每半年进行一次清洗和不脱钩试验，每年进行一次脱钩试验，不合格的不准使用	GB 1654—1996 4.5.1 4.5.10 5.12		
	（4）禁止同一层罐笼同时升降人员和物料	GB 16423—2006 6.3.3.4		
	（5）罐笼内必须设阻车器	GB 1654—1996 4.5.1		
	（6）提升容器的导向槽（器）与罐道之间的间隙，应符合规程要求	GB 16423—2006 6.3.3.8		
信号	（1）井口及井下各中段马头门车场，都必须设信号装置，各中段均应设专职信号工，各中段发出的信号应互相区别	GB 16423—2006 6.3.3.25		
	（2）井口、中段马头门、提升机室均需悬挂安全、警示标志和相关的布告牌	GB 16423—2006 6.3.3.28		
	（3）井口的信号与提升机应有闭锁装置，并设有辅助信号装置及电话	GB 16423—2006 6.3.3.26		
提升装置	（1）提升装置的天轮、卷筒、主导轮和导向轮的最小直径与钢丝绳直径之比，必须符合规程规定	GB 16423—2006 6.3.5.1		
	（2）卷筒缠绕钢丝绳的层数及在卷筒内紧固钢丝绳头，必须符合规程规定	GB 16423—2006 6.3.5.3		

项　目	检 查 内 容	依据标准	检查结果	整改意见
提升装置	（3）提升系统必须设过卷保护装置，过卷高度应符合规程规定	GB 16423—2006 6. 3. 5. 21		
	（4）提升系统的机电控制系统应有符合规程要求的保护	GB 16423—2006 6. 3. 5. 10		
	（5）提升系统应每班检查一次，每周由车间设备负责人检查一次，每月有矿机电负责人检查一次；发现问题及时解决，并将检查结果和处理情况做记录	GB 16423—2006 6. 3. 3. 23		
合　计				

H　凿岩工凿岩岗位安全检查表实例

凿岩工凿岩岗位安全检查表，如表 11 – 9 所示。

表 11 – 9　凿岩工凿岩岗位安全检查表

检查序号	检 查 项 目	结　论	标　准
1	工作面 CO 浓度		小于 2.4×10^{-5}
2	工作面粉尘浓度		小于 $2\text{mg} \cdot \text{m}^{-3}$
3	局部通风机的风筒口与工作面的距离		压入式小于 10m，抽出式小于 5m
4	两帮顶板是否有浮石		现场检查
5	是否有带药的残孔		
6	钎杆是否完好		现场检查
7	工作面是否有涌水预兆		
8	凿岩工是否按规定穿戴防护用品		安全帽、工作服、胶鞋、口罩、照明灯
9	工作面照明		
10	是否有违章操作		

I　金属非金属地下矿山安全生产基本条件专家检查表实例

金属非金属地下矿山安全生产基本条件专家检查表，如表 11 – 10 所示。

表 11 – 10　金属非金属地下矿山安全生产基本条件专家检查表

序号	检查内容	检查标准或依据	检查方法	检查结果	整改措施和完成时间	检查人
一	安全出口	每个矿井至少应有 2 个独立的直达地面的安全出口，安全出口的间距应不小于 30m	查矿井掘进平面图中是否有标注			
二	矿井通风	地下矿山必须安装主扇，形成完整的机械通风系统，并有通风系统图	查设计和通风系统图			
		掘进工作面和通风不良的采场，应安装局部通风设备	查通风系统图			

序号	检查内容	检查标准或依据	检查方法	检查结果	整改措施和完成时间	检查人
二	矿井通风	井下炸药库及储存动力油的硐室要有独立的回风道	查设计和通风系统图			
		矿山企业应设立通风安全管理部门，按要求配备适应工作需要的专职通风技术人员和测风、测尘人员，并定期进行培训	查机构设置情况和人员配备、培训、持证情况			
三	防排水	水害地质条件复杂的矿山企业，应成立防治水专门机构	查机构设置情况及人员配备情况			
		每年雨季前，应由主管矿长组织一次防水检查，并编制防水计划	查阅检查记录及防水计划资料			
		竖井、斜井、平硐等井口的标高，应高于当地历史最高洪水位1m以上	查初步设计和安全专篇			
		井下主要排水设备，至少应由同类型的3台泵组成。井筒内应装设两条相同的排水管，一条工作，一条备用	查看设计资料，以及设计资料中相关设计情况			
		矿山的主要泵房，进口应装设防水门	查看设计资料中是否设置防水门，并查阅初步设计中相关设计资料情况			
四	防灭火	井下消防供水水池容积应不小于200m³	查看设计资料，必要时现场检查			
		木材场、有自燃发火危险的排土场，应布置在距离进风口常年最小频率风向上风侧80m以外	查看设计资料，以及初步设计中总图布置相关部分			
		在井下进行动火作业，应制定经主管矿长批准的防火措施	查看是否有经主管矿长批准的防火措施			
五	矿井提升	提升系统必须符合设计要求，必须使用符合国家标准、行业标准要求的设备、设施	查看设计资料及初步设计中的相关资料、查检测检验报告			

序号	检查内容	检查标准或依据	检查方法	检查结果	整改措施和完成时间	检查人
五	矿井提升	过卷保护装置和信号装置必须安装到位；升降人员的单绳提升罐笼必须有安全可靠的防坠器	查安装记录及初步设计中的情况、查检测检验报告			
		提升矿车的斜井，必须安装常闭式防跑车装置；斜井上部和中间车场，必须设阻车器或挡车栏；斜井下部车场要建有躲避硐室，并有明显的标志	查安装记录是否安装防跑车装置及阻车器；查看图纸中是否有躲避硐室，必要时现场检查			
		提升司机必须持特种作业证上岗	查证书有无及其有效性			
		建立定期检查维修制度，每天应由专职人员对提升系统检查一次，每月应由企业组织有关人员检查一次	查是否建立定期维修制度；检查维修记录及其是否按其执行			
六	矿井供电	由地面到井下中央变电所或主排水泵房的电源电缆，至少应敷设两条独立线路，并应引自地面主变电所的不同母线段。其中任何一条线路停止供电时，其余线路的供电能力应能担负全部负荷	查看设计资料及初步设计中关于供电的叙述			
		矿山企业应备有地面、井下供（配）电系统图，井下变电所、电气设备布置图	查配电系统图有无及内容是否齐全			
七	矿井通讯	矿井应有完善可靠的通讯系统图，保持矿内外、井上下和重要场所、作业地点通讯畅通	查看设计资料，并对各点通讯进行抽样试验			
		地表调度室至井下各中段采区、马头门、装卸矿点、井下车场、主要机电硐室、井下变电所、主要泵房和主扇风机房等，应设有可靠的通讯系统	查看设计资料，并对各点通讯进行抽样试验			

序号	检查内容	检查标准或依据	检查方法	检查结果	整改措施和完成时间	检查人
八	顶板管理	应建立顶板分级管理制度。对顶板不稳固的采场，应有监控手段和处理措施	查制度建立情况；是否对采场进行监控			
		采用全面采矿法、房柱采矿法采矿，应根据顶板稳定情况，留出合适的矿柱	查设计资料和初步设计中的采矿方法的可靠性分析			
九	放炮管理	矿山爆破后，经通风吹散炮烟、检查确认井下空气合格后、等待时间超过 15min，方准许作业人员进入爆破作业地点	查爆破作业规程是否有相关规定			

J　金属非金属露天矿山安全生产基本条件专家检查表

金属非金属露天矿山安全生产基本条件专家检查表，如表 11 – 11 所示。

表 11 –11　金属非金属露天矿山安全生产基本条件专家检查表

序号	检查内容	检查标准或依据	检查方法	检查结果	整改措施和完成时间	检查人
一	开采技术	露天开采应遵循自上面下的开采顺序，分台阶开采，并坚持"采剥并举，剥离先行"的原则	查看设计资料和初步设计，必要时检查生产现场			
		不能采用台阶式开采的，应当自上面下分层顺序开采	查看设计资料，并进行现场检查			
		实施浅孔爆破时，分层高度不得超过 6m；实施中深孔爆破时，分层高度不得超过 20m，最终边坡角由设计确定，但最大不得超过 60°	查看设计资料，查阅初步设计中相关内容			
二	边坡稳定	对边坡坡体表面和内部位移、地下水位动态、爆破震动等定点定期进行观测	查看观测记录资料，是否定点定期进行了观测			
		对采场工作帮应每季度检查一次，高陡边帮应每月检查一次，不稳定区段在暴雨过后应及时检查	查看观测记录资料			
		每班作业前，必须对坡面进行安全检查，发现工作面有裂痕，或者在坡面上有浮石、危石和伞檐体可能塌落时，相关人员应当立即撤离至安全地点，采取措施处理。处理完毕前，严禁任何人员在边坡底部停留	查作业规程和现场落实情况			

续表 11－11

序号	检查内容	检查标准或依据	检查方法	检查结果	整改措施和完成时间	检查人
三	爆破作业	爆破作业应由专职爆破员进行，并设置爆破警戒范围，实行定时爆破制度	查看爆破员持证情况；查爆破时作业规程和制度			
四	机械装运	小型露天采石场企业应使用机械化铲装作业	查看设计资料，现场检查是否为机械化铲装作业			
		定期对挖掘设备和运输车辆进行维护、检修，保证正常运行	查看维护、检修记录			
		矿区运输道路按设计参数施工，设置合格的路挡，转弯处必须设立明显警示标志	查设计和监理资料；现场检查，转弯处是否有警示标志			
五	防洪设施	作业单位应当有完善的防洪措施。对开采境界上方汇水影响安全的，应当设置截水沟；有可能滑坡的，应当采取防洪排水措施	查防洪措施是否建立；是否设置截水沟			
		深凹露天矿山应设置专用的防洪、排洪设施	查看设计资料，现场检查设施是否落实			
六	安全距离	相邻采石场之间应当设置大于30m的隔离带	查看设计资料，现场进行检查			
七	警示标志	露天矿边界应设可靠的围栏或醒目的警示标志，防止无关人员误入	现场检查是否设置警示标志			
八	人行通道	露天采场应有人行通道，并应有安全标志和照明	查看设计资料；并查阅相关图纸是否有标注			
九	电气设备	电气设备应当有接地、过流、漏电保护装置	查看设计资料			
		变电所应当有独立的避雷系统和防火、防潮及防止小动物窜入带电部位的措施	查看设计资料			
十	塌陷控制	开采境界内和最终边坡邻近地段的废弃巷道、采空区和溶洞，应及时标在矿山平面图上，并随着采掘作业的进行，及时设置明显的警示标志	查看开采平面图中是否有标注废弃巷道、采空区和溶洞			

序号	检查内容	检查标准或依据	检查方法	检查结果	整改措施和完成时间	检查人
十	塌陷控制	开采境界内的废弃巷道、采空区和溶洞，应至少超前一个台阶进行处理。处理前应编制施工方案，并报主管矿长审批	查经主管矿长批准的处理废弃巷道、采空区和溶洞施工方案			
十一	采场供电	采矿场的供电线路不宜少于两回路。每回路的供电能力不应小于全部负荷的70%	查看设计资料和配电系统图			
		有淹没危险的采矿场，主排水泵的供电线路应不少于两回路	查看设计资料和配电系统图			

K 尾矿库安全生产基本条件专家安全检查表

尾矿库安全生产基本条件专家安全检查表，如表 11-12 所示。

表 11-12 尾矿库安全生产基本条件专家安全检查表

序号	检查内容	检查标准或依据	检查方法	检查结果	整改意见和完成时间	检查人
一	库区环境	未经尾矿库管理单位同意、技术论证及原尾矿库建设审批的安全生产监督管理部门批准，任何单位和个人不得在库区从事爆破、采砂等危害尾矿库安全的活动	查阅有无批准文件，检查库区现状			
		矿山企业应当根据国家有关规定，按照不同作业场所的要求，设置矿山安全标志	检查库区现场，有无安全警示标志			
二	尾矿坝	初期坝上下游坡比应满足规程要求，同时不陡于设计规定的坡度	查阅设计资料，检查初期坝			
		坝下渗水量正常，水质清澈，无浑水渗出	检查坝体渗水量和是否浑浊			
		堆积坡比符合设计要求，不应陡于设计规定	检查尾矿坝现场，查阅设计资料			
		下游坡面无严重冲沟、裂缝、塌坑和滑坡等不良现象	检查尾矿坝下游坡面			
		尾矿坝下游坡面上不得有积水坑	检查尾矿坝下游坡面			
		堆积坝下游坡面上宜用土石覆盖或用其他方式植被绿化，并可结合排渗设施每隔6~10m高差设置排水沟	检查尾矿坝下游坡面有无绿化和排水沟			

序号	检查内容	检查标准或依据	检查方法	检查结果	整改意见和完成时间	检查人
二	尾矿坝	尾矿堆积坝下游坡与两岸山坡结合处应设置截水沟	检查尾矿坝有无截水沟			
		严格按设计要求控制坝体浸润线埋深	查阅设计资料、浸润线观测资料、现场检查			
		4 级以上尾矿坝应设置坝体位移和坝体浸润线观测设施	检查尾矿库现场、查阅监测资料			
		副坝坝高、坝型、上下游坡比应满足设计要求	现场检查和查看设计资料			
		建设单位应组织施工、监理、设计等单位的人员组成交工验收机构，进行初期坝、副坝、观测设施等工程验收，并编写验收报告	查阅验收报告资料			
		尾矿初期坝与堆积坝坡的抗滑稳定性系数应满足规程关于抗滑稳定安全系数要求	查阅有无坝体稳定性计算资料			
三	排洪防汛	根据设计或尾矿库安全生产年度计划，应保证在洪水来临并达到最高洪水水位时，滩顶安全超高和干滩长度满足规程和设计要求	现场检查、查阅设计资料及安全生产年度计划			
		防洪标准应满足规程中有关不同级别尾矿库防洪标准的要求	查阅设计报告			
		排洪系统现状能够满足设计要求的泄水能力，当 24h 洪水总量小于调洪库容时，洪水排出时间不宜超过 72h	查阅设计资料、检查排洪设施是否完好			
		在排水构筑物上或尾矿库内适当地点，应设置清晰醒目的水位标尺，标明正常运行水位和警戒水位	检查尾矿库有无设置明显水位标尺			
		汛期前应对排洪设施进行检查、维修和疏浚，确保排洪设施畅通。根据确定的排洪底坎高程，将排洪底坎以上 1.5 倍调洪高度内的挡板全部打开，清除排洪口前水面漂浮物	现场检查排洪设施和查阅记录			

续表 11 - 12

序号	检查内容	检查标准或依据	检查方法	检查结果	整改意见和完成时间	检查人
三	排洪防汛	洪水过后应对排洪构筑物进行全面认真的检查与清理，发现问题及时修复，同时，采取措施降低库水位，防止连续降雨后发生垮坝事故	查阅检查记录			
		尾矿库排水构筑物停用后，必须严格按设计要求及时封堵，并确保施工质量。严禁在排水井井筒顶部封堵	现场检查和查阅封堵记录			
四	排放筑坝	上游式筑坝法，应于坝前均匀放矿，维持坝体均匀上升，不得任意在库后或一侧岸坡放矿	现场检查是否均匀放矿			
		坝体较长时应采用分段交替作业，使坝体均匀上升，应避免滩面出现侧坡、扇形坡或细粒尾矿大量集中沉积于某端或某侧	检查尾矿坝现场			
		每期子坝堆筑完毕，应进行质量检查，检查记录需经主管技术人员签字后存档备查	查阅堆坝记录			

11.2 矿山企业事故管理

11.2.1 事故等级

根据生产安全事故（以下简称事故）造成的人员伤亡或者直接经济损失，事故一般分为以下等级：

（1）特别重大事故，是指造成 30 人以上死亡，或者 100 人以上重伤（包括急性工业中毒），或者 1 亿元以上直接经济损失的事故。

（2）重大事故，是指造成 10 人以上 30 人以下死亡，或者 50 人以上 100 人以下重伤，或者 5000 万元以上 1 亿元以下直接经济损失的事故。

（3）较大事故，是指造成 3 人以上 10 人以下死亡，或者 10 人以上 50 人以下重伤，或者 1000 万元以上 5000 万元以下直接经济损失的事故。

（4）一般事故，是指造成 3 人以下死亡，或者 10 人以下重伤，或者 1000 万元以下直接经济损失的事故。

本条款所称的"以上"包括本数，所称的"以下"不包括本数。

11.2.2 矿山事故申报

事故发生后，事故现场有关人员应当立即向本单位负责人报告；单位负责人接到报告后，应当于 1h 内向事故发生地县级以上人民政府安全生产监督管理部门和负有安全生产监督管理职责的有关部门报告。

情况紧急时，事故现场有关人员可以直接向事故发生地县级以上人民政府安全生产监督管理部门和负有安全生产监督管理职责的有关部门报告。

事故报告应当及时、准确、完整，任何单位和个人对事故不得迟报、漏报、谎报或者瞒报。

11.2.2.1 事故报告程序

安全生产监督管理部门和负有安全生产监督管理职责的有关部门接到事故报告后，应当依照下列规定上报事故情况，并通知公安机关、劳动保障行政部门、工会和人民检察院：

（1）特别重大事故、重大事故逐级上报至国务院安全生产监督管理部门和负有安全生产监督管理职责的有关部门。

（2）较大事故逐级上报至省、自治区、直辖市人民政府安全生产监督管理部门和负有安全生产监督管理职责的有关部门。

（3）一般事故上报至设区的市级人民政府安全生产监督管理部门和负有安全生产监督管理职责的有关部门。

安全生产监督管理部门和负有安全生产监督管理职责的有关部门依照前款规定上报事故情况，应当同时报告本级人民政府。国务院安全生产监督管理部门和负有安全生产监督管理职责的有关部门以及省级人民政府接到发生特别重大事故、重大事故的报告后，应当立即报告国务院。

必要时，安全生产监督管理部门和负有安全生产监督管理职责的有关部门可以越级上报事故情况。

安全生产监督管理部门和负有安全生产监督管理职责的有关部门逐级上报事故情况，每级上报的时间不得超过2h。

11.2.2.2 事故上报内容

报告事故应当包括下列内容：

（1）事故发生单位概况。

（2）事故发生的时间、地点以及事故现场情况。

（3）事故的简要经过。

（4）事故已经造成或者可能造成的伤亡人数（包括下落不明的人数）和初步估计的直接经济损失。

（5）已经采取的措施。

（6）其他应当报告的情况。

事故报告后出现新情况的，应当及时补报。

自事故发生之日起30日内，事故造成的伤亡人数发生变化的，应当及时补报。道路交通事故、火灾事故自发生之日起7日内，事故造成的伤亡人数发生变化的，应当及时补报。

11.2.3 矿山事故救援

《金属非金属矿山安全规程》规定：矿山企业应建立由专职或兼职人员组成的事故应急救援组织，配备必要的应急救援器材和设备。生产规模较小不必建立事故应急救援组织的，应指定兼职的应急救援人员，并与邻近的事故应急救援组织签订救援协议。矿山企业发生重大生产安全事故时，企业的主要负责人应立即组织抢救，采取有效措施迅速处理，并及时分析原因，认真总结经验教训，提出防止同类事故发生的措施。事故发生后，应按国家有关规定及时、如实报告。

《生产安全事故报告和调查处理条例》规定，事故发生单位负责人接到事故报告后，应当立即启动事故相应应急预案，或者采取有效措施，组织抢救，防止事故扩大，减少人员伤亡和财产损失。

事故发生地有关地方人民政府、安全生产监督管理部门和负有安全生产监督管理职责的有关部门接到事故报告后，其负责人应当立即赶赴事故现场，组织事故救援。

11.2.3.1 事故应急救援的任务

矿山事故发生后应急救援的基本任务包括下述几个方面：

（1）立即组织营救受害人员，组织撤离或者采取其他措施保护危害区域内的其他人员。抢救受害人员是事故应急救援的首要任务，在应急救援行动中，快速、有序、有效地实施现场急救与安全转送伤员是降低伤亡率、减少事故损失的关键。有些矿山事故，如火灾、透水等灾害性事故，发生突然、扩散迅速、涉及范围广、危害大，应该及时指导和组织人员自救、互救，

迅速撤离危险区或可能受到危害的区域。事故可能影响到企业周围居民的场合，要积极组织群众的疏散、避难。

（2）迅速控制事态，防止事故扩大或引起"二次事故"，并对事故发展状况、造成的影响进行检测、监测，确定危险区域的范围、危险性质及危险程度。控制事态不仅可以避免、减少事故损失，而且可以为后续的事故救援提供安全保障。

（3）消除事故后果，做好恢复工作。清理事故现场，修复受事故影响的井巷、构筑物，恢复基本设施，将其恢复至正常状态。

（4）查明事故原因，评估危害程度。事故发生后应及时调查事故发生的原因和事故性质，查明事故的影响范围，人员伤亡、财产损失和环境污染情况，评估危害程度。

11.2.3.2 事故应急处理的组织领导及职责

A 组织领导

矿山发生重大灾害事故后，应立即成立事故处理总指挥部，总指挥部由矿业总公司总经理或矿长担任，由采掘、通风、机电、地质测量等部门的人员以及总工程师组成。事故现场还应成立现场指挥部。现场指挥部在总指挥部的领导下进行工作，并及时将现场情况汇报总指挥部。现场指挥部的指挥应由熟悉现场情况的副矿长或救护队长担任。

B 职责分工

（1）矿长或总公司总经理，是处理重大灾害事故的总指挥。职责是根据本矿的《预案》及现场实际情况，在总工程师的协助下制定营救遇险人员和处理事故的行动计划。

（2）矿总工程师，是矿长处理灾害事故的第一助手，在矿长领导下负责组织制定营救遇险人员和处理事故的行动计划。

（3）总公司总工程师，参加指挥部工作，协助总经理处理事故。负责调度事故矿以外的其他矿支持抢险救灾工作的人员及物资。

（4）各副矿长，根据营救遇险人员和处理事故行动计划，负责组织人员进行救援，

及时调集救灾所必需的设备材料，并由指定的副矿长负责签发抢险救灾的入井许可证。

（5）矿副总工程师，根据矿长的命令，负责某一方面的救灾技术工作。

（6）救护队队长，根据总指挥和现场指挥的命令，负责实施救护队员的行动计划，完成对灾区遇险人员的援救和事故抢险。

（7）安全科长，对抢险救灾工作的安全进行监督，对入井人员的控制实行监督。

（8）生产科长，按矿长的命令做好科室协调工作。

（9）机电科长，根据矿长的命令负责改变主要通风机工作制度，保证其正常运行，掌握矿井的停送电工作，及时抢救或安装机电设施，确保通讯畅通。

（10）通风段长，根据矿长的命令负责改变矿井通风工作制度。掌握通风机工况及井下风量情况，完成必要的抢险救灾通风工程，执行通风有关措施。

（11）地质测量科长，负责准备好必要的图纸和资料。

（12）供应科长，负责及时供给抢险救灾所需的物资、设备、材料。

（13）保卫科长，负责事故抢险中的保卫工作，维持矿山的正常秩序，设立警戒等。

（14）行政科长，负责对遇险人员及家属的妥善安置和救灾人员的食宿及其他生活事宜。

（15）医院院长，负责对受伤人员的急救治疗。

11.2.3.3　事故应急响应

事故应急救援体系应该根据事故的性质、严重程度、事态发展趋势做出不同级别的响应。相应的，针对不同的响应级别明确事故的通报范围，启动哪一级应急救援，应急救援力量的出动和设备、物资的调集规模，周围群众疏散的范围等。应急响应级别应该与应急救援体制的级别相对应，如三级应急响应对应三级应急救援体制。

事故应急响应的主要内容包括信息报告和处理、应急启动、应急救援行动、应急恢复和应急结束等。

（1）信息报告和处理。矿山企业发生事故后，现场人员要立即开展自救和互救，并立即报告本单位负责人。矿山企业负责人接到事故报告后，应该按照工作程序，对情况做出判断，初步确定相应的响应级别，并按照国家有关规定立即如实报告当地人民政府和有关部门。如果事故不足以启动应急救援体系的最低响应级别，则响应关闭。

（2）应急启动。应急响应级别确定后，按所确定的响应级别启动应急程序，如通知应急中心有关人员到位、开通信息与通讯网络、通知调配救援所需的应急资源（包括应急队伍和物资、装备等）、成立现场指挥部等。

（3）应急救援行动。有关应急队伍进入事故现场后，迅速开展事故侦测、警戒、疏散、人员救助、工程抢险等有关应急救援工作。专家组为救援决策提供建议和技术支持。当事态超出响应级别，无法得到有效控制，向应急中心请求实施更高级别的应急响应。

（4）应急恢复。应急救援行动结束后，进入临时应急恢复阶段。包括现场清理、人员清点和撤离、警戒解除、善后处理和事故调查等。

（5）应急结束。执行应急关闭程序，由事故总指挥宣布应急结束。

11.2.4　矿山事故应急处理

根据矿山事故及事故抢险工作的特点，矿山企业应该做好以下危害性较大的事故的应急处理工作。

11.2.4.1　矿山井下火灾事故的应急处理

根据热源的不同，矿山火灾可分为：外因火灾，由外来热源引起的；内因火灾，由煤炭等可燃物本身受到某些化学或物理作用引起的。矿山发生较多的是内因火灾。

发生内因火灾须有 3 个条件：即煤有自燃倾向，有连续供氧的环境，热量易于积聚。煤的自燃倾向是由煤的化学性质和物理性质所决定的，它决定煤在常温下氧化的难易程度，是煤自燃的内因；供氧和聚热条件是煤炭自燃的外因，它和煤的地质条件、采煤方法、通风方式有关。

矿领导在接到井下火灾报警后，应按以下程序进行抢救：

（1）迅速查明并组织撤出灾区和受威胁区域的人员，积极组织矿山救护队抢救遇险人员。同时，查明火灾性质、原因、发火地点、火势大小、火灾蔓延的方向和速度，遇险人员的分布及其伤亡情况，防止火灾向有人员的巷道蔓延。

（2）切断火区电源。

（3）正确选择通风方法。处理火灾时常用的通风方法有正常通风、增减风量、反风、风流短路，停止主要通风机运转等。使用这些通风方法应根据已探明的火区地点和范围，灾区人员分布情况来决定。

处理井下火灾的技术要点为：

（1）通风方法的正确与否对灭火工作的效果起着决定性的作用。火灾时常用的通风方法有正常通风、增减风量、反风、风流短路、隔绝风流、停止风机运转等。不论何种通风方法，都必须满足：

1）不使瓦斯聚积，煤尘飞扬，造成爆炸；

2）不危及井下人员的安全；

3）不使火源蔓延到瓦斯聚积的地域；

4）有助于阻止火灾扩大，压制火势，创造接近火源的条件；

5）防止再生火源的发生和火烟的逆退；

6）防止火负压的形成，造成风流逆转。

（2）为接近火源，救人灭火，应及时把弥漫井巷的火烟排除。

（3）扑灭井下火灾的方法有直接灭火法（用水灭火、惰气灭火、二氧化碳灭火、泡沫灭火等）、隔绝灭火法（封闭火区）、综合灭火法（注泥和注砂、均压通风、分段启封直接灭火等）。

用水灭火最方便有效。要求有充足的水量，保证不间断供给；有正常的通风，使火烟和水汽顺利排出；灭火时应由火源边缘逐渐向中心喷射，以防产生大量水蒸气而爆炸；要经常检查火区附近的瓦斯，防止引发爆炸。

惰气灭火是把不参与燃烧反应的窒息性气体利用一定的动力送入火区，使火区的氧含量降到易燃值以下，从而抑制可燃物的燃烧和爆炸。最常用的惰性气体是氮气。当不能接近火源或用其他方法直接灭火具有很大危险或不能获得应有效果时可用惰气灭火。惰性气体灭火的优点是既能使火区气体惰化，又能抑制瓦斯涌出，在火区内的抢险和恢复工作也很安全、迅速，设备损坏率小；惰性气体灭火的缺点是火势强时，灭火时间长且易复燃，其冷却火源的作用比水要小。

二氧化碳是一种窒息性气体，因为它无助燃和自燃性，因而注入火区后，也能起到降低氧含量，抑制燃烧和爆炸的作用。

干粉有冷却、窒息、隔绝、切断燃烧的化学作用和产生冲击波，打乱燃烧物的位置使其熄灭的物理作用。因此也是井下灭火的较好物资。

高倍数泡沫能隔绝火源并覆盖燃烧物，产生水蒸气而大量吸热，阻止火场的热传导、热对流和热辐射的作用，其灭火威力大，速度快，因而也被广泛应用于扑灭井下火灾。

隔绝灭火法是在通向火区的巷道中构筑密闭墙，断绝火区的供氧源，使火区中的氧含量逐渐减少，二氧化碳含量逐渐增高，使火灾自行熄灭的方法。这种方法适用于难以接近火源，不能直接灭火或直接灭火无效时。采用隔绝法灭火的密闭材料，取材广泛，易于就地解决，便于建造，也便于启封。

11.2.4.2 矿井水灾事故的应急处理

A 处理矿井水灾事故的基本程序

(1) 撤出灾区人员，并按规定的安全撤离路线撤离人员。

(2) 弄清突水地点、性质，估计突水的积水量、静止水位、突水后的涌水量、影响范围、补给水源影响的地表水体。

(3) 根据水情规定关闭水闸门的顺序和负责人，并及时关闭防水闸门。

(4) 有流沙涌出时，应构筑滤水墙，并规定滤水墙的构筑位置和顺序。

(5) 必须保持排水设备不被淹没。当水和沙威胁到泵房时，在下水平人员撤出后，应将水和沙引向下水平巷道。

(6) 有害气体从水淹区涌出以及二次突水事故发生时采取安全措施，在排水、侦察灾情时采取防止冒顶、掉底伤人的措施。

B 抢救矿井水灾遇险人员应注意的问题

井下发生突水事故，常常有人被困在井下，指挥者应本着"积极抢救"的原则，首先应制定营救人员的措施，判断人员可能躲避的地点，并根据涌水量及矿井排水能力，估算排出积水的时间。争取时间，采取一切可能的措施，使被困人员早日脱险。突水后，被困人员躲避地点有两种情况。

一种情况是，躲避地点比外部水位高时，遇险人员有基本生存的空气条件，应尽快排水救人。如果排水时间较长，应采取打钻或掘进一段巷道或救护队员潜水进入灾区送氧气和食品，以维持遇险人员起码的生存条件。

另一种情况是，当突水点下部巷道全断面被水淹没后，与该巷道相通的独头上山等上部巷道如不漏气，即使低于突水后的水位，也不会被水淹没，仍有空间及空气存在。在这些地区躲避的人员具备生存的空间和空气条件。如果避难方法正确（如心情平静、适量喝水、躺卧待救等），能够坚持一段时间。

在上述情况下对遇险人员抢救时，严禁向这些地点打钻，防止空气外泄，水位上升，淹没遇险人员。最好的办法是加速排水。

长期被困在井下的人员在抢救时，应注意以下几点：

(1) 因被困人员的血压下降，脉搏慢，神志不清，必须轻慢搬运。

(2) 不能用光照射遇险人员的眼睛，因其瞳孔已放大，将遇险人员运出井上以前，应用毛巾遮护眼睛。

（3）保持体温，用棉被盖好遇险人员。

（4）分段搬运，以适应环境，不能一下运出井口。

（5）短期内禁止亲属探视，避免兴奋造成血管破裂。

11.2.4.3 矿山冒顶事故的应急处理

冒顶事故是矿井中最常见最容易发生的事故。发生冒顶事故有些属于对客观事物的认识有限，而更多的则是工作中的缺点和错误造成。其主要原因有思想不集中，麻痹大意，地质构造不清、地压规律不明，支护质量不好，检查不及时等。发生冒顶事故以后，抢救人员首先应以呼喊、敲打、使用地音探听器等与其联络，来确定遇难人员的位置和人数。

如果遇难人员所在地点通风不好，必须设法加强通风。若因冒顶遇难人员被堵在里面，应利用压风管、水管及开掘巷道、打钻孔等方法，向遇难人员输送新鲜空气、饮料和食物。在抢救中，必须时刻注意救护人员的安全。如果觉察到有再次冒顶危险时，首先应加强支护，有准备地做好安全退路。在冒落区工作时，要派专人观察周围顶板变化。在清除冒落矸石时，要小心使用工具，以免伤害遇难人员。在处理时，应根据冒顶事故的范围大小、地压情况，采取不同的抢救方法。

顶板冒落不大时，如果遇难人员被大块岩石压住，可采用千斤顶等工具把其顶起，将人迅速移出。

顶板沿矿壁冒落，矸石块度比较破碎，遇难人员又靠近煤壁位置时，可采用沿煤削壁由冒顶区从外向里掏小洞，架设梯形棚子维护顶板，边支护边掏洞，直到把人救出。

较大范围顶板冒落，把人堵在巷道中，也可采用另开巷道的方法绕过冒落区将人救出。

11.2.4.4 中毒窒息事故的应急处理

中毒窒息事故一旦发生，如果救护不当，往往增加人员伤亡，引起伤亡事故扩大。特别是在矿山井下，有毒有害气体不容易散发，更易发生重大中毒窒息死亡事故。井下有毒有害气体主要来源于爆破产生的炮烟、电焊等引起的火灾产生的一氧化碳和二氧化碳等。一旦发现人员中毒窒息，应按照下列措施进行救护：

（1）救护人员应摸清有毒有害气体的种类、可能的范围、产生的原因、中毒窒息人员的位置。

（2）救护人员要采取防毒措施才能进行营救工作，如通风排毒、戴防毒面具等。

11.2.4.5 滑坡及坍塌事故的应急处理

（1）首先应撤出事故范围和受影响范围的工作人员，并设立警戒，防止无关人员进入危险区。

（2）积极组织人员抢救被滑落、坍塌埋压的遇险人员。抢救人员要先易后难，先重伤后轻伤。

（3）认真分析造成滑坡、坍塌的主要原因，并对已制定的坍塌事故应急救援预案进行修正。

（4）在抢险救灾前，首先检查采场架头顶部是否存在再次滑落的危险，如存在较大危险应进行处理。

（5）在整个抢险救灾过程中，在采场架头上、下都应选派有经验的人员观察架头情况，发现问题要立即停止抢险工作进行处理。

（6）应采取措施阻止滑落的矿岩继续向下滑动，并积极抢救遇险人员。

（7）在危险区范围内进行抢救工作，应尽可能地使用机械化装备和控制抢险工作人员的人数。

（8）抢险救灾工作应统一指挥，科学调度，协调工作，做到有条不紊，加快抢救速度。

11.2.4.6　尾矿库溃坝事故的应急处理

（1）尽快成立救灾指挥领导小组（由当地政府负责人和矿长为首组成），统一指挥抢险救灾工作。

（2）根据灾情及时对尾矿库溃坝事故应急救援预案进行修改补充，并认真贯彻实施。

（3）溃坝前，应尽快通知可能波及范围内的人员立即撤离到安全地点。

（4）划定危险区范围，设立警戒岗哨，防止无关人员进入危险区。

（5）应尽快抢救被尾矿泥围困的人员，组织打捞遇害人员。

（6）尽快检查尾矿坝垮塌情况，采取有效措施防止二次溃坝。

（7）溃坝后，如果库内还有积水，应尽快打开泄水口将水排除。

（8）采取一切可能采取的措施，防止尾矿泥对农田、水面、河流、水源的污染或者尽量缩小污染。

11.2.5　矿山事故现场急救

现场急救，是在事故现场对遭受意外伤害的人员所进行的应急救治。其目的是控制伤害程度，减轻人员痛苦；防止伤情迅速恶化，抢救伤员生命；然后，将其安全地护送到医院检查和治疗。矿山事故造成的伤害往往都比较急促，并且往往是严重伤害，危及人员的生命安全，所以必须立即进行现场急救。

伤害一旦发生，应该立即根据伤害的种类、严重程度，采取恰当的措施进行现场急救。特别是当伤员出现心跳、呼吸停止时，要及时进行心肺复苏；同时在转送医院途中，对有生命危险者要坚持进行人工呼吸，密切注意伤员的神经、瞳孔、呼吸、脉搏及血压情况。总之，现场急救措施要及时而稳妥，正确而迅速。

11.2.5.1　气体中毒及窒息的急救

（1）进入有毒有害气体场所进行救护的人员一定要佩戴可靠的防护装备，以防救护者中毒窒息使事故扩大。

（2）立即将中毒者抬离中毒环境，转移到支护完好的巷道的新鲜风流中，取平卧位。

（3）迅速将中毒者口鼻内妨碍呼吸的新液、血块、泥土及碎矿等除去。使伤员仰头抬颌，解除舌下坠，使呼吸道通畅。

（4）解开伤员的上衣与腰带，脱掉胶鞋，但要注意保暖。

（5）立即检查中毒人员的呼吸、心跳、脉搏和瞳孔情况。

（6）如伤员呼吸微弱或已停止，有条件时可给予吸纯氧。有毒气体中毒者能做人工呼吸。

（7）心脏停止跳动者，立即进行胸外心脏按压。

（8）呼吸恢复正常后，用担架将中毒者送往医院治疗。

11.2.5.2 触电急救

触电急救的要点是动作迅速，救护得法。发现有人触电，首先要尽快地使触电者脱离电源，然后根据触电者的具体情况，进行相应的救治。

A 脱离电源

迅速使触电者脱离电源是触电急救的关键。一旦发现有人触电，应立即采取措施使触电者脱离电源。触电时间越长，抢救难度越大，抢救好的可能越小。使触电者迅速脱离电源是减轻伤害，赢得救护时间的关键。

（1）低压触电事故。如果离通电电源开关较近，要迅速断开开关；如果开关较远，可用绝缘物使人与电线脱离，如用有绝缘柄的电工钳或有干燥木柄的斧头切断电线，或用干木板等绝缘物插在触电者身下，以隔断电源。当电线搭落在触电者身上或被压在身上时，可以用干燥的衣服、手套、绳索、木板、木棒等绝缘物拉开绝缘物或挑开电线，使触电者脱离电源。挑开的电线应放置妥善，以防别人再触电。如果触电者的衣服是干燥的，又没有紧缠在身上，可以用一只手抓住他的衣服，拉离电源，但不得触及触电者的皮肤和鞋。

（2）高压触电事故。立即通知有关部门停电；抢救者戴上绝缘手套，穿上绝缘靴，用相应电压等级的绝缘工具拉开开关；抛掷裸金属线使线路短路接地，迫使保护装置动作，断开电源。注意掷金属前，先将金属线的一端可靠接地，然后抛掷另一端。抛掷的一端不可触及触电者和其他人员。

（3）注意事项。救护者不可直接用手或其他金属或潮湿的物体作为救护工具，必须使用绝缘工具；最好使用一只手操作，以防自己触电。如事故发生在夜间，应迅速解决临时照明问题，以利于抢救。

B 现场急救

（1）对触电者应立即就地抢救，解开触电者的上衣纽扣和裤带，检查呼吸、心跳情况。

（2）如果触电者伤势不重，神志清醒，但有心慌、四肢发麻、全身无力等症状，或者触电者一度昏迷，但已清醒过来，应使触电者安静休息，严密观察，并请医生前来诊治或送往医院治疗。

（3）如果触电者伤势较重，已失去知觉，但呼吸、心跳存在者，应使触电者舒适、安静地平卧；周围不要围人，使空气流通；解开他的衣服，以利观察，如天气寒冷，要注意保暖。如果发现触电者呼吸困难、微弱或发生痉挛，立即进行口对口人工呼吸，并速请医生诊治或送往医院治疗。

（4）发现伤员心跳停止或心音微弱，立即进行胸外心脏按压，同时进行口对口人工呼吸，并速请医生诊治或送往医院急救。

（5）有条件的可给伤员吸氧气。

（6）进行各种合并伤的急救，如烧伤、止血、骨折固定等。

（7）局部电击伤的伤口应进行早期清创处理，创面宜暴露，不宜包扎，以防组织腐烂、感染。

急救及护理必须坚持到底，直到触电者经医生做出无法救活的诊断后方可停止。实施人工呼吸或胸外心脏按压等抢救方法时，可以几个人轮流进行，不可轻易中断；在送往医院的途中仍必须坚持救护，直至交给医生。抢救中途，如触电者皮肤由紫变红、瞳孔由大变小，证明抢救有效；如触电者嘴唇微动并略有开合或眼皮微动、或喉内有咽东西的微小动作以至脚或手有抽动等，应注意触电者是否有可能恢复心脏自动跳动或自动呼吸，并边救护边细心观察。当触电者能自动呼吸时，即可停止人工呼吸；如果人工呼吸停止后，触电者仍不能自己呼吸，则应继续进行人工呼吸，直到触电者能自动呼吸并清醒过来。

触电者出现下列五个死亡现象，并经医院做出无法救治的死亡诊断后，方可停止抢救。

（1）心跳及呼吸停止。

（2）瞳孔散大，对强光无任何反应。

（3）出现尸斑。

（4）身体僵硬。

（5）血管硬化或肛门松弛。

11.2.5.3 烧伤急救

（1）使伤员尽快脱离火（热）源，缩短烧伤时间。注意避免助长火势的动作，如快跑会使衣服烧得更炽热，站立将使头发着火并吸入烟火，引起呼吸道烧伤等。被火烧者应立即躺平，用厚衣服包裹，湿的更好；若无此类物品，则躺着就地慢慢滚动。用水及非燃性液体浇灭火焰，但不要用砂子或不洁物品。

（2）查心跳、呼吸情况，确定是否合并有其他外伤和有害气体中毒以及其他合并症状。对爆炸冲击烧伤人员，应检查有无颅胸损伤、胸腹腔内脏损伤和呼吸道烧伤。

（3）防休克、防窒息、防创面感染。烧伤的伤员常常因疼痛或恐惧而发生休克，可用针灸止痛或用止痛药；若发生急性喉头梗阻或窒息时，请医务人员将气管切开，以保证通气；现场检查和搬运伤员时，注意保护创面，防止感染。

（4）迅速脱去伤员被烧的衣服、鞋及袜等，为节省时间和减少对创面的损伤，可用剪刀剪开。不要清理创面，避免其感染。为了减少外界空气刺激创面引起疼痛，暂时用较干净的衣服把创面包裹起来。对创面一般不做处理，尽量不弄破水泡，保护表皮，不要涂一些效果不肯定的药物、油膏或油。

（5）迅速离开现场，立即把严重烧伤人员送往医院。注意搬运时动作要轻柔，行进要平稳，随时观察伤情。

11.2.5.4 溺水急救

（1）立即将溺水人员运到空气新鲜又温暖的地点控水。

（2）控水时救护者左腿跪下，把溺水者腹部放在其右侧腿上，头部向下，用手压背，使水从溺水者的鼻孔和口腔流出。或将溺水者仰卧，救护者双手重叠置于溺水者的肚脐上方，向前向下挤压数次，迫使其腹腔容积减少，水从口腔、鼻孔喷出。

（3）水排出后，进行人工呼吸或胸外心脏按压等心肺复苏，有条件时用苏生器苏生。

参 考 文 献

［1］金属非金属矿山安全规程（GB 16423—2006）2006.

［2］爆破安全规程（GB 6722—2003）2003.

［3］选矿安全规程（GB 18152—2000）2000.

［4］尾矿库安全监督管理规定（国家安全生产监督管理总局令第6号）.

［5］尾矿库安全技术规程（国家安全生产监督管理总局）2005.

［6］矿山井巷工程施工及验收规范（GBJ213—90）.

［7］陈国芳. 矿山安全［M］. 北京：化学工业出版社，2009.

［8］陈国山. 地下采矿技术［M］. 北京：冶金工业出版社，2008.

［9］陈国山. 露天采矿技术［M］. 北京：冶金工业出版社，2009.

［10］戚文革. 矿山爆破技术［M］. 北京：冶金工业出版社，2010.

［11］陈国芳. 矿山安全［M］. 北京：化学工业出版社，2009.

［12］山东招远黄金集团. 矿山事故分析及系统安全管理［M］. 北京：冶金工业出版社，2006.

［13］王从陆. 矿山工人安全生产必读［M］. 北京：化学工业出版社，2009.

［14］陈国山. 矿山通风与环保［M］. 北京：冶金工业出版社，2008.

冶金工业出版社部分图书推荐

书　名	作　者	定价(元)
采矿技术	陈国山　主编	49.00
矿山环境工程（第2版）（国规教材）	蒋仲安　主编	39.00
地质学（第4版）（国规教材）	徐九华　主编	40.00
工艺矿物学（第3版）（本科教材）	周乐光　主编	45.00
矿石学基础（第3版）（本科教材）	周乐光　主编	43.00
矿冶概论（本科教材）	郭连军　主编	29.00
采矿学（第2版）（国规教材）	王　青　等编	58.00
矿井通风与除尘（本科教材）	浑宝炬　等编	25.00
矿产资源开发利用与规划（本科教材）	邢立亭　等编	40.00
安全原理（第2版）（本科教材）	陈宝智　编著	20.00
系统安全评价与预测（本科教材）	陈宝智　编著	20.00
矿山安全工程（本科教材）	陈宝智　主编	30.00
矿业经济学（本科教材）	李祥仪　等编	15.00
选矿概论（本科教材）	张　强　主编	12.00
选矿厂设计（本科教材）	冯守本　主编	36.00
碎矿与磨矿（第2版）（本科教材）	段希祥　主编	30.00
采矿概论（本科教材）	陈国山　主编	28.00
金属矿地下开采（高职高专教材）	陈国山　主编	39.00
矿石学基础（高职高专教材）	陈国山　主编	26.00
矿山提升与运输（高职高专教材）	陈国山　主编	39.00
井巷设计与施工（高职高专教材）	李长权　等编	32.00
矿山企业管理（高职高专教材）	戚文革　等编	28.00
岩石力学（高职高专教材）	杨建中　主编	26.00
选矿原理与工艺（高职高专教材）	于春梅　等编	28.00
工程爆破（第2版）（高职高专教材）	翁春林　等编	32.00
采掘机械（第2版）（高职高专教材）	宁恩渐　主编	35.00
矿山爆破（高职高专教材）	张敢生　等编	29.00
冶金原理（高职高专教材）	卢宇飞　主编	36.00
物理化学（高职高专教材）	邓基芹　主编	28.00
铁合金生产原理与工艺（高职高专教材）	刘　卫　等编	39.00
稀土冶金技术（高职高专教材）	石　富　主编	36.00
矿山测量技术（职业教育培训教材）	陈步尚　等编	39.00
磁电选矿技术（职业教育培训教材）	陈　斌　主编	29.00
露天采矿技术（职业教育培训教材）	陈国山　等编	36.00
地下采矿技术（职业教育培训教材）	陈国山　主编	36.00
矿山通风与环保（职业教育培训教材）	孙　斌　等编	28.00